室内设计师职业技能
实训手册（第2版）

大写艺设计教育机构　王　东◎编著

U0325858

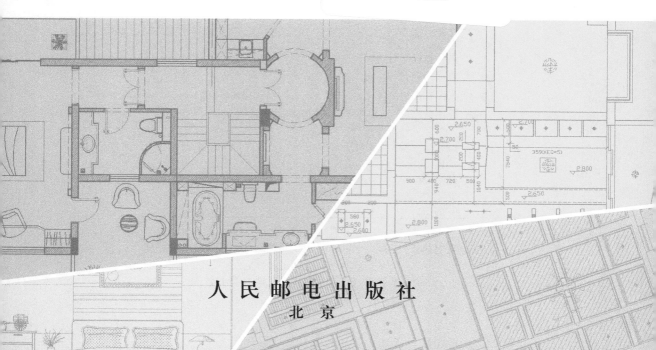

人民邮电出版社
北京

图书在版编目（CIP）数据

室内设计师职业技能实训手册 / 大写艺设计教育机
构，王东编著. -- 2版. -- 北京 : 人民邮电出版社，
2017.9（2020.1重印）
ISBN 978-7-115-46574-0

Ⅰ. ①室… Ⅱ. ①大… ②王… Ⅲ. ①室内装饰设计
—手册 Ⅳ. ①TU238-62

中国版本图书馆CIP数据核字(2017)第193655号

内 容 提 要

这是一本全面讲解室内设计的书。本书从室内设计基本的谈单技巧开始，结合可操作性的室内设计实例，全面而深入地讲解了室内设计制图规范、量房、平面图设计、立面图设计、顶面图设计、预算、中式风格设计、欧式风格设计、地中海风格设计、室内手绘方案表现、彩色方案图绘制，以及室内软装设计等方面的知识。

全书分为13个部分。每部分介绍一个特定板块的内容，讲解过程细致，读者可以轻松而有效地掌握室内设计各方面的知识。本书附赠学习资源，包含书中所有实例的源文件、素材文件和部分实例的多媒体教学视频。

本书是完全为室内设计师而编写的，是初、中级读者快速而全面掌握室内设计的必备参考书，同时也可以作为各高等院校和培训机构室内设计专业的教学参考书。

◆ 编　　著　大写艺设计教育机构　王　东
　　责任编辑　张丹阳
　　责任印制　陈　犇

◆ 人民邮电出版社出版发行　　北京市丰台区成寿寺路 11 号
　　邮编　100164　　电子邮件　315@ptpress.com.cn
　　网址　http://www.ptpress.com.cn
　　北京虎彩文化传播有限公司印刷

◆ 开本：787×1092　1/16
　　印张：24　　　　　　　　　　　　2017 年 9 月第 2 版
　　字数：712 千字　　　　　　　　2020 年 1 月北京第 6 次印刷
　　印数：15 901 — 16 500 册

定价：99.00 元

读者服务热线：(010)81055410　印装质量热线：(010)81055316
反盗版热线：(010)81055315
广告经营许可证：京东工商广登字 20170147 号

前言

室内设计从远古的掘山为穴、垒石造屋开始就伴随着人类的生活，并随着人类文明的发展而不断完善，在漫长的人类社会发展中创造了无数室内建筑史上的辉煌。从古罗马到新古典主义，从席地而坐的生活方式到后现代的新中式，无不体现人类劳动的结晶与审美的智慧，室内设计如闪耀的明珠留给人们无限的精神财富，无限的启迪与动力。

室内设计分为**技术营造**与**文化审美**两个方面，作为室内设计师，这两方面必须牢固掌握。随着计算机的普及，室内设计过程发生了巨大的改变，设计师从海量的手工制图工作中解放出来，有更多的时间与空间去思考，但同时又使很多设计师过多依赖于计算机而疏于思考。

室内设计是一项**创造性的劳动**，技术只是达到目的的手段，很多成长过程中的设计师过多地关注技术本身，而忽略了室内设计作为精神层面**"形而上"**（例如，人文、审美、风格与人的需求和色彩关系等）的部分。室内设计技术营造层面只是室内设计师进入这个行业的门槛，而不是瓶颈，室内设计师发展到设计能力的瓶颈期，会有被抽空的感觉，所以，室内设计师的学习与关注点不言而喻。

本书力求解决一般性的技术问题，如**谈单营销、施工技术、常用材质和预算**等，对**手绘方案图表现技术、CorelDRAW彩色方案图绘制方法**等流行的表现手段都进行了详细的讲解，同时注重设计师最本质能力问题的阐述，如设计思路、方法、审美思想及具体的实施措施。另外，本书特意在**软装设计**方面用较大的篇幅进行了深入探讨，软装设计与"硬装"相比，软装设计没有多少营造技术壁垒，而更多是**一种选择、一种审美、一种判断**，这对设计师提出了更高的要求。软装设计随着社会的发展必定成为室内设计的必需部分，设计师通过对软装的思考反过来对"硬装"会有更深入的理解。

本书的**"软"**与**"硬"**相互结合，**设计思想、设计技术和设计营销并重**，对室内设计"全系列"整个流程都进行了讲解与探索，希望能揭示室内设计的密码，让读者能用更短的时间，更高的效率理解室内设计的真正内涵。

在本书的编写过程中得到了重庆市大写艺设计职业培训学校（大写艺重庆校区）的赵勇和龚明鹏，以及四川省工商职业技术学院刘清伟、杨媛和陈雪松等人的帮助，在此一并致谢。

本书编辑过程中，共同奋斗多年的同事与朋友赵勇离开重庆，感慨万千，得拙诗一首以示感念。

《送别·赠赵勇》
忆昔数载征途事，伯仲之谊齐勉志。
东去黄河几万里，春来折柳雨淅沥。

本书提供学习资料下载，扫描"资源下载"二维码即可获得文件下载方式。内容包括本书所有案例的源文件、素材文件，以及部分案例的视频教学录像。如果大家在阅读或使用过程中遇到任何与本书相关的技术问题或者需要什么帮助，请发邮件至szys@ptpress.com.cn，我们会尽力为大家解答。

我们衷心地希望能够为广大读者提供力所能及的学习服务，尽可能帮大家解决一些实际问题，如果大家在学习过程中需要我们的支持，请通过以下方式与我们联系。

电子邮件：press@iread360.com。

新浪微博：@爱读网官博。

客服电话：028-69182687、028-69182657。

资源下载

大写艺设计教育机构·王东·编著

2014年6月12日于成渝动车途中

目录
CONTENTS

13 软装设计 265

01

谈单技巧

谈单在室内设计中具有独特的地位。谈单包括前期客户需求沟通、设计沟通，以及合同签订（也称订单）等内容。从某种程度上来讲，好的设计与施工合同的成败都是通过谈单促成的。所以，室内设计师掌握谈单技巧尤为重要。

要点：礼仪·素质·要领·技巧

1.1　室内设计师礼仪

　　室内设计师，特别是家居空间室内设计师往往是从"营销"开始的。客户的委托都是建立在信任的基础上的，而大多客户都是陌生的，所以，室内设计师必须懂礼仪、遵守礼仪才能给人良好的印象，而良好的印象是信任的开始。掌握好礼仪规范并在工作、生活中加以应用遵守，你的举手投足间将无不表现出一种自信与良好的修养。

　　礼仪是在人际交往中，以一定的约定俗成的方式表现的律己敬人，涉及穿着、交往、沟通和情商等内容。从个人修养的角度来看，礼仪可以说是一个人内在修养和素质的外在表现。从交际的角度来看，礼仪可以说是人际交往中适用的一种艺术、一种交际方式或交际方法，是人际交往中约定俗成的示人以尊重、友好的习惯做法。从传播的角度来看，礼仪可以说是在人际交往中进行相互沟通的技巧，大致可以分为政务礼仪、商务礼仪、服务礼仪、社交礼仪和涉外礼仪五大类。

1.1.1　得体的穿着是成功的开始

　　很多设计师都以艺术家自称，而艺术家通常是我行我素，在穿着上标新立异，但室内设计师从事的是服务工作，所以，在穿着上可以时尚、个性，但一定要符合职业身份，得体的穿着可以拉近人与人之间的距离。我们通常讲室内设计是技术与艺术的结合，是戴着镣铐的舞蹈者，说到底室内设计仍然是要满足人对工作、生活等的功能与审美需求，所以，室内设计更多的是产品，而不是艺术品。室内设计师是一种有着很强服务性质的职业，这个特定的职业身份决定我们必须遵守职场规则，包括穿着。

❶ 西装是设计师的首选

　　虽然很多室内设计师在着装上追求个性化，但如果个性化不恰当，会画虎不成反类犬。因为室内设计师与客户谈单是一种商务活动，而西装虽然不是个性化着装，但在正式场合中它体现着对人的一种尊重。

❷ 穿西装的注意事项

　　在色彩上可以选择深蓝、深灰或黑色等比较稳重的色彩。作为室内设计师，西装也可以选一些时尚的色彩与面料，如图1-1和图1-2所示。

　　正式西装一般要配上领带，领带最好用领带夹固定在衬衣上，西装最下面的一颗扣子一般不扣，如图1-3所示。深色西装搭配深色袜子会更加协调。

图1-1

图1-2

图1-3

1.1.2　室内设计师的行为举止

室内设计师要塑造好的形象，除了得体的穿戴还必须讲究礼貌礼节，避免各种不礼貌、不文明的举动。

当面见顾客时，应该点头示意并面带微笑，如果有其他陪同人员，必须同时主动向在场所有人问候或点头示意。接着安排顾客先坐下，在顾客未坐下之前，不要自己先坐下。在坐下后坐姿要端正，身体略微往前倾，切记不可以跷"二郎腿"，更不能不停地（快节奏）抖动腿，不然会给人不务正业不可信赖的感觉，很多人很反感这个动作，很可能你们的谈单还没有开始，这单设计已经"飞"了。

当站立时，腰板一定要挺直，上身要稳定，双手自然地放在两侧，手抱在胸前或背在身后。

在送别客户、顾客起身或离开时，需同时起立示意，将顾客送到低层大厅门口，并挥手告别。

❶　正确的坐姿

坐在椅子上，保持上身挺拔，如图1-4所示；不要懒懒地靠在背椅上，如图1-5所示。

图1-4　　　　　　　　　　　　　　　　　　　　　　图1-5

女性坐在椅子上至少坐满2/3，上身略向前倾，大腿、膝盖和小腿并拢并倾向一侧，双手重叠自然放在腿上，如图1-6和图1-7所示。男性双膝自然分开，接近肩的宽度，如图1-8所示。

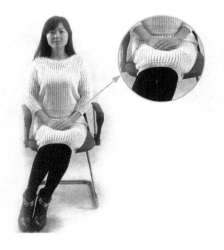　　　　

图1-6　　　　　　　　　　　　　图1-7　　　　　　　　　　　　　图1-8

❷ 错误的坐姿

双手夹在腿中间或双手放在臀部下，会显得没有自信，如图1-9所示。女生大腿并拢但小腿分得太开，也不是很优雅，如图1-10所示。

图1-9   图1-10

男士两腿伸得太长，如图1-11所示；或两腿分得过开会很不雅观，如图1-12所示。

图1-11   图1-12

❸ 正确的站姿

正确的站姿会给人以挺拔、端庄、可信赖感。站立时中轴线（从眉宇间向下至两脚之间中垂直线）要基本垂直，男士给人的感觉是洒脱、干练。女士给人的感觉是端庄、秀丽、亭亭玉立，如图1-13所示。

❹ 正确的蹲姿

日常工作中通常会有下蹲的动作，如与客户的未成年子女交谈或有东西掉在地上需要捡起时。下蹲时应保持头、手、胸、膝关节在同一角度从而使蹲姿优美，如图1-14所示。

女士无论何时下蹲，需保持双膝并拢，左手轻挡胸前，如图1-15所示。

图1-13   图1-14   图1-15

❺ 正确的表情

空姐的微笑，如清风拂面、春花烂漫，微笑中传递着温情，绽放着友善，让人久久难忘。正确的表情不但会给人留下良好的印象，也会给自己带来美好的心情。

交谈时的表情： 学会注视，设计师与客户交流时要注意掌握好注视的分寸及要领，在与客户交流过程中，一般眼睛要注视前方，不要眼睛看着其他地方与对方说话，不然对方会觉得你做事不专注，三心二意。注视对方时也不要直接盯着眼睛，目光主要落在对方的鼻子和嘴巴之间组成的三角区域，如图1-16所示。同时要注意直视对方的时间不能太短，如果一扫而过会很失礼，而长时间盯着对方也会让对方感觉不安，一般注视对方的时间占整个交谈时间的1/3~2/3比较合适。

图1-16

演说时的表情： 如果你的设计项目比较大，尤其是在做一些政府工程的时候，通常会需要方案演说（讲解）。有些演说者在演说时，眼睛会一直盯着演讲稿，或看着图纸，或只看着某一个人，这些都是一种不自信的表现，即便是再好的设计都不会太出彩。在演说过程中，一定要目光坚定而有神，同时环顾所有听众，不要让听众觉得你是为某一个人讲，或者是讲给自己听，你要让在场的每一个人都觉得受到关注，从而使听者精力集中，心灵与你产生互动，仿佛是在倾听。只有这样，你的设计才能与你的演讲完美结合，从而使设计更富有感染力，如图1-17所示。

图1-17

1.1.3 室内设计师电话礼仪

① 及时接电话

接电话的最佳时间是在电话铃响第3遍之前，如果没有及时接听，那么在接通后应立即道歉。道歉通常用"对不起，让您久等了"之类的话。如果是帮别人接电话，应及时解释当事人为什么不能接听电话。

② 确认对方信息

接通电话后，首先应自报姓名，接着一定要弄清对方是谁，大多数打电话者都会自己主动介绍。如果对方没有介绍或者你没有听清楚，应及时主动问对方情况，你可以用"请问您是哪位？我能为您做什么？"等，接电话时一定要亲切、热情。虽然电话交流是在不见面的情况下，但你的热情对方一定能感觉得到，所以，切忌一接通电话就是"喂！哪位？"这样会使打电话的人听起来陌生、感觉疏远，缺乏人情味。

③ 接听电话注意事项

第1点：平时需养成接电话时记录的习惯，把电话交流的主要内容记录下来。

第2点：接听电话时，保持嘴和话筒4~6cm的距离，贴得太近或离得太远都会影响语音的质量。

第3点：耳朵要贴近话筒，仔细倾听对方讲话，同时在一定的时间要及时用"嗯"回应。

第4点：通话完毕后，应该要有个道别，如"再见，以后多联系"或"好的，今天我们的讨论就到这里"。如果你的设计方案是一个渐进的过程，那么要记得约下次电话或面谈的时间，如"那您看，哪天您方便我再给你来电话呢？"。最后，应让对方结束电话，然后轻轻把话筒放好，不可"啪"的一下将电话扔回原处，这样极不礼貌（最好是在对方挂断之后再挂电话）。

④ 调整心态

当拿起电话听筒的时候，一定要面带笑容。不要以为笑容只能表现在脸上，它也会藏在声音里。亲切、温情的声音会使对方马上对你产生良好的印象。如果绷着脸，声音会变得冷冰冰。

打、接电话的时候不能叼着香烟、嚼着口香糖；说话时，声音不宜过大或过小，吐字清晰，保证对方能听明白。

用左手接听电话，右手边准备纸笔，便于随时记录有用信息。

⑤ 主动拨打电话的时机

拨打电话最好选择双方约定的时间，或者对方方便的时间，最好不要在对方休息时间打，如早上8点之前及晚上9点之后，因为这部分时间一般属于私人时间，是比较忌讳被工作打扰的。如果一定要在这个时间打，一定要注意说"对不起，这个时间打扰您！"。

TIPS

室内设计师职场模拟接电话不恰当的用语及纠正办法。

"喂！"，最好用"您好！"。

"喂！找谁"，最好用"您好，这里是某某某装饰公司设计师刘某，请问您是有房子要装修吗？"。

"给我找一下李某"，最好用"您好，麻烦您帮我找一下李某，好吗，谢谢"。

"他不在"，最好用"对不起，他现在不在，请问您有什么事需要我转告吗？或者您另外抽个时间打过来"。

"你是谁？"，最好用"请问您是哪位？有什么能帮您呢？"

"不行"，最好用"对不起，我们公司有规定，您的要求可能有些为难，实在是对不起。"

"什么？再说一遍"，最好用"对不起，刚才没有听清楚，能不能再说一遍呢？"

1.1.4 室内设计师位次礼仪

所谓位次礼仪，是指室内设计师与顾客，与上司出行、就餐或乘车时最佳的位置安排。

如果是顾客携夫人来公司看方案，在交谈时一般把顾客主宾及夫人安排在显要的位置，如图1-18所示。

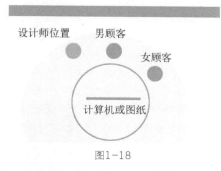

图1-18

如果和顾客达成初步意向，设计师和顾客去量房时由男顾客驾车时，其夫人自然是坐在副驾驶位置，如图1-19所示。不要为了方便和男顾客沟通设计而争着坐前排副驾位置，但如果中间女主人下车后，无论你是男性室内设计师还是女性室内设计师都应主动坐到前排副驾的位置，如图1-20所示。

图1-19

图1-20

1.1.5 室内设计师斟茶礼仪

❶ 茶具

最好选用一次性茶具，如图1-21所示。像紫砂之类的固然好，但如果没有专业的清洁工作人员清洁的话，作为忙碌的室内设计师去完成这样的清洁工作会耗费大量的工作时间。

图1-21

❷ 奉茶

第1点：泡茶时注意茶水不要太多，一般倒2/3即可，如果不小心倒多了可以将多余的倒掉，如果泡的是茶叶，第一泡最好倒掉，第二泡再递给客人。

第2点：如果是有盖茶杯，用小指和无名指夹住杯盖，自然掀开杯盖，如图1-22所示。

图1-22

第3点：奉茶的步骤。左手托底，右手拿茶杯的中部，一定要将茶杯的手柄（杯耳）向着客人，如图1-23所示。

第4点：如果需要尽快散热，可以不完全盖拢杯盖。

第5点：如果是玻璃杯泡茶，茶杯可能会很烫手，注意不要用五指抓杯口的方式递到客人面前，这样看起来会很不雅观。

图1-23

1.1.6 室内设计师迎送礼仪

❶ 迎接礼仪

第1点：迎接客户时，应提前到达迎接地点，看到客户的车应微笑、挥手致意。

第2点：客户的车停稳后，快速上前帮客人拉开车门并寒暄，表示欢迎，如图1-24所示。

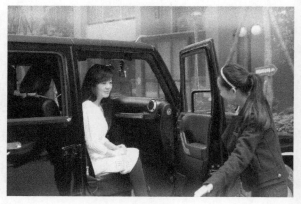

图1-24

第3点：迎送客户时应走在客户前面1m左右，如图1-25所示。

第4点：客户进出电梯要为其挡住电梯门，让客户安全上下电梯，如图1-26所示。

图1-25

图1-26

第5点：如果客户是女士，就座前应为其拉开椅子，就座时将椅子推到合适位置以方便就座，如图1-27和图1-28所示。

图1-27

图1-28

❷ 送别礼仪

第1点：如果是开车过来的客户最好是把客户送到停车的位置，并为客户打开车门，如图1-29所示。当客户上车后，再用适当的力量关上车门（关车门力量太大会惊扰到客户，太轻会关不上车门而有安全隐患），如图1-30所示。

图1-29

图1-30

第2点：当客户驾车离开时，要挥手道别，如图1-31所示。

图1-31

1.1.7 室内设计师签单礼仪

❶ 递送与接收名片

第1点：如果你向客户递送名片，应先递送给职务或地位略高的人，或先递给年长者。

第2点：递送名片时要用双手，双手拇指和食指执名片，文字一定要向着客户，如图1-32和图1-33所示。

图1-32

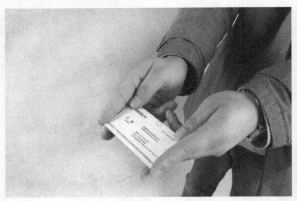

图1-33

第3点：接收名片应用双手，接到名片后不应马上放起来，应首先看名片上的名字与公司，一秒钟左右，接着看顾客一秒钟左右，再看名片，最后把名片与人对应起来，以表达对对方的尊重。

❷ 合同礼仪

第1点：给客户看图纸时一定要将正面递给客户，如图1-34所示，客户签字时要为客户翻到相应的页码，并指示签字的位置，如图1-35所示。

图1-34

图1-35

第2点：签完单后一定要握手致谢，如图1-36所示。

图1-36

不正确收纳名片的方法如下。

单手接名片，将收到的名片随意放在裤兜里，如图1-37和图1-38所示。

不正确递图纸的方法如下。

给客户讲解或递图纸时图纸正面向着设计师本人，如图1-39所示。

图1-37 　　　　　图1-38 　　　　　　　　　图1-39

1.2　室内设计师谈单必备心理素质

室内设计师谈单的时候首先要自信，自信与自负只有一字之间差，自信是客观的，自负是盲目的。可能有的室内设计师看到公司的某些不足而没有自信，这里要说的是看一个公司和看一个人一样，多看其优点，世界上没有完美的公司，也没有完美的人，真正的完美是追求完美的过程，而不是完美的本身。正如色彩美学中万绿中的一点红，红色和绿色是补色（相反的颜色），如果万绿中没有这一点红，就没有这个极致之美。

所以，对一个人或一个公司是否有信心，要看其是否有能力承担责任，一种为客户真正解决问题的责任，在帮助别人的过程得到合理的利润回报，这才是正道。

有了自信，谈单才会从容、潇洒并富有感染力。

1.2.1　初次见面谈单的注意事项

室内设计师初次谈单面对的项目可能是公司营销的小区。设计师在见客户前应该仔细研究这个小区的所有户型，如果户型实在太多，没有时间一一了解，那么至少要做到对其经典的和主要的户型进行一定的了解，正所谓知己知彼，方能百战不殆。当然与客户的谈判（谈单）不是古代战争的对立面，但你提前了解一下小区居住环境的情况，对方会感觉到你的用心、你的真诚，同时也更容易找到共同话题，从而达成共鸣。

如果初次见面的谈单客户是陌生拜访，突然出现在你的面前，那么首先要判断他（她）是对公司慕名而来，还是其他客户介绍过来的。

第1种情况：如果客户是慕名而来，应让其尽快了解公司的一些业绩，工程管理方面的一些规范，还有不要忘记展示设计师个人的一些作品案例。因为客户关心的无非是我选择你及你们公司，我的房子能不能被设计好，施工管理方面能不能让我放心等。

第2种情况：如果是其他客户介绍来的，可以先分析一下介绍人的户型、设计思路，以及在施工管理方面的一些细节和最后施工完成后的效果。通过分析介绍人的户型更能树立客户对公司及设计师的信心。

1.2.2 谈单过程中的注意事项

谈单的过程是否良好直接决定这个单子（室内设计或施工项目，行业俗称单子）是否能签下来，把握好谈单的过程尤为重要。

第1点：要营造一种轻松、愉快、欢畅的气氛与环境，客户最不能接受的是"花钱买气受"，所以，你的语气一定要是热情的、真诚的，千万不要把生活中的不愉快带到工作中来。

第2点：努力寻找共识，包括客户对风格的偏好、对材料的选择、对色彩或色调的偏好和对整个空间的功能安排等，同时对达成共识的部分做好记录。

第3点：一定要有图纸，如果没有初步的设计，至少要有一张平面图，设计是一种视觉艺术，要通过视觉语言来表达，离开图纸一切都会变得抽象，要和客户达成共识就会很难，有时顾客出于礼貌会说"是""对的"等，但他未必就真的理解你所讲的，而这并不是我们想要的结果。

第4点：室内设计有时是很主观的，所以，在设计思路上出现分歧是难免的。当客户对你的设计不认可时，一定不要情绪化，90后的室内设计师尤其要注意，因为很多年轻设计师，都是在鼓励声中成长的，大家都会努力去发现你的优点，而加以赞扬，有的甚至加以放大。而市场与我们习以为常的学习环境刚好相反，客户会努力去看到你设计的不足，而且一定会说出来。如果你和客户的观点分歧不容易调和，最好不要急于争论，有时越辩越僵，要学会多倾听，少辩解，把分歧观点暂时放置，有时"求同存异"，能够更好地解决问题。

第5点：避免一个问题反复讨论，不然客户会觉得你优柔寡断，不坚定。

第6点：在室内设计方案没有定下来之前最好不报价，方案不被认可的情况下报价是没有意义的。如果客户实在是很关心报价问题，给出一个常规的区间，如一般装饰500元/m²，中档层次装修800元/m²，高档装修1000元以上/m²，让客户有一个基本的概念即可。

第7点：把握好时间节奏，交流的时间不宜过长，也不要太短。时间过长的话，顾客的注意力在后面阶段不容易集中，这样谈单的效率会很低，时间太短问题又交代不清楚。

第8点：谈单的过程中一定不要被其他工作所打扰，包括接打电话，切忌把顾客"晾"在一边。

1.2.3　室内设计师必须克服的缺点

❶ 言谈侧重理论

过于书面化、理性化的论述，会使客户感觉操作性不强，不容易理解，达成目标太过艰难，而影响到签单的成功。

❷ 语气蛮横

要记住室内设计师并不是艺术家，而是一个服务工作者。绝不能认为客户对设计不懂，这样的心态会破坏轻松自如的交流氛围，增强客户反感心理，客户想要一个什么样的家，客户本人最清楚。

❸ 喜欢随时反驳

如果设计师不断打断客户的话，是很不礼貌的，反驳是一种对立的交流，反驳是一时的痛快，这样会易导致客户反感或生气，一旦局面僵化合作也将化为泡影。

❹ 谈话无重点

如果谈话不着边际，那将是很糟糕的事，会使客户"摸不着头脑"，设计师要抓住的重点就是客户的需求。

❺ 言不由衷的恭维

恭维与赞美是完全不同的两个概念，恭维是虚伪的，赞美是真诚的。

1.3　室内设计方案谈单

通过初步接触了解客户的一些基本需求后，接下来可能就要进行具体的方案沟通。业主可能会带来地产公司提供的图纸，也有可能带来你测量房屋的图纸，无论是哪种方式得到图纸，都应做好初步的方案后再邀约客户进行设计方案的谈单。

1.3.1　谈单前的准备

第1点：了解客户的详细信息，包括但不仅限于以下内容。

房屋的自然情况：包括地理位置、使用面积、物业情况、新旧房、是买的还是租的等。

业主情况：业主的职业、收入、家庭成员、年龄等（了解这些情况要注意把握分寸）。

生活习惯：在设计中要考虑到顾客的生活习惯，这种细节很容易打动客户。

是否已拿到钥匙：这非常重要，如果业主已经拿到钥匙，说明其装修会非常迫切，我们的行动就需要更为主动。

装修预算：如果能收集到的话，对设计方向的把握是关键的一点。

第2点：收集之前做过的楼盘及签单或已经开始施工的设计方案。

第3点：所在装饰公司的材料清单、报价清单及施工规范相关文件。

第4点：将设计图纸打印出来，准备好铅笔用来记录或临时修改图纸。

1.3.2 小户型谈单

　　一般来说90m²以下属于小户型，如图1-40所示。国内房价上涨，在建设节能、经济型社会的大背景下，小户型将长期占有比较大的比例，从某种程度上来说家装市场目前仍以小户型为主。对于小户型而言，较高的空间利用率非常重要，一定要在功能布局上多作文章，不容许有半点浪费，应该把空间的各个部分都充分利用起来。

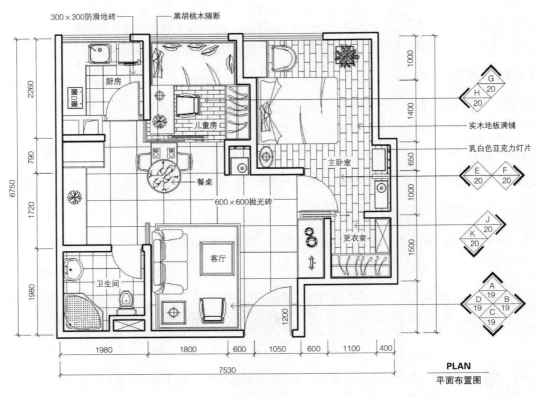

图1-40

　　小户型客户大多是以单身的年轻人或新婚夫妇为主，主要为解决基本居住问题，需求人群多为28岁以下年轻人。在谈单过的程中要抓住年轻人接受新事物能力强，追求新、奇、美、乐，崇尚个性等性格特征，设计上应以简洁、时尚、舒适为主，实用与装饰并重，并留有余地，为住户展示自身个性提供条件。

　　在与这类客户交流的过程中除了谈一些设计的本身之外，也可以与其有一些拓展的交流，在时尚、社会性话题上找到共同的语言，使整个交谈的过程更有共鸣，如果对方同时认同你的设计与公司的报价，这样会使签单率大大提高。

　　小户型客户中已婚夫妇与老年家庭对室内的静态休闲要求较多，对储藏空间的需求量更大。他们一般对自身舒适度要求较高，而对社交功能的要求则相对薄弱。所以，布置户型时在功能分区上应注意权衡公共空间和私密空间的比重与分隔，合理安排储藏空间。

1.3.3 大户型谈单

　　一般来说90m²以上属于大户型，如图1-41所示。在行业中一般大宅设计更多是指洋房、别墅型的设计。现在很多公司专门成立大宅设计部或高端设计部，主要为大宅顾客服务，一是因为大宅客户数量最近几年呈较快的增长的趋势，二是大宅在装饰与设计的投入上是一般小户型的数倍或更高。

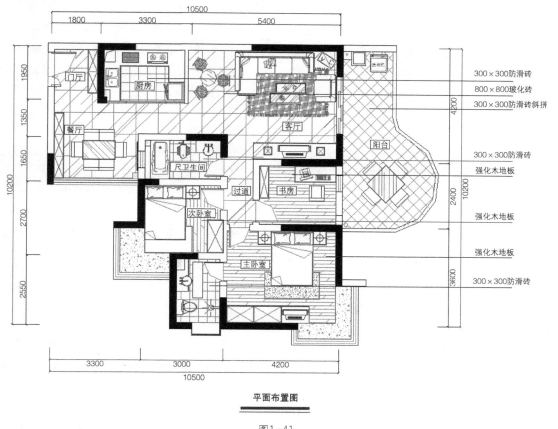

300×300防滑砖
800×800玻化砖
300×300防滑砖斜拼

300×300防滑砖
强化木地板

强化木地板

强化木地板

300×300防滑砖

平面布置图

图1-41

第1点：和大宅客户谈单有必要先了解一下顾客的生活方式，如喝咖啡、喝红酒、喝下午茶、读书等习惯，懂生活的设计师才会真正的懂设计，高端的设计是为客户创造一个惬意、舒适、有品位的生活空间，而不是单纯的天、地、墙面的界面设计。设计的价值已经不只是功能，而是带给客户一种良好的体验。有人做过计算，如果称一千克苹果手机（当然是很多台苹果手机）的价钱，换成稻谷可以供我们吃数十年，这其中的道理是一样的，打电话、发短信的功能目前一部几百元的手机即可以达到，为什么我们要花数千元去买苹果，这其中的道理大家都已经清楚了。对大宅客户对生活品质的需求，必须在不经意间了解清楚。

第2点：学会以大宅客户的思路去理解设计和生活。

大宅客户的经济条件和眼界不同于普通客户，设计师在进行设计思考的时候也就不能再按照常规的思路去思考。大宅客户的审美角度是什么样的？大宅客户选择美的出发点是什么？大宅客户的美学价值观是什么？大宅客户的生活追求是什么？这些都是需要设计师去重新选择和思考的。

大宅客户喜欢去研究美的本质。大宅客户需要的是有历史背景、有人文价值、具备一定升值空间、稀有的艺术。大宅客户认为美是建立在品质的基础之上的。大宅客户所追求的是精神上的满足，这样的满足能让他们的人生价值得到更好的体现和诠释。

第3点：了解大宅客户朋友圈子的审美方向，把握大宅客户的装修美学的真实需求。

大宅客户的物质条件已经极其成熟了，他们并不需要刻意地彰显在物质方面的富足。大宅客户在意的是别人对他的审美、品味和美学理解方面的看法。这就像很多有钱人喜欢去听交响乐、打高尔夫球一样，他们可能并不是真的喜欢这项活动，只是想通过这样方式向别人传达一种"我是真的能欣赏艺术"的态度。设计师在和大宅客户沟通的时候就必须时刻把握好这个分寸。不宜刻意赞美和吹捧大宅客户的成功与财富，应该委婉地赞扬客户的审美品位是高雅的，美学意识是时尚的。这样的话题才是客户乐于谈起的。

第4点：不要花费过多的时间去和大宅客户讨论造价的问题，而是应该让客户认识到设计的价值所在，有品质的设计往往需要足够的造价去支持。有内涵、有价值、有品质的设计往往更能衬托和提升大宅客户的身份、地位。设计师要努力去做到让他们感受到你设计中的魅力，让客户感受到品质设计中除了功能之外，更多的是艺术，如果把一般的住宅设计比作产品，那大宅设计就是艺术品。将大宅设计提升到艺术品的高度，客户自然愿意为其买单。这也是为什么艺术品往往能拍出天价的原因之一。

1.4　设计谈单的一些常规技巧

设计方案没有好坏，可能设计师会觉得此方案合理，但客户未必，所以，客户喜欢的就是最佳方案，客户是否喜欢和谈单进行的怎样有直接的关系，作为室内设计师必须掌握一些常规的谈单技巧。

1.4.1　让客户快速喜欢你

先塑造你的设计能力，例如，可以介绍四大风格，展示自己最成功的三到四套作品来推荐给客户，让他对你的设计先认可。在交谈过程中同时注意与顾客的情绪、语速、语调尽可能保持一致，俗话说，物以类聚、人以群分，人们总是喜欢和他相似的人相处。

抓住机会赞美你的客户，如"你真会选择装修的时机，这个季节是最合适做装修了""你很有眼光，这种风格大多是高端人群才会选择的"。赞美是拉近你和客户间距离的最有效手段，赞美要真诚，如果不恰当的赞美会使人反感，如一个体重超过65千克的女客户，赞美她的身材就不太合适，要抓住客户的闪光点。

1.4.2　通过问题能引导顾客的注意力

谈单过程中不要像开说明会，只顾自己说得痛快，你说得越多，可能漏洞越多，多通过提问了解客户的想法，这样才能更快达成一致。

❶ 提问的正确方式

引导式：你比较喜欢传统的风格，对吗？看来你更喜欢中性色彩，是吗？

选择式：你准备这周签单呢还是下周？在传统风格中你喜欢中式风格还是欧式风格？

参与式：您看这样行吗？你看还有哪些需要我补充的？

激将式：难道你想你的房子装修出来千篇一律而没有一点个性吗？如果选择的标准只是以价格谁更低为标准的话，我没有意见，但我相信你更在乎的是品质，不是吗？

❷ 提问的注意事项

第1点：尽可能问一些轻松、愉快，同时业主感兴趣的问题，找到共同点。

第2点：尽量问一些回答是"YES"的问题。

第3点：尽可能问事先你已经想好了答案的问题，这样才能更主动地把握整个谈单的过程。

第4点：问一些业主没有抗拒的问题。

第5点：问业主需求的问题，了解对方价值观以便更准确地为设计定位。

第6点：谈单谈到关键时刻不要忘记谈签单的问题，成交是要靠推动的，你不推客户就不会动。

1.4.3 谈单者的心态

一定要坚信自己就是顶尖的签单高手，自信的人在谈单过程中更容易使临场发挥到极致，不自信的和紧张会使你语塞。

签单是帮助顾客解决问题，只有成交才是真正帮助到顾客，带着这种使命感去签单你会非常有荣誉感。

真正发薪水的不是你所在的装饰公司，而是客户。

1.4.4 客户类型及消费心理

1 理智型的顾客

理智型消费者大多是工薪阶层，他们希望得到好的质量服务和低的价位，对这类顾客要有充分的耐心，消除其顾虑。

2 自主型和主观型的顾客

这类人有很明确的目标，他们对事物的看法有自己的见解，而且不容易改变，他们或对设计有独特的需求，或有较高的审美修养，对工程质量有特殊要求，谈单时需强化他们这方面的需求。

3 表现型和冲动型的顾客

这类顾客需要设计师挖掘其关键需求点，尽可能表现出你的设计能力是与众不同的，同时介绍公司实力，并反复刺激。

4 亲善型和犹豫型的顾客

这类客户犹豫不决，是个性使然，这种人往往没有主见。对拿不定主意的客户，应尽量帮他拿定主意，充当他的参谋，有时可以拿出一些力度大的优惠措施，让客户感觉到过了这个村就没有这个店，促使其签单。

1.4.5 抓住促使客户签单的信号

所有的谈单都是以签单为目的，有的设计师谈得比较愉快，如果没有把握关键时间促成签单，结果使前面的设计及谈单都白费。如果你谈完单对客户说"你回去考虑一下"，那他一定会回去考虑。大多数客户都是同时会找几家公司作比较，如果在客户有签单可能的关键时刻没有把握好，而其他公司设计师这方面做得好，就有可能是你带着优势与签单失之交臂。设计师应该注意对客户反应信号的把握，及时促成签单。

第1点：当设计师与顾客沟通完设计方案的细节，详细分析了报价后，如果客户眼光集中，对设计与报价总体满意时，设计师要及时询问签订合同事宜。

第2点：听完介绍后，顾客本来笑眯眯的神情突然变得紧张或由紧张的神情变成笑眯眯的，说明客户已准备成交。

第3点：当客户听完介绍后，客户与家人对望，如果家人的眼神中表现出肯定，应不失时机地签单。

第4点：谈单过程中，客户表现出一些反常的举止，如手抓头发、舔嘴唇、不停眨眼或坐立不安时，说明客户内心的斗争在激烈地进行，设计师应把客户忧虑的事情明白地说出来，那么离签单也就更近一步了。

第5点：在谈单接近尾声，一直认真聆听客户短暂走神后，又突然集中集力时，说明顾客在作短暂的犹豫或可能已经决定，这时是比较好的询问签单的好时机。

第6点：当设计师介绍完方案及预算，客户进一步询问细节问题并翻阅图纸及预算清单，并用计算器核算时，那么离签单成功就不远了。

第7点：当设计师在介绍过程中，客户变得兴奋，对设计方案及预算频频点头那么就表示客户已决定成交了。

第8点：一个专心聆听而且发言不多的客户开始询问付款问题时，那就表明客户有成交的意向了。

第9点：当客户开始将你所在公司的服务和其他公司进行比较，并咨询一些后期操作的关键问题时，要及时和客户谈成交的问题。

1.5　家装谈单中客户常规问题及处理参考

每个客户关注的重点可能不同，所以会提出各种各样的问题，如有的客户主要是考察公司的信誉，有的客户关心低价优质，有的客户关注施工质量等。下面收集了一些家装谈单中的常规问题及处理的参考。

1.5.1　涉及报价问题的谈单

第1种：当客户拿来的图纸尺寸不全，只是大概讲了要做些什么东西，要求设计师做笼统报价怎么办？

你可以对客户讲："图纸没有具体尺寸，所以即便我为您做了报价，也是不准确的，我想知道您是做简装、中等装修或是豪华装修，我可以告诉您，我们公司按平方报价的概况"。

第2种：有的客户会问"你们公司的报价为什么比别的公司高出许多？"

你可以回答："我们公司的价格从表面上看，虽然略高于其他一些中小型公司，但我想你选择装饰公司并不是单一的选择哪家公司报价最低，你至少要考虑以下几个问题。设计师的设计能力，这直接关系到你装修的效果，如果花了钱，没有达到你心目中的标准，我想这将不是您所希望的，是吗？但是我公司的施工工艺标准和施工材料质量标准方面也明显高于其他公司很多。您应该知道，高标准的施工工艺和材料质量，价格自然会高出很多"。

第3种："为什么有的公司能优惠好几个点，而你们公司却不能？"

我想顾客如果问到这个问题，我们心里都会暗自高兴，这说明客户已经在考虑签单的问题了。你可以回答："湿的毛巾可以拧出水来，而干的毛巾却没有水；商品价格也是一样，我们公司都是按高标准工艺施工，成本已经很高了，很多家装公司的打折行为，往往是依靠降低工程质量标准来实现的"。

第4种：如果客户问"你们的预算报价，在施工过程会不会有变动？"

你可以回答："当您确定的装修项目没有变动时，报价不会有变动，如果您在施工过程中，对原设计方案进行项目的修改或增减，我们会以变更的形式把价格变化报给您认可、签字"。

第5种：如果问"为什么某项目报价中主材价格还不到整个项目一半的价格？"

你可以回答："您可能忽略了该项目中所包含的辅料、工费、运费、二次搬运费、机具磨损费、管理费、税收、公司的合理利润等诸多因素，这种把所有费用加起来，报价自然显得比主材价格高许多"。

第6种：如果问"为什么安装灯具、洁具要收取费用？"

你可以回答："安装灯具、洁具需要有人工费、辅料费等费用"。

第7种："你们公司的中档装修报价与豪华装修报价有什么区别？"

你可以回答："中档报价和豪华装修报价主要是根据客户的不同需要制定的。它们主要区别是，依据材料的等级和施工工艺不同而产生不同的价格，公司的目的是能够满足不同客户群的不同需要，不论你选择哪种档次的装修，我们都会按照标准，保质保量地为您服务"。

1.5.2 涉及设计方案问题的谈单

第1种：假如客户对你展示的效果图表示认可时，你应怎么回答？

你应及时肯定与赞扬："谢谢，您很有眼光，这是今年最流行的一种装修趋势"。然后提问："您是否考虑这种装修风格呢？"。

第2种：当客户对方案无法接受时，你怎样回答？

首先你应该保持一个正确的心态来对待，不要认为你花了很多精力去做设计，最后被客户否定而产生挫败感，更不要认为客户没有眼光（真正的原因是你没有完全读懂客户的需求）。这里我想你应该面带微笑的回答："您真有见解，我这样设计的原因是……（解释一下你的设计思路，一定要简明，因为解释再详细已经没有意义），这个方案如果不是很合适你，那么我仔细再给您考虑一个更佳的方案，你看什么时间方便再过来看方案？"。

第3种：如果客户对图1-42所示的大胆夸张的设计方案表示怀疑时，你怎样回答？

图1-42

你首先要对自己的设计有信心，你可以说："我是希望能够把您的家做得与众不同，您的亲戚朋友到你家里来能感觉到您不一般的品位，这是整个设计的亮点，这一点我有信心"。

第4种：客户没有带平面图，如何谈单？

首先不要认为客户没有诚意，没有带图纸的客户是最考验设计师水平的时候，就当一次锻炼吧，有没有诚意也不是带不带图纸的问题。这种情况多谈些设计概念，尽可能在设计思路上达成一致，了解客户的投资额度。

多给客户看一些效果图，谈单时热情、认真、投入，这样谈单成功率会很高。除了设计还可以聊一些生活上的话题以拉近和客户的关系，如说到厨房，我们可与客户谈谈做菜；说到小孩房，也可以谈谈小孩的童真，儿童的梦想如何融入设计；说到卧室，可以谈一些风水上的禁忌。

第5种：客户带平面图过来，该如何谈单呢？

根据在职设计师的经验，一般对有图纸的客户可以分3步来进行。

首先，展示出你的能力，如果你手绘不错，谈单过程中，一边与客户交谈，一边将他的想法画出来。这样客户会感受到你的专业，在第一次谈单的过程中尽量给客户留下一个比较好的印象。另外，在初步的方案沟通过程中最好更多有一些细节的东西，投入你全部的热情，你想别人怎么对你，那就该怎么去对别人。如果第一步没有谈好，后面就没有努力的机会了。

然后，尽可能深入谈设计，让客户对你的设计方案产生兴趣，如果他提出想看预算，那么说明这个进度是按预想进行的。方案图最好有两套构想，一套在设计上比较大胆、更前卫，但可能很不实用；另一套是符合客户需求的实用性方案。这样两套方案之间会形成映衬，实用的设计方案衬托出设计的能力，前卫的方案衬托出设计的合理性。

最后，如果客户对你的设计方案基本认可，在谈预算时不可忘记同时谈合同的事，甚至谈合同的时候，更应该时刻强调，这样预算认可后，合同也能同时签下。不要等到预算认可了，因为合同上的细节分歧而使合同无法签订，一般客户认可一家公司的设计大多会选择在这个公司装修，因为重新去认可一个设计师也是很费神的事情。

第6种：当客户一见面就要求和首席设计师谈时该如何回答？

提这类问题的客户一般是对设计要求是较高的，你可以这样回答："公司每个设计师都有自己的设计风格，我们公司的每个设计师都是经过严格考核的，设计水平你完全可以放心。我们公司实行的是小组制，小组有4~5位设计师为您共同设计，我们的首席设计师一般只对设计方案进行审核，也就是说，您的设计实际上也是由首席设计师负责的"。

第7种：当客户提及他所在的小区或某类户型你设计过吗，你应该怎样回答？

如果设计过，那么首先要礼貌地告诉他我们设计过，接下来可以分析一下相关户型，对设计发展初步的大方向上的意见，也可以发表一下自己对该户型的看法，在谈单过程中，逐步深入了解客户的想法，层层递进，巧妙地将公司及设计师本人的各种优势介绍给他。如果没有设计过，首先要表现得很自信，告诉客户你做过类似的户型设计，请客户拿出户型图，告诉客户这类户型的设计你有过很多骄傲的作品，只有做过这种户型的人才能设计好，然后开始谈单的其他细节。

1.5.3 涉及材料问题的谈单

第1种：当客户问"实木与实芯有什么区别？"应该怎样回答？

你可以回答："实木内外均是同一材质，它不一定是整块木头，而实芯则是以多层木板胶合而成，其优点是外观与木实基本相同"。

第2种：当客户问"实木地板好还是复合地板好？"应该怎样回答？

你可以答"实木地板脚感好，纹理与色彩自然，但需要保养，铺装时需打龙骨，安装价格相对较高，复合地板硬度高、耐磨、铺装简易方便和价格低，但耐久性相对差一些"。

第3种：当客户问"如何保证在施工中使用真实材料？"应该怎样回答？

你可以回答："材料的质量，可以请您完全放心，公司非常注重品牌形象，我们和您一样重视材料的质量问题，劣质材料会使我们公司的品牌形象和经济受到严重的损害，因此，我们比客户更重视材料的质量问题。我们选择的材料都是品牌材料，材料进场后还要由客户验证认可，我们的工程监理（巡检员）要对材料和工艺进行全面检查以确保材料的质量"。

第4种：当客户问"清水漆好还是混水漆比较好？"应该怎样回答？

你可以回答："清水漆和混水漆的主要区别在于二者的表现力不同，清水漆是显纹漆，用于表现木材原始的纹理，混水漆主要表现的是油漆自身的色彩及木纹本身阴影变化，对于本质要求不高，夹板、密度板都可以"。

第5种：如果客户想更换材料的品牌，如公司报价中指定的是多乐士乳胶漆，而客户想改为立邦牌的怎样处理？

你可以说："我们的报价都是统一报价，指定的品牌，如果你坚持要用你说的品牌，在结算时我们可以多退少补的，我们的主材价格在预算中都标有价格"。

第6种：客户有时会问到某一项材料的价格为什么会这么高，例如，"一根3m长的石膏线市场才卖4元，而你们的报价却是18元/m"，应怎样回答？

你可以这样回答："你看到的只是材料的市场卖价，而你却忽略了运输、管理、施工、辅料和人工等因素"。

第7种：当客户询问报价中材料、人工和利润的比例时，应该怎样回答？

这时的回答只能给一个大概的数字，客户问这个问题，是想了解公司到底在这个工程上能挣多少钱，回答时关键是在利润的比例上，不能说得太高，也不能说得太低，说高了客户会感觉公司利润高了，用到装修上的钱就会少，说低了客户会感觉公司利润那么低一定会偷工减料来增加利润。参考回答，"材料费和人工费要占到总造价的75%左右，公司运营成本、税收等各种费用占到15%左右，公司利润一般在10%左右"。

第8种：客户提供主材的好坏对工程质量有无影响？

如果客户提供的地砖质量比较差、规格误差大，即使公司用最好的工人来施工，也有可能出现地砖之间缝不一致、高低不平等现象，这也将影响工程得质量。

1.5.4 涉及施工报价问题的谈单

第1种：客户有时会问到项目经理是否是公司员工，工程队与公司的关系是怎样的？应该怎样回答？

你可以很肯定地回答项目经理是我们公司的固定员工，工程队是我们公司运营结构中的一部分，公司每月对施工队至少进行两次培训，以不断提高工艺水平与施工质量为客户服务意识。这样能打消客户对公司施工质量的顾虑。

第2种：客户问及不同的风格，各需要花多少钱时，应该怎样解答？

可以告诉客户"不同设计风格的装修，费用有比较大的区别，但最终的预算是由装饰设计的复杂程度、施工的方式等因素决定。一般来讲，传统风格（如欧式、中式和美式等）比现代风格的装修费用高，但如果现代风格使用高档装饰材料、装修造型复杂等，而传统风格采用简单装修（如轻欧、简中等风格），那现代风格的装修费会高过传统风格"。

第3种：你们公司的报价单中的单价可以调低或打折吗？为什么有的公司可以？

你可以告诉客户："我们公司报价单中的单价，是根据家装市场的价格，在保证质量与品质的情况下，并保证合理利润的情况下制定的。我相信公司的价格是能保证品质的，有的公司可能恶意竞争，将价格调价到市场价格以下。但我必须负责任地告诉您，过低的报价会降低工艺标准、材料品质，而且后续服务可能会存在问题。因为公司没有合理利润就不可能持续良性发展，又谈何良好的后续服务"。

第4种：为什么预算中各项目都是明明白白，并包含了各种费用还要交10%的管理费？

你可以告诉客户："管理费是用于工程管理所必需的费用，是保证工程质量的关键，它包括主要用于监理，以及各工序之间的配合、交通、运输和通信等费用，所以，管理费在装饰工程合同中是必备的"。

第5种：你们作为品牌装饰公司，广告投入也不会少，报价是不是相应会提高一些？

你可以告诉顾客："对于品牌装饰公司，您应更放心把设计及施工交给我们，我们的利润主要是通过'量'来实现，品牌装饰公司走的是'规模经济'，家装公司本身是微利，如果没有一定的规模为前提，那么其发展是受限的"。

02

室内设计制图规范

室内设计制图必须遵守相同的制图规则，这样才能在不同专业、不同工种之间交流与合作。如果每个人都用自己的表达方式与习惯制图，那么作为施工与监理在与不同的设计师合作时，需花大量的时间去沟通。AutoCAD是替代纸和笔进行室内设计制图所使用的工具。设计师必须按照室内设计制图规范予以设置、操作、绘制和出图，这样的图纸才是规范的图纸，否则对软件工具再熟悉，形成的文件也是不规范的。

要点：图幅·线型·比例·符号·标注

2.1 图幅与图框

室内设计师首先要弄清楚图幅与图框的大小，很多室内设计师从来不思考图框的标准大小，而直接调用图库中的图框，这样将无法按规范的比例打印图纸。

2.1.1 图幅大小

室内设计工程图纸幅面的尺寸是有明确规定的，其基本尺寸有5种，代号分别为A0、A1、A2、A3、A4，其幅面的尺寸分别为1189mm×841mm、841mm×594mm、594mm×420mm、420mm×297mm、297mm×210mm。遇到特殊情况，图纸需要加长时，必须按规定加长，A0按1/8的整数倍加长，A1和A2按1/4的整数倍加长，A3则按1/2倍数加长，A4的图纸一般不加长，具体幅面尺寸如表2-1和图2-1所示（单位：mm）。

表2-1

图纸幅面	长边尺寸	长边加长后尺寸
A0	1189	1486、1635、1783、1932、2080、2230、2378
A1	841	1051、1261、1471、1682、1892、2102
A2	594	743、891、1041、1189、1338、1486、1635、1783、1932
A3	420	630、841、1051、1261、1471、1682、1892

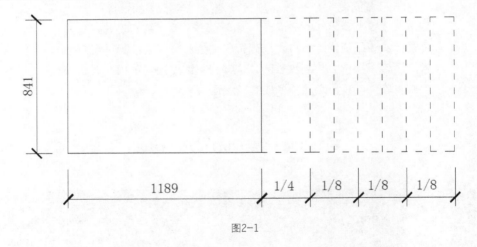

图2-1

2.1.2 图框

每一套方案确定出图幅大小后，一般全套图纸统一使用同一规格的图幅，这样方便管理与查询。幅面的布置分横式和立式两种，一般出图图纸宜采用横式，特殊情况下也可采用立式。另外，除目录和表格外，一项工程项目所用的图纸不宜多于两种幅面。

每张图纸都设有标题栏（简称图标）。其位置在图框右边或下边，位于图纸右边的标题栏宽度为

40mm~70mm，位于图纸下面的标题栏宽度为30mm~50mm，栏内应分区注明工程名称、设计单位、各项目负责人和图号等，以方便图纸的查阅和明确技术责任，如图2-2所示。

标题栏可以设在图纸下面，也可以设在图纸右边，如图2-3和图2-4所示。

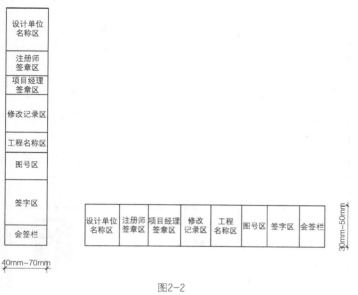

图2-2

图2-3

图2-4

因为家居空间室内设计尺寸的特殊性，其尺寸大多比较方正，多数装饰公司都是采用将标题栏放在图纸的右边，这样图纸会更美观，如图2-5所示。

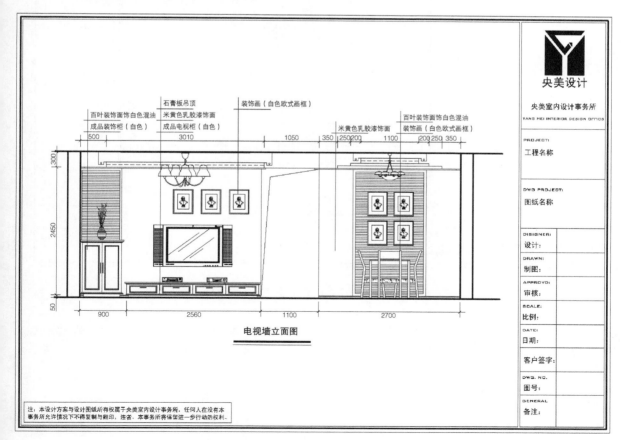

图2-5

2.2 比例

　　室内设计工程图纸图示的内容不可能是实际大小的尺寸，它是按一定的比例关系或缩小或放大绘制。比例实际上就是图形与实物相对应的长度尺寸之比。如1:200，表示图形上任意一段长度相当于实物相对应部分长度的1/200。比例的选用可根据实际情况选取。

　　常用比例：1:1、1:2、1:5、1:10、1:20、1:30、1:50、1:100、1:150、1:200、1:500、1:1000、1:2000。

　　可用比例：1:3、1:4、16、1:15、1:25、1:40、1:60、1:80、1:250、1:300、1:400、1:600、1:5000、1:10000、1:20000、1:50000、1:100000、1:200000。

　　选取的比例应用阿拉伯数字以比例的形式注写在图纸的适当位置，一般常注写在图名的右下侧，如图2-6所示。

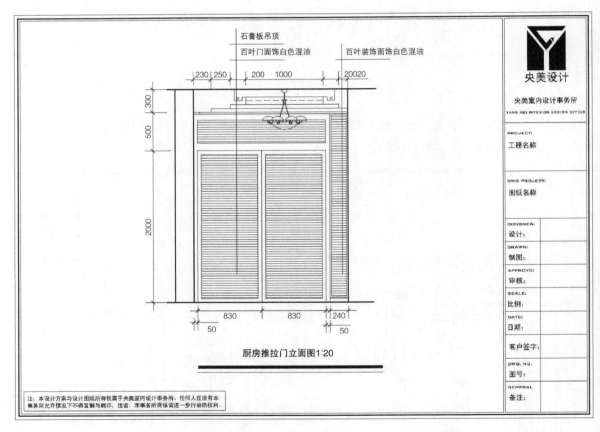

图2-6

TIPS

　　室内设计制图中确定比例是第一件大事，比例必须在一开始画图时就要确定好，比例确定好了，之后的一切参数都以此为参照来设置，若出现图纸标注大小不同的问题，就是由于没有统一比例造成的。

　　确定出图比例方法如下。

　　第1步：画出原始结构图，并量出大约的长度和宽度，如图2-7所示。

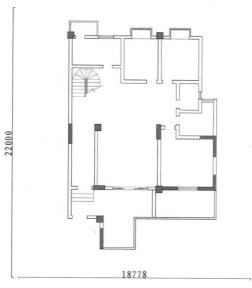

图2-7

第2步：通过尺寸标注我们可以看出图纸大于1877mm×22000mm，家居室内设计出图时大多用A3纸打印，前面讲过A3图幅大小为420mm×297mm，将图框放大约100倍（注：在AutoCAD中所有的图都是按1:1绘制的，只有将图框按适合出图比例放大，才能装下图纸，然后在打印时设置按放大比例缩小打印就可以得到标准的图纸）。

第3步：在AutoCAD软件中打开CAD图库（源文件见"第2章/总平立面图库.dwg"素材文件），确保图库中的平面图被选择状态，如图2-8所示，然后按Ctrl+C组合键以复制图框。

第4步：如果平面原始结构图也处于AutoCAD软件的打开状态，按住Ctrl键不放同时按Tab键，切换到原始结构图，接着按Ctrl+V组合键，将图粘贴到图中适当的位置，如图2-9所示。

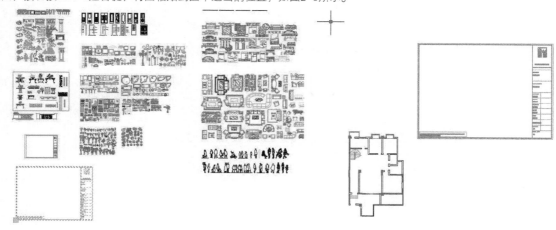

图2-8 图2-9

第5步：将复制过来的图框缩放成标准的A3图框（在此应认真思考，前面讲的A3图幅大小为420mm×297mm，而A3纸的大小恰好是420mm×297mm，所以，A3图幅的图纸用A3的纸是打印不完整的，因为A3图幅加装订边还有打印的页边距大于A3纸的大小，如果要用A3纸打印图纸，图框就不能设定为420mm×297mm，而需要适当缩小，这里设定为400mm×277mm）。

第6步：输入命令。

命令：SC （在指令栏输入SC并按Enter键）

选择对象：指定对角点，找到 1 个（选择要缩放的图框）

指定基点：〈对象捕捉 开〉（按F3键打开对象捕捉，指定左下角为缩放的基点，如图2-10所示）

指定比例因子或 [参照(R)]:R （输入R，选择参照缩放并按Enter键）

指定参照长度 <1>: 指定第二点 （通过捕捉指定图框长边作为参照长度）

指定新长度: 400 （输入新的边框长度为400并按Enter键，结果如图2-11所示）

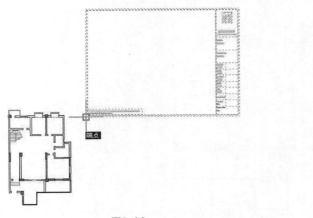 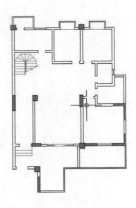

图2-10　　　　　　　　　　　　　　　　　　　　　　　图2-11

第7步：将图框放大100倍，再将图纸移动到图框中，结果如图2-12所示，在打印时设置1:100打印，得到了A3的图纸，并且比例尺为1:100。

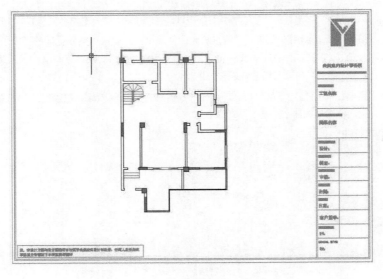

图2-12

2.3　线

　　室内设计图都是由线构成的，在室内设计制图中不同的线代表着不同的含义，室内设计师必须采用通用的、规范的线型来制图，这样才能使参与项目的每个人都能读懂图纸。

2.3.1 线宽

在室内设计制图中，通过用不同的线宽来表示重要程度，能让整个图纸详略清晰。如图2-13所示的立面图中，展现给我们的画面是按照设计师设计好的流程出现的，首先是墙体结构，其次是立面装饰造型，然后才是填充及标注，图纸主次清晰、明快，同时具有美感，其就是通过线宽的设置来实现的。线宽设置虽然有一些基本的规律，但要使图纸画得更精美，把握好线宽并不是一件容易的事，需要设计师通过绘图实践逐步提高。

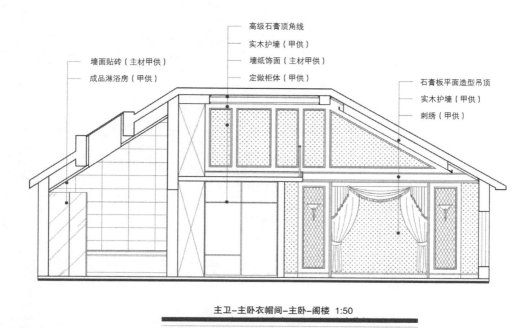

高级石膏顶角线
实木护墙（甲供）
墙纸饰面（主材甲供）
定做柜体（甲供）

墙面贴砖（主材甲供）
成品淋浴房（甲供）

石膏板平面造型吊顶
实木护墙（甲供）
刺绣（甲供）

主卫-主卧衣帽间-主卧-阁楼 1:50

图2-13

图纸的宽度也有一定的要求，《工程建设制图统一标准》中规定有0.18mm、0.25mm、0.35mm、0.5mm、0.7mm、1.0mm、1.4mm、2.0mm的8种线系列，图纸的宽度应从规定的线宽系列中选取。一般应根据图样的复杂程度与比例大小选取。

值得注意的是，在同一张图纸中，比例相同应选取相同的线宽组，通常一个图样中线宽不得超过3种。在CAD制图中自定义线宽时，如果确定粗线的线宽为b（b是一个代数，其线宽可以是任意线宽），那么中粗线为$0.5b$，细线则为$0.35b$。例如，把粗线定为0.4mm，中粗线则为0.2mm，细线则为0.15mm。

2.3.2 线型

在室内设计制图中，不同的线型代表着不同的用途，所以，室内设计师应熟悉表2-2所示的常规线型。

01 装饰材料
02 室内设计制图规范
03 室内图库
04 平面图实例
05 立面图实例
06 顶面图实例
07 室内设计预算
08 中式风格设计
09 欧式风格设计
10 混搭风格案例
11 室内手绘万能模板
12 彩色方案实例
13 软装设计

表2-2

名称		线型	线宽	用途
实线	粗	———	b	①平面图及剖面图中的墙线、主要建筑构造线、装饰构造的轮廓线 ②立面图外轮廓线 ③构造详图、节点大样图中的被剖切的轮廓线 ④平面图、立面图、剖面图索引符号中的剖切符号
	中粗	———	0.7b	①平面图、立面图、剖面图中的次要构造线 ②室内设计详图中的外轮廓线
	中	———	0.5b	①平面图、立面图、剖面图中的次要轮廓 ②图例线
	细	———	0.25b	①室内设计图纸中装饰构造一般轮廓线 ②一般图形线，家具线、尺寸线、尺寸界线、引出线、各类符号线等
	极细	———	0.1～0.15b	①填充线 ②辅助线
虚线		- - - - -	b	①用于不可见主要结构线 ②见专业制图标准
	中粗	- - - - -	0.7b	①表示被遮挡住的部分（不可见）主要轮廓线 ②装饰装修拟建、扩建部分轮廓线
	细	- - - - -	0.5b	①平面图上部投影到平面图上的轮廓线 ②预想放置的构件
	极细	- - - - -	0.25b	作用与上相同，主要用于次要的轮廓或构件的绘制
点画线	细	—·—·—	0.25～0.75b	主要用于对称线，例如，定位轴线
折断线	细	～∿～	0.25b	省略部分的分界线，例如，楼梯1.5m以上的部分
曲线		∼∼∼	0.25b	用于表示不规则的曲线，例如，地面、墙面、顶面的曲线造型

2.4 字体

工程图纸中，常常需要标注文字和数字等。其大小应按图样的比例来确定，但大小不是任意的，应按规定的字高系列来选取。规定的字高系列如表2-3所示。

表2-3

字体种类	中文	非中文
字高	3.5、5、7、10、14、20	3、4、6、8、10、14、20

汉字的字体通常采用长仿字体或黑体，同一图纸中字体不应超过两种，汉字的简化写法必须遵守国务院公布的《汉字简化方案》和有关规定。

图纸中表示数量的数字应采用阿拉伯数字。数字和字母可设置成直体和斜体，但在同一张图纸中必须统一字高最小为2.5mm。

TIPS:

在CAD中设定字体的标注高度的具体操作方法如下。

第1步：按本章2.2节所讲述的方法设定绘图比例。

第2步：如图2-14所示，在一套CAD室内设计图纸中可能会出现两种不同的出图比例，因为立面图通常表现的是一面墙或几面墙的立面造型，所以，立面图比例一般会比平面图大，该图纸中平面图比例为1:75，立面图比例为1:40。

第3步：在命令栏中输入D并按Enter键，弹出如图2-15所示的对话框。

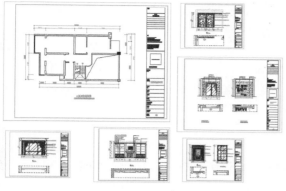

图2-14

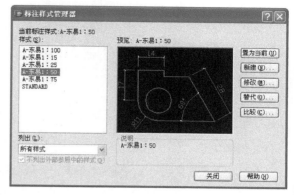

图2-15

第4步：单击 [修改(M)] 按钮，打开"修改标注样式"对话框，如图2-16所示。

第5步：单击 [调整] 按钮，弹出如图2-17所示的对话框，选择"使用全局比例(S)"单选按钮，并将后面的数字调整为1。

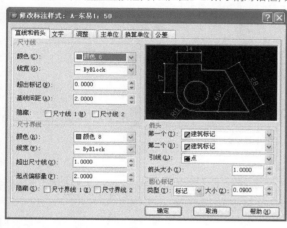

图2-16

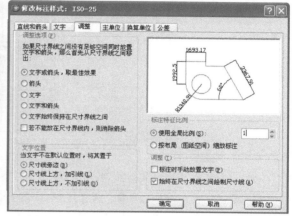

图2-17

第6步：选择"文字" [文字] 选项卡，如果所有图纸中确定打印出来的文字高度为2.5mm，在标注1:75的平面图的文字高度时请将文字高度一栏设定为2.5×75＝187.5。在进行1：40平面图标注时，请将文字高度一栏设定为2.5×40＝100。所以，不同的比例图纸其文字高度等标注设置是不同的，需要用出图的比例乘以文字打印成图纸后的高度，如果不论图纸比例多少都设为200左右，那么CAD图纸打印出来之后文字的高度则会出现大小不一的情况，这样的图纸看起来不规范。

第7步：用同样的方法设置其他标注所需要的数值。

2.5 尺寸标注

建筑工程图虽然是按一定的比例绘制，并注明具体比例，但还不能直截了当地表达各部分尺寸的相对关系，为保证正确无误地按图施工，还必须注明完整的尺寸标注。

2.5.1 尺寸标注的组成

尺寸标注的组成图样由尺寸线、尺寸界线、尺寸起止符号和尺寸数字组成，如图2-18所示。

图2-18

标注图样介绍

尺寸界线：尺寸界线一般用细实线绘制，一般与标注的对象垂直，其一端离被标注对象不少于2mm，另一端要超出尺寸线2mm~3mm。在标注内部空间时轮廓也可以作为尺寸线，如图2-19所示。

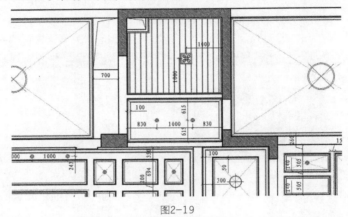

图2-19

尺寸线：尺寸线应用细实线绘制，尺寸线与尺寸界线的交点为尺寸起止点，尺寸线必须与标注的图线平行，而尺寸界线一般与尺寸线垂直。尺寸线必须单独绘制，不得使用轮廓线作为尺寸线。

起止符：起止点符号用中宽短线表示，其方向为尺寸界线顺时针45°，短线长度约2mm，起止符也可以用黑色小圆点绘制，小圆点直径约为1mm。

尺寸数字：尺寸单位除总平面图与标高以米为单位外，其他一律以毫米为单位，数字后面不写单位即表示其单位为毫米，尺寸数字高度一般为2.5mm（不是CAD设置的尺寸，而是打印出来的尺寸）。

在进行尺寸标注过程中有如下4点注意事项。

第1点：文字一般与尺寸线平行，与尺寸界限垂直，如图2-20所示，注意观察倾斜与垂直标注的文字方向。

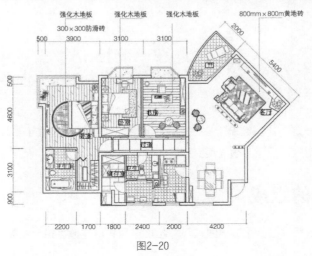

图2-20

第2点：数字应离尺寸线1mm左右，如果两条尺寸界线之间放不下尺寸数字，应将数字移到上方或下方相应的位置，也可以用引出线标注。如果尺寸线在最左边，可以直接将数字移到尺寸界线左边的位置，总之不可让任何线条经过文字，如图2-21所示。

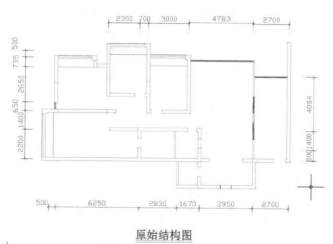

原始结构图

图2-21

第3点：在室内设计制图中如果出现连续重复的尺寸，第一级标注标出总尺寸，二级标注可以用EQ来表示，如图2-22所示。

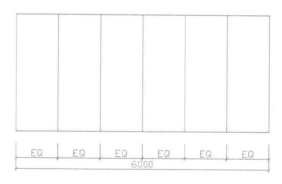

图2-22

第4点：所有图线均不得作为尺寸线，但可作为尺寸界线，单独绘制的尺寸界线与所指轮廓线之间应留有适当间隙，且不得少于2mm，尺寸线与图样最外轮廓线之间的距离不宜小于10mm，平行尺寸线之间的距离以7mm~10mm为宜，并保持一致。对于一些不规则的图形，可以采用坐标的形式标注，如图2-23所示。

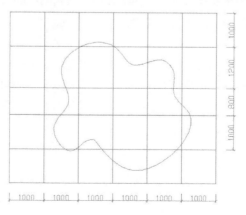

图2-23

2.5.2 圆形标注/角度标注/弧长标注

标准圆弧半径尺寸时，半径数字前应加R符号，直径标注数字前应加ø符号，大圆弧半径尺寸过大在图纸范围内无法标注圆心的位置时，可以用折断线表示，或只标注其半径，如图2-24所示。

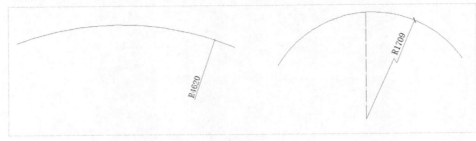

图2-24

标注角度时，其角度数字应在水平方向注写，数字右上角加注"度、分、秒"，当标注的物体较大时，可以标注在两条线的中间，如图2-25所示。

弧线长度标注时，尺寸线应和该弧线为同心圆，如图2-26所示。

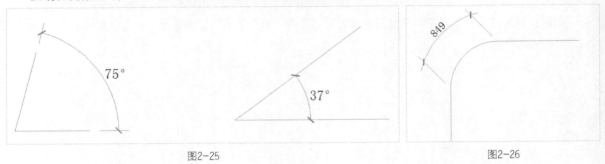

图2-25　　　　　　　　　　　　　　　　　图2-26

2.5.3 标高标注

建筑物各部分或各个位置的高度在图纸上常用标高来表示。标高符号应以细实线绘制，其符号尖端应指在所标注高度上，尖端的指向可上可下，无论上下都应指在所标注高度的平面上。总平面上表示室外地面整平高度时，标高符号应涂黑，标高数字注写在三角形的上面或右上角，标高数字规定以米为单位，标高注至小数点后第三位，总平面图上的标高可注至小数点后第二位，在标高数字后面不标单位。零点标高注为±0.000，读作正负零点零零零，零点标高以上位置的标高为正数，零点以下位置的标高为负数，负标高数字前必须加注负号"－"。

标高符号高度一般为30mm，水平夹角为30°或45°，如图2-27所示。

标高的三角形可以是正三角形，也可以是倒三角形，在顶棚标注中也可以用CH符号来表示，在一个详图中，不同的标高图样是相同位置的可把各个标高注写在同一个图样中，标高标注如图2-28和图2-29所示。

图2-27　　　　　　　　　　　图2-28　　　　　　　　　　　图2-29

2.5.4 定位轴线

　　定位轴线是用来表示主要墙体、柱子位置的标注。在建筑设计中的主要墙体、构结柱、大梁等主要构造要用定位轴线，一般的非承重（轻质隔墙）不设定位轴线，如图2-30所示（图样案例源文件见"第2章/别墅平面图.dwg"素材文件），如需要，在定位轴线之间还可以设附轴。

　　在使用定位轴线时，注意水平方向用1、2、3等阿拉伯数字，垂直方向用A、B、C等英文字母。Z、I、O这3个字母不可以用于定位轴线，主要是因为这3个字母长得太像2、1、0，这样规定是为了避免混淆。定位轴线一般用点长线绘制（打印），轴线编号用直径为8mm～10mm的圆画出。

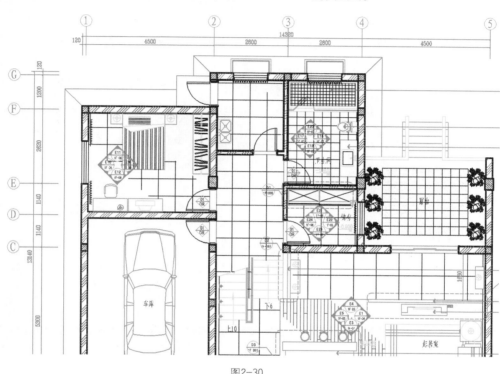

图2-30

　　在大型室内工程中，出图一般是用大型绘图仪先打印成硫酸纸，然后再通过晒图机晒成蓝图，如图2-31所示，硫酸纸可以晒成多张蓝图。

图2-31

　　通过绘图仪出图，就可以按标准图框绘图，因为绘图仪打印的幅面可以更大。通过标准的图框打印的图纸A0幅面称为0号（0#）图纸，A1幅面称为1号（1#）图纸，A2幅面称为2号（2#）图纸，A3幅面称为3号（3#）图纸，A4幅面称为4号（4#）图纸。

2.6 索引体系

大型室内设计项目图纸数量非常庞大，图纸多达上百张，所以，室内设计师必须掌握完整的制图索引体系，不然图纸会杂乱无章，无法实施，甚至连自己都有可能看不懂。室内设计索引体系包括目录、剖切符号和详图符号。

2.6.1 图纸目录

图纸目录是将整套图纸以纸张为单位进行命名、编号，是整个图纸的总览，以便快速查阅图纸，如图2-32所示。

图纸目录

图号	目录	图号	目录
01	图纸目录	12	二层墙体砌筑定位图 1:100
02	设计及施工说明	13	一层平面图 1:100
03	主要装饰工程项目一览表（一）	14	二层平面图 1:100
04	主要装饰工程项目一览表（二）	15	二层东水间C-2图 二层主卫器卫A-2图 1:100
05	一层原始尺寸图 1:100	16	一层平面布置图 1:100
06	二层原始尺寸图 1:100	17	二层平面布置图 1:100
07	一层墙体拆除图 1:100	18	二层东水间平面布置图 二层主卫器卫平面布置图
08	二层墙体拆除图 1:100	19	一层地面布置图 1:100
09	一层墙体砌筑图 1:100	20	二层地面布置图 1:100
10	二层墙体砌筑图 1:100	21	二层东水间地面布置图 二层主卫器卫地面布置图

图2-32

2.6.2 索引符号

索引符号分为平面索引、立面索引和剖面索引符号。

❶ 平面索引

平面索引主要用于相同视角放大的索引，如平面图和立面图中需要对某部分放大绘制详图，如图2-33所示。

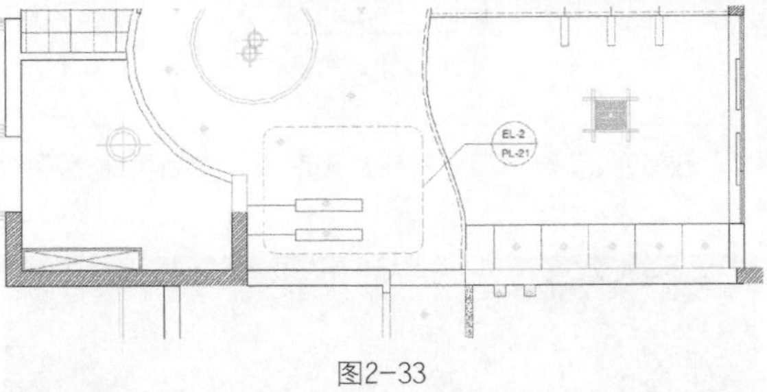

图2-33

标注方法为，用虚线画出需要放大的范围，然后用45°引出线引出，平面索引编号用直径为8mm～10mm的圆表示，圆由引出的细实线平分为上下两部分，上面的EL-2表示详图编号，下面的PL-21表示详图所在的图纸编号（即图纸所编的页码），如图2-34所示。

如果放大的图样与原图在一张图纸内，可以用两种方法表示，一是将详图编号处用粗水平实线表示，如图2-35所示；二是直接引出放大绘制，引出的位置与放大的详图都用圆圈表示，如图2-36和图2-37所示（源文件见"第2章/大样图.dwg"素材文件）。

EL-2	详图编号		详图在本页
PL-21	所在图纸的编号	PL-21	所在图纸的编号

图2-34　　　　　　　　图2-35

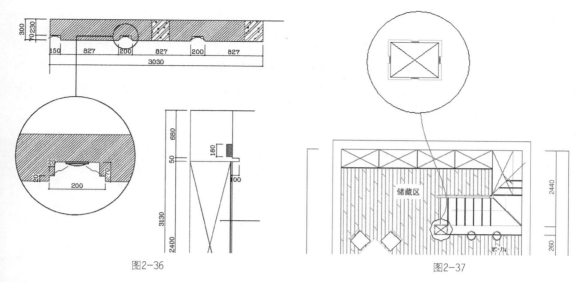

图2-36 图2-37

❷ 立面索引

立面索引主要是用在总平面图上对立面的索引，立面索引符号带有指示方向的功能，符号的圆直径为8mm～10mm，三角形为45°的等腰三角形，立面索引可以根据要绘制的立面数量将2个、3个、4个组合使用，如图2-38所示。

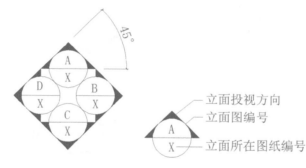

图2-38

立面索引可以将索引符号直接放在房间里面，如果房间放不下索引符号，可以用细实线引出，如图2-39所示。

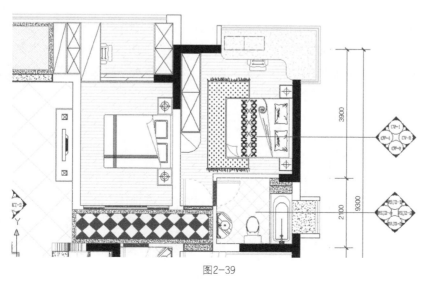

图2-39

❸ 剖切索引

剖切索引符号可以分为剖视剖切符号与断面剖切符号。

剖视剖切索引符号由剖切位置线、投射方向线及索引符号组成。剖切位置线由长度为8mm～10mm，粗细为0.5b的粗实线绘制，放置于被剖切的位置；投射方向线由实线绘制，平行于剖切线，两线相距3mm左右，投射方向线一端与索引符号相连接，另一端与剖切线齐，如图2-40所示。

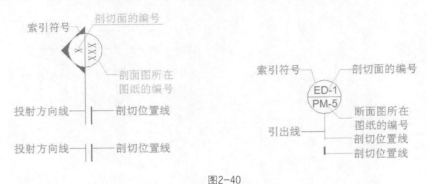

图2-40

也可以用国际通用的剖切方法，如图2-41所示。

断面剖切索引符号由剖切位置线、引出线及索引符号组成。剖切位置线由长度为8mm～10mm，粗细为0.5b的粗实线绘制，放置于被剖切的位置；引出线由线实线绘制，连接剖切线与索引符号，如图2-42所示。

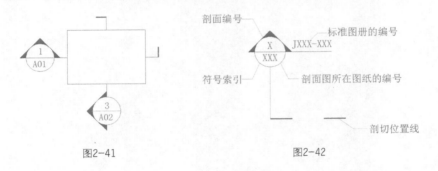

图2-41 　　　　　　　　　　　图2-42

2.6.3 详图符号

详图符号和索引符号相对应，在详图所在位置的下方或一侧应标有详图符号，以便对照查阅。详图符号规定以直径为12mm～14mm的粗实线圆表示，在圆内用阿拉伯数字注明详图的编号。当详图与被索引的图样不在同一张图纸上时，可用细实线在详图符号圆圈中部画一条水平直线，圆圈上半部分中注明详图编号，圆圈下半部分中注明被索引图样的图纸编号。详图符号如图2-43和图2-44所示。

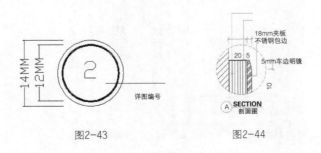

图2-43 　　　　　　　　　图2-44

2.6.4 引出线

为保证图样的完整和清晰，对符号编号、尺寸标注和一些文字说明常采用引出线来连接。引出线一般用细实线绘制。引出线的方向可采用水平方向或与水平方向成30°、45°、60°、90°角的直线，以及采用与水平方向按以上角度引出后再折为水平的折线。文字说明可写在引出线的水平横线的上方或端部，符号的圆心要和引出线方向对准。相同部分的引出线可画成相互平行或汇集一点的放射形引出线，如对于多层材料或多层构造的部分，引出线应通过被注明的构造各层。在引出线的一端画出横线的数量应和要说明的构造层数相同，并且自上而下的说明顺序应和构造层次一致，引出线如图2-45所示。

图2-45

TIPS

按规范出图的操作步骤如下。

第1步：图2-46所示是按1:80的比例绘制，使用A3图框的平面图，原始图框大小为400mm×277mm（源文件见"第2章/打印用图调整.dwg"素材文件）。

第2步：打印之前检查各图层线的颜色，将打印同一宽度的线设为同一颜色。此案例将线型主要分三个层次，分别是墙体、家具、填充与标注，所以，主要调整了墙体的颜色、家具的颜色、填充的颜色，使其颜色有明显的区分。此案例中墙体用的1#色（红色）、填充的颜色选用9#色（灰色），家具的颜色没有完全统一。在打印设置时将红色设置为粗线，灰色设置为细线，其他的所有颜色（家具及相关物件）设置为中粗线。调整色彩之后的效果如图2-47所示。

图2-46   图2-47

第3步：按Ctrl+P组合键执行打印命令，弹出图2-48所示的对话框。

第4步：首先在"打印设备"选项卡的"名称"下拉列表框选择所在公司使用的打印机，然后在"打印样式表"选项组的"名称"下拉列表框中选择"acad.ctb"，接着单击"编辑"按钮，弹出"打印样式表编辑器"对话框。

第5步：将鼠标光标移动到打印样式下"颜色1"右边，按住鼠标左键不放同时向下拖曳至"颜色255"左下角处，当所有颜色选项变为蓝色，如图2-49所示，确保所有颜色是被选择状态。

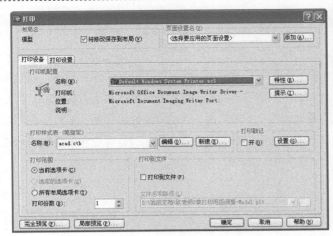

图2-48   图2-49

第6步：先将所有的颜色的线设为中粗线，在"特性"选项组中将所有颜色改为"黑色"，"笔号（#）"为7，"线宽"为"0.4mm"，如图2-50所示。

第7步：将鼠标光标移动到"颜色1"红色上，单击选择"颜色1"将红色打印线宽设为0.8，用同样的方法将"颜色9"灰色线宽设为0.1，切换到"打印设置"选项卡，如图2-51所示。

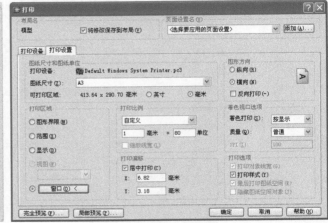

图2-50   图2-51

第8步：将"图纸尺寸"选择为"A3"，"图形方向"选择"横向"，然后在"打印比例"选项组中选择"自定义"，在下面的比例输入框中设置为1:80，同时勾选"居中打印"复选框，接着在"打印区域"选项组中单击 窗口(O) < 按钮，再通过捕捉辅助功能捕捉图框左上角和右下角两个端点，返回到如图2-51所示的对话框中，单击 完全预览(F)... 按钮，如图2-52所示。打印结果如图2-53所示。

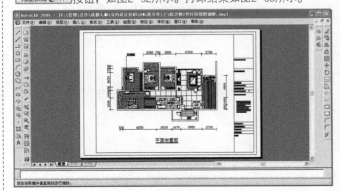

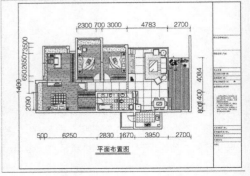

图2-52   图2-53

03

室内设计量房

量房是室内设计的必经过程，虽然很多新房有房屋结构图纸，但是室内空间现场各式各样的实际情况会影响到设计方案，有些甚至是关键的因素。只有准确地量房，设计师才能进行合理的设计，并预算准确工程量，才能让施工队进行严谨施工。

要点：测量·手绘·规范·指导

3.1 量房前的准备

量房前应携带卷尺（或红外线测量仪）、相机、纸和笔（最好两种颜色）。如图3-1所示，卷尺最好用7m以上的，因为在量房现场没有任何工具（包括楼梯），在测量梁、柱高度时通常的方法是手握卷尺，将卷尺拉出0刻度的位置靠在地面，然后运用卷尺的弹性由低向高将卷尺送至所测量的位置，如图3-2所示。相机主要用于记录一些特别复杂的结构，如图3-3所示。

图3-1

图3-2

图3-3

3.2 室内设计量房方法与过程

室内设计量房的前期工作做得怎么样直接影响到室内设计的进度，如果量房有遗漏的地方，就会反复去工地核实数据，从而浪费人力、物力。

3.2.1 量房过程

量房有以下4个步骤。

第1步：先准备好原始结构图，如果没有就只能现场绘制。

第2步：确定方位，在图纸上标注好北的方向。

第3步：仔细检查结构图和现场是否有出入，有出入的地方应在图纸上标注并用文字加以说明。

第4步：一般从入户门开始，转一圈量，最后回到入户门另一边，量房的顺序一般是按门厅、餐厅、厨房、卫生间、客厅、卧室（次卧、客房、书房、儿童房）、阳台来进行的。

3.2.2 量房记录的主要内容

量房时需要记录的内容主要有以下4点。

第1点：梁柱位置、门窗位置、上下水管道和空调位置。

第2点：主电箱位置、量房图各项详尽尺寸。

第3点：卫生间和厨房设施的准确位置及房形的结构。上下水管、暖气等的准确位置及空间高度。

第4点：梁柱的大小及高度。

3.2.3 量房的方法

量房的方法有以下7点。

第1点：用卷尺量出具体一个房间的长度、高度时，长度要紧贴地面测量，高度要紧贴墙体拐角处测量。

第2点：随时量随时记录。

第3点：认真核实室内空间的尺寸，测量好总的尺寸和分段尺寸并做好记录，如量一面带窗户的墙时，先记录好总的长度，然后是窗口到墙的尺寸及窗户的宽度尺寸。

第4点：要把窗户"离地高"及"高度"标出来，还要记录下飘窗的深度，窗台进深是关系到大理石台面尺寸的，这些细节都直接影响预算的准确性。

第5点：记录下沉尺寸。如卫生间、厨房、地面有落差，以客厅或卧室地面为基础，记录向下落了多少，大多数卫生间都会下落400mm左右，这样主要是方便卫生间走管道，设计师可以比较自由地设计卫浴空间；另外，顶面的设备管道从顶面下落多少也直接影响顶棚的高度，如图3-4所示。

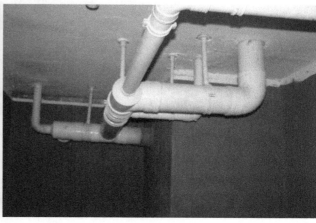

图3-4

第6点：认真勘测房屋的物理状态。

地面：地面平整度的优劣对于铺地砖或铺地板等装修施工单价有很大的影响。

墙面：墙面平整度要从3方面来度量，墙要平整、无起伏、无弯曲；抹灰是否牢固，检查墙面抹灰可以用金属物戳墙，若掉灰特别厉害，后面的腻子及乳胶漆容易脱落；同时要检查墙面和墙面、墙面和地面、墙面和顶面是否垂直。这些方面与地面铺装及墙面装修的施工单价有关。

顶面：可用灯光试验来检查是否有较大阴影，以明确其平整度，墙体或顶面是否有局部裂缝、水迹及霉变。

门窗：主要查看门窗扇与柜之间横竖缝是否均匀及密实。

厨卫：把马桶下水、地漏、面盆下水、通风井道的位置在平面图中标记出来，包括地面防水状况如何，是否做防水实验、地面管道周围的防水、洁具上下水有无滴漏及下水是否通畅。

第7点：量房前应了解房屋所在的小区物业对房屋装修的具体规定，例如，在水电改造方面的具体要求、阳台窗能否封闭等事项。

TIPS

红外线测量仪与卷尺的使用。

虽然红外线测量仪（也称激光尺，如图3-5所示）方便快捷，但在量房过程中传统的卷尺是必不可少的工具，很多尺寸的测量必须借助卷尺，例如，顶棚上的梁的宽度、窗台的高度及一些细度尺寸。因为红外线测试仪必须借助遮挡物反射才能测量从红外测量仪到反射点的距离，而室内空间很多尺寸必须使用传统的方法进行测量，红外线测量仪在量房中更多用于测量空间大的尺寸。

红外线测量仪的使用方法是在测量的起点将红外线发射端对准测量的终点，按测量按钮，显示屏上即显示出测量的距离，如图3-6所示。

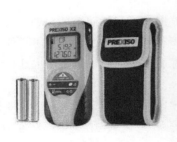

图3-5　　　　　　　　　　　　　　　　　　图3-6

3.3　室内设计量房现场手绘记录

手绘记录是室内设计师的一项必备技能，因为室内设计及装修快速发展已经有十年了，二次装修的客户将大量涌现，同时公共空间的二次装修更是频繁地进行着。二次装修中大多没有原始图纸，要获得户型图将依靠设计师的手绘记录技能。

3.3.1 现场手绘记录的画法

原始结构图表现的是地产公司交房时的原始状态，俗称"清水房"，如图3-7所示（源文件见"第3章/原始结构图.dwg"素材文件）。

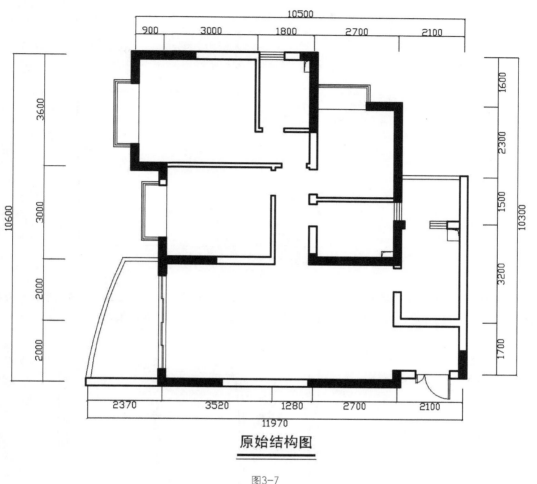

原始结构图

图3-7

3.3.2 现场手绘记录过程剖析

现场记录手绘过程如下。

第1步：先观察每一个房间，在脑中形成户型的整体轮廓，手工量房不可一个房间一个房间地量，如果只记录下一些局部的尺寸而没有整体的图纸轮廓，回到办公室将无法还原成为完整的原始平面图。

第2步：先用单线画出户型的外轮廓，画的时候无须在意线条的绝对直和比例绝对的正确，关键是要把握好外在轮廓的起伏关系，以及上下左右每一次转折的对应关系。一定要注意画左边看右边，画上面看下面的习惯，因为每个转折都是房间的面在不停地转换，如果只是注意到轮廓起伏转折而没有照顾到左面和右面的对应关系，可能会导致户型结构错误。初步的手绘户型轮廓如图3-8所示，有门和窗的地方先忽略。

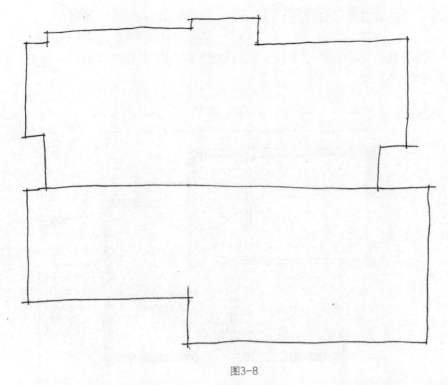

图3-8

第3步：在轮廓的基础上将墙体用双线连接，将各房间画出，在画房间时必须留出门洞的宽度，将窗户用四根线条画出，将门的开启方向按图3-9所示的方式画出，同时标注好每个房间的名称。

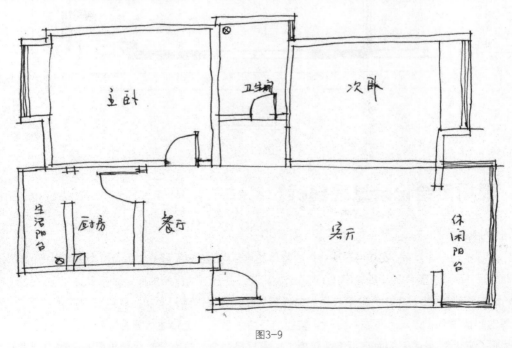

图3-9

第4步：将承重墙部分涂黑，标注出下水立管（从地面到天棚的排水管道）、地漏排水管道，本案例中卫生间下沉400mm，只有一根立管作为排水管道。

第5步：标注出通风井道，用虚线画出天棚上梁的位置，如图3-10所示。

01 装修技巧

02 室内设计 常用规范

03 室内设计 量房

04 平面图 实训

05 立面图 实训

06 剖面图 实训

07 室内设计 顶面

08 中式风格 设计

09 欧式风格 设计

10 地中海风 格设计

11 室内手绘 方案表现

12 家装方案 工程管理

13 效果表现

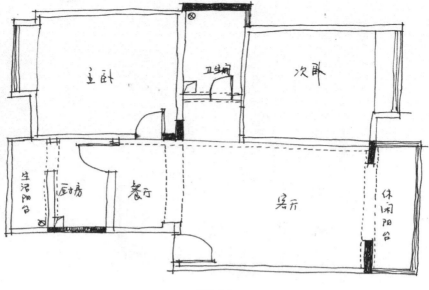

图3-10

第6步：用标高符号标注原顶面天棚的高度（注意标高的单位必须为米，标高符号的三角形为等腰三角形，符号的高度为3mm左右）。

第7步：逐一标注各房间的尺寸，能通过现场用卷尺量出总尺寸的，尽可能标出总尺寸。有总尺寸和分段尺寸标注，在绘制度原始平面图时彼此能有个参考，以便万一某个尺寸量得不准确，通过其他表示同一位置的尺寸可以推断正确的尺寸，避免反复跑现场核实一些细节，如图3-11所示。

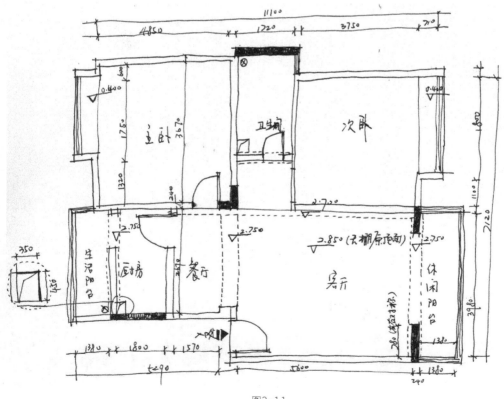

图3-11

第8步：在进行尺寸标注时，通常无法将详尽的尺寸全部标注在图纸的四周，所以，很多时候直接以墙线作为尺寸界线来进行标准，如图3-12所示。

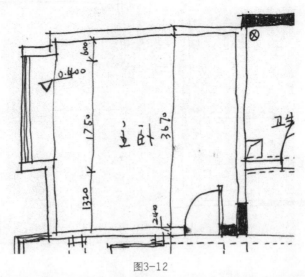

图3-12

第9步：测试并标注一些细节，如立管边缘与墙面的距离（影响包立管后形成的柱子的大小）、窗台的高度。同时对于一些细节还需要放大引出标注，标注出梁的宽度及墙面的距离，如图3-13所示。

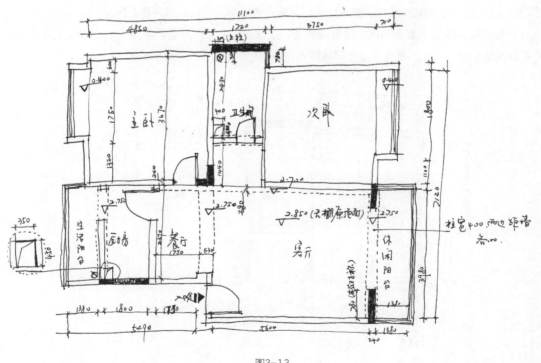

图3-13

3.4　CAD原始结构图规范与指导

原始结构图对于整个室内设计而言既是开始，又是进行合理有效室内设计的基础，同时也是预算师进行预算的依据之一。原始结构图的表示方法有两种，一种是以测量的内空尺寸为标注基础的原始结构图，如图3-14所示；另一种是以轴线距离为标注基础的原始结构图，如图3-15所示。轴线标注的原始结构图更符合制度规范，所以，被大多数设计师和设计公司采用，下面就以轴线标注方法分解原始结构图的画法。

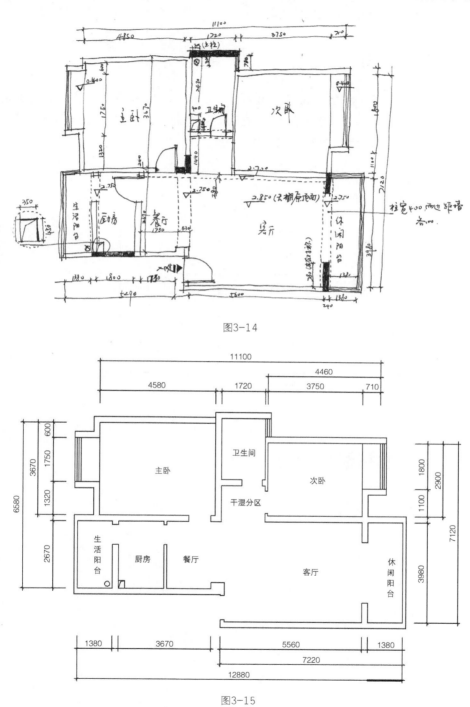

图3-14

图3-15

3.4.1 计算轴距

由于现场无法测量到轴线的距离，所以，当现场测量手绘图画好后，可以通过建筑常识简单地计算

01 室内设计
02 室内设计制图规范
03 室内设置图量
04 平面图实训
05 立面图实训
06 顶面图实训
07 室内设计家具
08 中心风格设计
09 现代风格设计
10 地中海风格设计
11 室内手绘方案表现
12 预算编制
13 装饰设计

出轴线的距离。在建筑设计中都有一定的模数，在家居室内空间设计中一般是按300mm进级，其幅度为3m~75m。在画轴线距离时，一般测量的数据向上推到最近的一个建筑模数。如测量两面墙之间的距离是5290mm，那么两墙的轴线就是5400mm，因为轴线的距离一定要符合模数要求，即在家居建筑中轴线的距离一定是300mm的倍数，而5400mm是比实地测量5290mm大的最近的一个符合建筑模数的数字。

3.4.2 画轴主要线网

根据量房现场手绘记录结果（如图3-13所示）用AutoCAD画出主要的轴网，如图3-16所示。需要注意的是，在现场测量时内空标注非常烦琐，墙面非常多，在画主要轴网时没有必要一下全部画出，这样在画墙线时容易混淆，待画出主要的墙线后可以再补充次要房间的轴线。

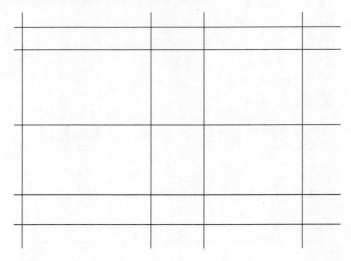

图3-16

3.4.3 标注出主要轴线的尺寸

为了方便下一步画墙体，设计师一般会将轴网的尺寸先行标注，如图3-17所示。

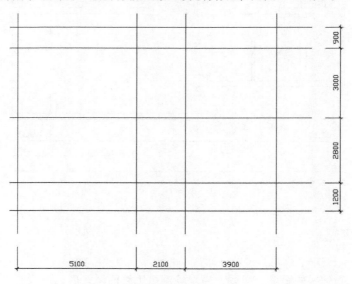

图3-17

3.4.4 画出主要墙体

使用"双线（ML）"命令，将墙体的宽度设为240mm或120mm，打开交点和端点的捕捉设定，设置为居中对齐，画出主要的墙体，如图3-18所示。

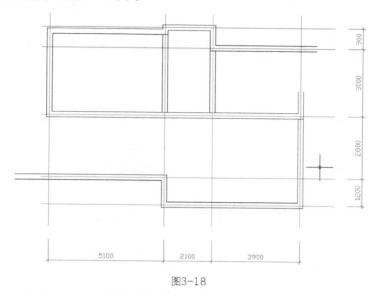

图3-18

3.4.5 补充次要轴线

确定了主要墙线后，再补充一些次要的轴线及墙体，如图3-19所示。

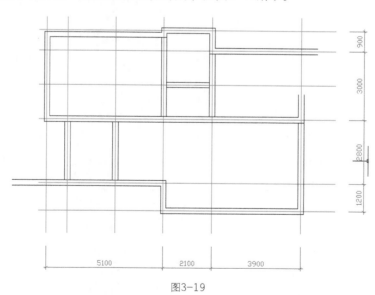

图3-19

3.4.6 完成细节

最后通过"偏移"和"修剪"等命令进一步完善细节，结果如图3-20所示（源文件见"第3章/平面图绘制.dwg"素材文件）。

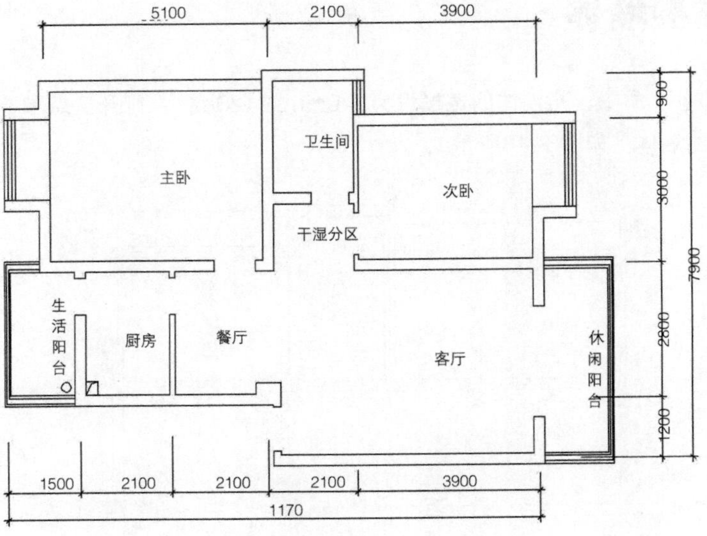

图3-20

快速轴网标注。

在通过AutoCAD画户型图时，首先必须画出轴网并标注，只有标注出轴网尺寸才能依据轴网画出墙体，在进行轴网标注时可以通过AutoCAD快速标注出尺寸，操作过程如下。

第1步：在命令栏输入:QDIM，然后按Enter键，命令栏出现提示"选择要标注的几何图形"。

第2步：选择要标注的轴线，在标注纵向轴线时只能选择纵向轴线，将鼠标光标移动到图3-21所示的1处并单击，然后移动到2处并单击，确保要标注的纵向轴线都在虚线框内。

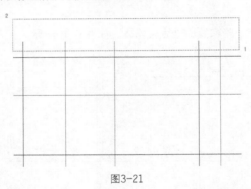

图3-21

第3步：向上移动鼠标光标在恰当的位置单击，结果如图3-22所示，用同样的方法再标注出水平方向的轴线尺寸。

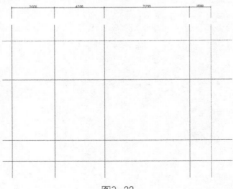

图3-22

04

平面图实训

室内设计平面图通常包括原始结构图、墙体施工图（也称为土建施工图）、平面布置图、天棚平面图、地面材质铺装图、面积统计图、开关控制图、插座布置图和水路施工图等，其具体的图纸数据会根据具体的情况有所增减。其中平面布置图是室内设计平面图中的核心，也是室内设计方案的核心。室内设计说到底是空间设计，平面布置图又是空间设计的核心，可见平面布置图在室内设计中的重要性。

要点：内容・划分・规范・尺寸

4.1 平面布置图的内容

无论是家居空间室内设计还是公共空间室内设计，可以说完成平面布置图就完成了一半的工作，所以，通过平面布置图的质量基本上可以看出一个室内设计师的设计水平。

平面布置图在室内设计图纸的布置方案中，是一种简明图解形式，用以表示建筑结构、家具、设施和设备等的相对平面位置。

4.1.1 图幅大小

原始结构图表现的是地产公司交房时的原始状态，俗称"清水房"，如图4-1所示（源文件见文件"第4章/4.1/一层原始结构图.dwg"素材文件）。

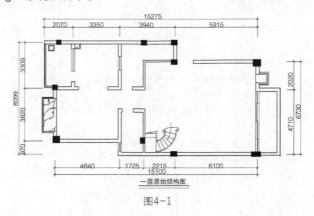

一层原始结构图

图4-1

4.1.2 平面尺寸图

平面尺寸图主要是对现场量房之后的原始墙体等尺寸做一个详细的记录，作为室内设计空间布局的依据。在很多装饰公司设计师和预算员是不同的工种，这种情况下如果有室内墙体改动，平面尺寸图（也称墙体改造图）也是预算员进行预算的依据之一。图4-2所示为平面尺寸图局部（源文件见"第4章/4.1/尺寸图.dwg"文件）。

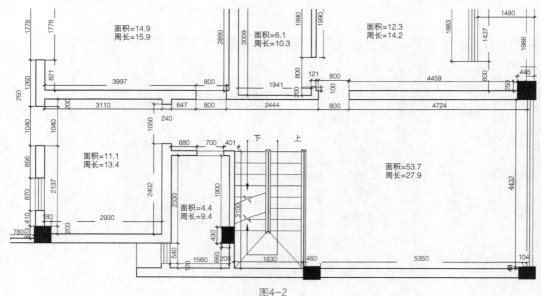

图4-2

4.1.3　地面材质铺装图

　　地面材质铺装图也称为地面布置图，主要表现地面不同区域的材料、材料尺寸及拼花方式，如图4-3所示（源文件见"第4章/4.1/材质铺装图.dwg"素材文件）。

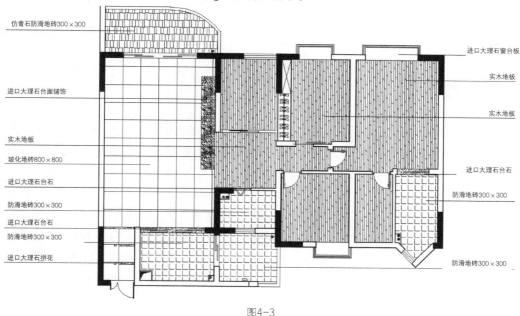

仿青石防滑地砖300×300

进口大理石窗台板

实木地板

实木地板

进口大理石台面铺饰

实木地板

玻化地砖800×800

进口大理石台石

防滑地砖300×300

进口大理石台石

防滑地砖300×300

进口大理石拼花

进口大理石台石

防滑地砖300×300

防滑地砖300×300

图4-3

4.1.4　平面布置图

　　平面布置图是室内设计方案图的核心与总纲，也是室内设计的第一步，其所有的图纸都是在平面图的基础上展开，如图4-4所示（源文件见"第4章/4.1/平面布置图.dwg"素材文件）。

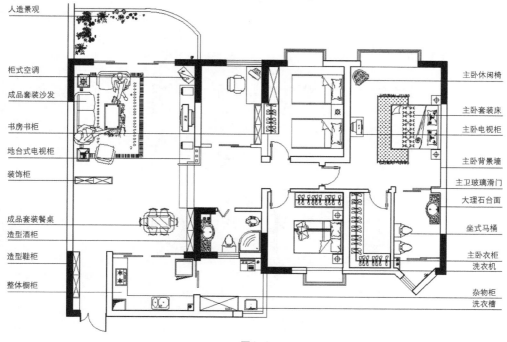

人造景观

柜式空调

成品套装沙发

书房书柜

地台式电视柜

装饰柜

成品套装餐桌

造型酒柜

造型鞋柜

整体橱柜

主卧休闲椅

主卧套装床

主卧电视柜

主卧背景墙

主卫玻璃滑门

大理石台面

坐式马桶

主卧衣柜

洗衣机

杂物柜

洗衣槽

图4-4

平面布置图的内容包括以下4个方面。

第1个：房间的平面结构形式、平面形状及长宽尺寸。

第2个：门窗的位置、平面尺寸、门窗的开启方向及墙柱的断面形状与尺寸。

第3个：室内家具、设施（如电器设备和卫生间设备等）、织物、摆设（如雕像等）、绿化及地面铺设等平面布置的具体位置。

第4个：各部分的尺寸（国内交流用公制体系，国际交流采用英制体系）、图示的符号、房间的名称及附加的文字说明等。

4.1.5 电路图

电路图是家居室内设计施工图中必备的图纸，电路图包括插座布置图和照明开关布置图。电路图是现场施工中第一道工序所需要的图纸，通过电路图及水路图才能确定打线槽的位置及线盒的类型，学习画电路图需要先了解各类开关及插座。

第1种：开关的种类。

家居室内设计中常用开关有单开、双开和三开等，控制方式有单控和双控。

单控就是普通的开关，一个开关控制一个灯具；双控是位于不同位置的两个开关，控制一个灯具。例如，卧室照明设计中往往在进门的位置设置一个开关，床头设置一个开关，两个开关都可以控制顶棚的灯具。

带插座的开关可以控制插座通断电，也可以单独作为开关使用。多用于常用电器处，如微波炉、洗衣机和镜前灯等。

调光开关可通过旋钮调节灯光强弱。调光开关不能与节能灯配合使用。

第2种：插座的种类。

家居室内空间的插座有强电和弱电之分，强电插座主要为220V以上的家用电器供电，弱电插座主要为电话、网络和电视等提供弱电信号。

下面对图4-5和图4-6所示的电路图中的卧室进行详细分析，以便更好地理解电路图的画法（源文件见文件"第4章/4.1/电路图.dwg"素材文件）。

陈先生家居插座图

图4-5

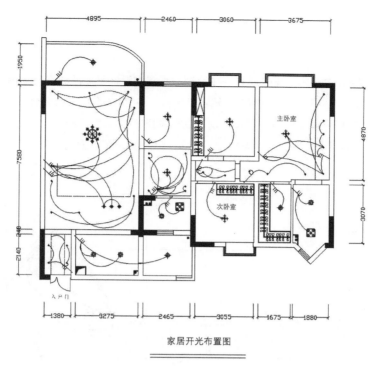

家居开光布置图

图4-6

　　主卧室：单联开关1个，用于控制卧室过道顶面的3盏筒灯；三联双控开关各1个，通过3组线控制主卧室顶灯及床头顶部的射灯；5孔插座4个（两个床头灯、电视、主卧室卫生间备用插座）；3孔16A插座1个；有线电视插座1个；电话网线插座各1个。

　　次卧室：单联单控开关1个（用于控制次卧室顶灯）；5孔插座3个（2个床头灯、1个备用插座）；3孔16A插座1个（空调）；电话、网线、电视插座各1个。

4.2　平面布置图规范与要求

　　平面布置图制图规范属于室内设计制图规范，但在平面图的绘制过程中有其具体的操作要求，通过本节学习需要详细掌握平面布置图的线型设置、图块的使用与调整等。

4.2.1　平面布置图图线设置规范

　　室内设计图线设计的基本原则是按主次关系设置，主要的用粗线，次要的用细线。

❶ 线型设置规范

　　以下是各种线型的相关设置规范。

　　粗实线：平面中被剖切的主要结构部分（如墙和柱断面等）的轮廓线。

　　中实线：被剖切前的次要部分的轮廓线（如墙的护角和踢脚、轻质隔墙等）；没有剖切前的可见部分的轮廓线（如墙、窗台、楼梯、阳台以及各种家具、设施、织物、绿化、摆设等）。

　　中虚线：没有剖切的窗台、墙洞、吊起的家具设施、门窗开启方向指示线等所有不可见的轮廓线。

　　细实线：引出线、尺寸标注线。

文字说明：可根据图的比例而定，一般情况下常采用中实线。

❷ 案例分析

图4-7所示的平面图层次分明、详略得当。在绘制一张室内设计平面图时，首先需要绘制的是房屋的结构、家具及造型轮廓，其次是填充，另外线型设置也是按粗、中、细3个层次来区分。不同图纸大小其线型设置在此原则的基础上也有所不同，一般家居室内设计以3#图纸（或A3打印纸）大小居多，以图4-7为例，其平面布置图分为3个不同的层次，墙线设置为1.0，家具及相关造型轮廓设置为0.35，填充设置为0.05。

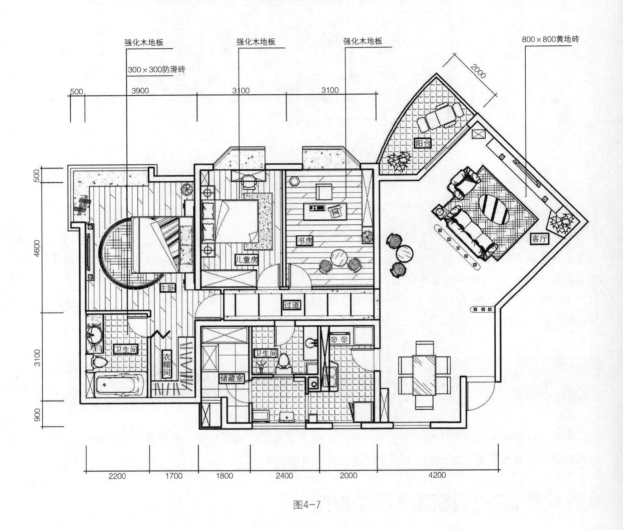

图4-7

4.2.2 平面布置图的图示符号

在室内装修设计的图纸中，家具、设施、织物、绿化、摆设物怎样用图示符号表达呢？一般来说，我们应遵循这样一条原则：按照相应的比例绘制其轮廓线，并结合文字说明。对于一些常用家具、设施等我们可以采用简单的作图法和符号来表示，而室内设计者必须认识并掌握这些符号，以达到简化制图、方便交流的目的。目前尚没有统一的符号。

① 平面图块

　　在实际的工作中一般会用现成的平面图块，这些图块可以是平时自己在绘图工作中的积累，也可以从其他室内设计CAD图纸中直接复制或从网上下载。图4-8所示为家居空间客厅图库，图4-9所示为家居空间卧室图库（本案例源文件见文件"第4章/4.2/图库.dwg"素材文件）。

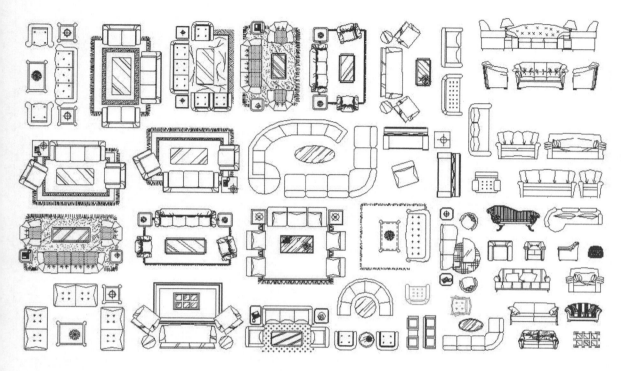

图4-8

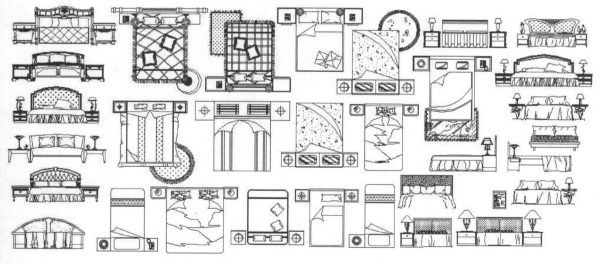

图4-9

01 装修技巧

02 室内设计 布置实战

03 面积

04 平面图 实训

05 立面图 实训

06 剖面实战

07 室内设计 预算

08 中式风格 设计

09 欧式风格 设计

10 地中海风 格设计

11 家装手绘 万能法则

12 彩色方案 室内绘制

13 软装设计

表4-1所示为平面图参考图样与图例。

表4-1

名称		图例	备注
沙发	单人沙发		
	双人沙发		
	三人沙发		
	组合沙发		适合用于较豪华的装饰风格
			适合用于中式或东南亚风格
			适合用于欧式风格
			适合用于简约风格
	美人靠		主要用于休闲厅
钢琴			
写字台			主要用于书房

名称		图例	备注
桌椅	餐桌椅		餐桌及餐椅，适合于一般简约风格
			方形及圆形餐桌，适合于中式及其他风格
			条形餐桌，适用于简约风格
			条形餐桌，适用于欧式风格等
	休闲桌椅		适用于休闲厅或庭院
			适用于欧式风格
卧室	双人床		适用于中式或其他风格
			适用于欧式风格
	单人床		
	电视柜		
	衣柜		
	跑步机		

名称		图例	备注
厨卫	浴缸		
	淋浴房		
	角盆		用于墙角的洗手盆
	洗手盆		独立的洗手盆，也称为柱盆
	洗手台		需要做石材台面的洗手台
	马桶		
	蹲便器		
	洗菜盆		
	灶具		
	微波炉		
	洗衣机		
冰箱			
植物			

❷ 整理图块

设计师要对图块进行整理，以更符合自己的绘图习惯。

在整理图块图库时应注意以下4点。

第1点：按类别放置，以方便使用。家居室内设计可以分为家具、电器、植物、饰品、门窗、卫生洁具、灯具、织物和交通工具等。

第2点：统一图块颜色。图块可能来自于不同的设计师，他们在CAD绘图时在选用线的颜色上有不同的习惯，所以以收集的图块需要按各自的习惯重新设置。在进行图块颜色设定时，一般会将一个图块的主轮廓和次轮廓和填充设置为不同的颜色，这样在出图时打印在图纸上的图块线型会有主次、粗细的变化，使图纸显得更专业，如图4-10所示，通过更细致的调整甚至可以让平面图有一定的体积感。

第3点：统一尺度。在CAD室内设计制图中都是按1:1的比例绘制的，可能会有很多图块绘制得不是很规范，在使用时一定要注意检查图块的尺寸，如图4-11所示的床图块，左边的床明显尺寸有问题，应通过SCALE命令将其缩放至正确尺寸，如图4-11的右图所示。

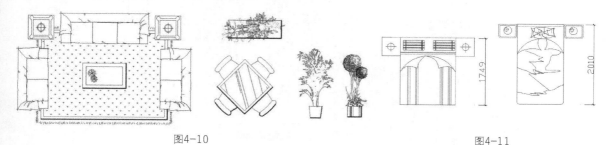

图4-10　　　　　　　　　　　　　　　　　　　　　　　图4-11

第4点：若图块不修正尺寸而直接将图块调到平面图中，就会造成不正确的空间比例关系。图4-12所示是将错误尺寸的床图块（在CAD中测量此床图块的长度为1749mm，宽度为1500mm左右）插入到平面图中，造成空间很大的假象，这样会影响设计师对空间的判断，从而可能造成一些错误的设计。正确的空间比例关系如图4-13所示。

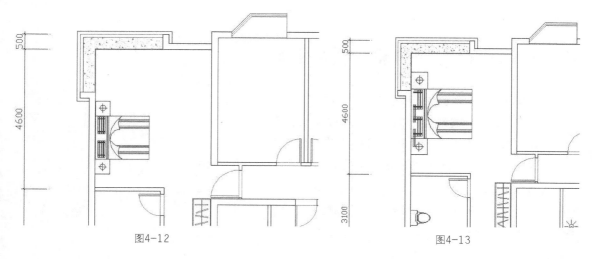

图4-12　　　　　　　　　　　　　　　　　　　　　　　图4-13

4.3　室内空间功能分析与空间划分

开始室内设计之前首先要进行空间功能的分析，室内设计不是纯艺术品，从某种角度上可以说是一种产品，作为产品首要满足的是人对产品的需求，其实这才是其艺术价值的体现。所以室内设计的前提是进行空间功能分析，然后在功能分析的前提下进行空间划分。图4-14所示为进行空间划分后绘制的室内设计平面图。

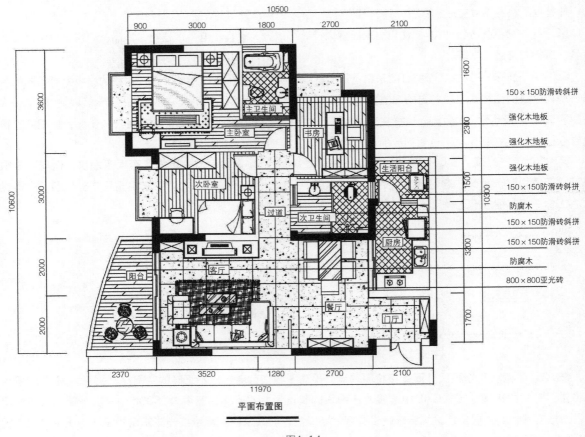

平面布置图

图4-14

4.3.1 入户花园的功能分析与设计

入户花园也是形形色色的屋顶花园的一种，它介于客厅和入户门之间，起到连接与过渡的作用，有类似玄关的概念，如图4-15所示。入户花园通常只有一面或两面立界面（墙面），也被称为室内屋顶花园。

入户花园以绿化设计为主，对提高生活品质具有积极意义。入户花园不是指简单室内绿化，而是一种经过精心设计布置的有水体、植物、平台和小品等园林要素的庭院式花园。将地面上的花园搬到室内，让忙碌了一天的人们能够有更多的时间来接触自然，放松心情，让绿色植物调整人们的情绪，从而达到有益身心健康，改善生活质量的效果。

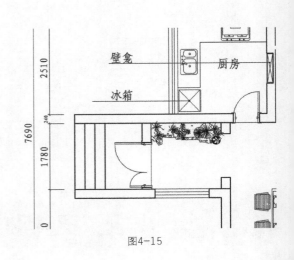

图4-15

4.3.2 玄关

　　玄关在室内设计中指的是居室入口的一个区域，专指住宅室内与室外之间的一个过渡空间，也就是进入室内换鞋、更衣或从室内去室外的缓冲空间，也有人把它称为斗室、过厅或门厅。在住宅中玄关虽然面积不大，但使用频率较高，是进出住宅的必经之处。玄关是室内设计的开始，犹如文章的开篇一定要简明扼要，对整个室内设计的风格、品味有点题的作用。玄关如图4-16和图4-17所示。

图4-16

图4-17

4.3.3 客厅

　　客厅是家居空间中会客、娱乐和团聚等活动的空间。在国外通常被称为起居室。在家居室内空间设计的平面布置中，客厅往往占据非常重要的地位，客厅作为家庭外交的重要场所，更多用来彰显一个家庭的气度与公众形象，因此，规整而庄重，大气且大方是其主要追求，如图4-18所示。

　　客厅中主要的生活用具包括沙发、茶几、电视及音响等，有时也会放置饮水机，客厅效果图如图4-19所示。

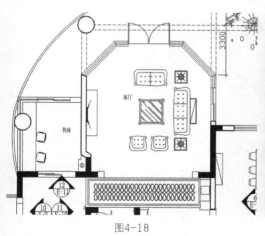

图4-18

图4-19

4.3.4 餐厅

　　现代家居中，餐厅正日益成为重要的活动场所，布置好餐厅，既能创造一个舒适的就餐环境，还会使居室增色不少。餐厅设计必须与室内空间整体设计相协调，在设计理念上主要把握好温馨、简单、便捷、卫生、舒适，在色彩处理上以黄色调为主，同时色彩比对应相对柔和，如图4-20所示。

图4-20

4.3.5 书房

书房又称家庭工作室，是作为阅读、书写，以及业余学习、研究、工作的空间，特别是从事文教、科技和艺术工作者必备的活动空间。功能上要求满足书写、阅读、创作、研究、书刊资料储存，以及兼有会客交流的条件，力求创造幽雅、宁静、舒适的室内空间，如图4-21所示。

图4-21

4.3.6 卧室

卧室是属于纯私人的空间，在进行卧室设计时首先应考虑的是让人感到舒适和安静，不同的居住者对于卧室的使用功能有着不同的设计要求，主卧布置的原则是如何最大限度地提高舒适和私密性，所以，主卧的布置和材质要突出的特点是清爽、隔音、软和柔，如图4-22所示。

图4-22

4.3.7 卫生间

住宅卫生间空间的平面布局因业主的经济条件、文化、生活习惯及家庭人员而定，与设备大小、形式有很大关系。在布局上可以将卫生设备组织在一个空间中，也可分置在几个小空间中。在平面布置设计上可分为兼用型、独立型和折中型3种形式。

第1种：独立型。卫生间设计一般应用于经济条件比较好，卫浴空间比较大的家居空间，独立型卫生间设计可以将洗衣、洗漱化妆、洗浴及坐便器等分为独立的空间。

第2种：兼用型。把浴盆、洗脸池、便器等洁具集中在一个空间，称为兼用型，兼用型的优点是节省空间、经济、管线布置简单等，缺点是一个人占用卫生间时，会影响其他人的使用。

第3种：折中型。卫生空间中的基本设备，部分独立放到一处的情况称为折中型，折中型的优点是相对节省一些空间，组合比较自由，缺点是部分卫生设施设置于一室时，仍有互相干扰的现象，如图4-23所示。

图4-23

4.4 室内设计常规尺寸

在进行室内设计过程中，"尺度感"这个概念非常重要，在没有施工完成之前室内设计都是停留于纸上的，作为设计师必须清楚地知道绘制在图纸上的家具、造型的实际大小，这样才能真正把握设计作品施工完成后是否美观，同时只有在清楚实际尺度的情况下，才知道设计是否真的有可操作性，或者说施工工人是否能顺利施工。

本节列举的室内设计的常规尺寸，必须牢记，但光是死记也是不行的，有些初学的室内设计师虽然知道室内设计的尺度，还是不能很好做出合适的设计。例如，写字台的宽度为600mm，但设计师能真正地感受到这个600mm的真实宽度才是最重要的。所以，设计师要能灵活运用好空间尺度，平时最好随身带一把5m左右的卷尺，随时随地在现实生活中去核实我们熟知的常规尺寸。

客厅

小型长方形茶几：长度600mm~750mm，宽度450mm~600mm，高度380mm~500mm。

中型长方形茶几：长度1200mm~1350mm，宽度380mm~500mm或者600mm~750mm。

大型长方形茶几：长度1500mm~1800mm，宽度600mm~800mm，高度330mm~420mm。

圆形茶几：直径750mm、900mm、1050mm、1200mm，高度330~420mm。

方形茶几：宽度900mm、1050mm、1200mm、1350mm、150mm，高度330mm~420mm。

单人沙发单人：长度800mm~950mm，深度850mm~900mm，坐垫高3500mm~4200mm，背高700mm~900mm。

双人沙发：长度1260mm~1500mm，深度800mm~900mm。

三人沙发：长度1750mm~1960mm，深度800mm~900mm。

四人沙发：长度2320mm~2520mm；深度800mm~900mm。

电视柜：深度450mm~600mm，高度600mm~700mm，长度800mm~mm（根据室内的长度）。

卧室

衣橱：深度一般60mm~65mm，衣柜推拉门宽度700mm~1200mm，衣橱门宽度400mm~650mm，推拉门高度1900mm~2400mm。单人床宽度900mm~120mm，长度1800mm~210mm。

双人床：宽度1350mm~1800mm，长1800mm~2100mm。

圆床：直径1860mm、2100mm、2400 mm（常用）。

床头柜：高500mm~700mm，宽500mm~800mm。

餐厅

方餐桌尺寸：2人700mm×850mm，4人1350mm×850mm，8人2250mm×850mm。

圆桌直径：2人500mm，2人800mm，4人900mm，5人1100mm，6人1100mm~1250mm，8人1300mm，10人1500mm，12人1800mm。

餐椅：高50mm~500mm。

卫生间

卫生间面积：3m²~5m²。

浴缸：长度一般有3种——1220mm、1520mm、1680mm，宽720mm，高450mm。

坐便：750mm×350mm。

冲洗器：690mm×350mm。

盥洗盆：550mm×410mm。

淋浴器高：2100mm。

化妆台：长1350mm，宽450 mm。

书房

书桌（写字台）：宽度450mm~700mm（600mm最佳），长度700mm以上，高度720mm~750mm。

办公椅：高400mm~450mm，长×宽为450mm×450mm。

书柜：高1800mm，宽1200mm~1500mm，深450mm~500mm。

书架：高1800mm，宽1000mm~1300mm，深350mm~450mm。

灯具

大吊灯最小高度：2400mm。

壁灯高：1500mm~1800mm。

反光灯槽最小直径：等于或大于灯管直径两倍。

壁式床头灯高：1200mm~1400mm。

照明开关高：1000mm~1200mm。

室内空间其他常规尺寸

室内门：一般门的宽度800mm~950mm，高度1900mm、2000mm、2100mm、2200mm、2400mm。

卫生间、厨房门：宽度800mm、900mm，高度1900mm、2000mm、2010mm。

挂镜线高：1600mm~1800mm（画中心距地面高度）。

墙面尺寸：踢脚板高80mm~200mm，墙裙高800mm~1500mm。

窗帘盒：高度120mm~180mm，装单层窗帘布的深度120mm，双层窗帘深度160mm~180mm（实际尺寸）。

4.5 室内空间功能分析与空间划分

平面布置图和地面材质铺装图是家居空间室内设计的核心，平面布置图主要是对室内空间进行规划，地面材质铺装图需要处理好细节，这样才能使设计不只停留在设计概念上。下面对平面布置图和材质铺装图进行剖析。

4.5.1 平面布置图详解

图4-24所示的平面布置图是某别墅第一层设计方案，别墅平面布置设计要力求大方，平面功能上包括中庭、客厅、餐厅、厨房、卫生间及储藏间，本案例采用欧式风格，所以，要选择带一定曲线的欧式平面家具图块，这样才会让整个图纸在风格上统一。

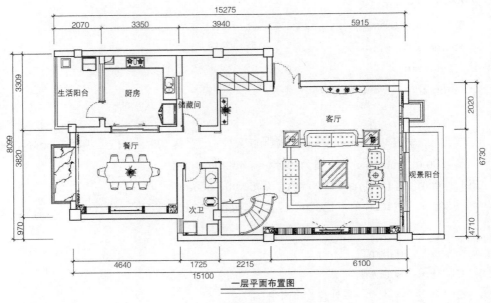

图4-24

客厅尺寸比较大，直接将组合沙发放至客厅中央，沙发背景墙配以陈设品，玄关处放置装饰柜，将沙发正对宽幅达8000mm的整个墙面设置为电视墙，这样整个客厅尽显华贵气质。

一楼公用卫生间一般使用蹲便器，将蹲便器和洗手台放置在同一侧是最省空间的，此案例在卫生间同时满足了洗衣间的功能。

室内设计必须照顾到人的活动秩序，如厨房设计就必须按照储存、洗涤、放置和烹调的程序来开展。

4.5.2 材质铺装图详解

欧式设计中斜铺地砖是常用的装饰手法，但要注意的是一般预算比较紧的家居室内空间中斜铺地砖的方式损耗比较大。在别墅设计中为了与大气的感觉统一，地砖大小一般选择800mm×800mm以上的尺寸，如图4-25所示（源文件见"第4章/4.5/一层地面铺装图.dwg"素材文件）。

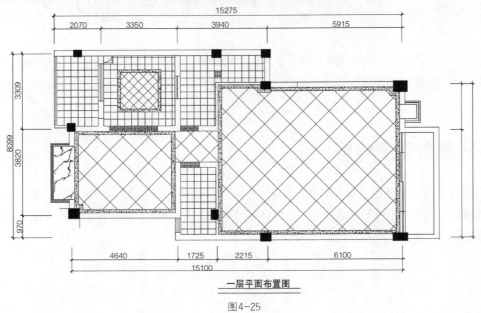

一层平面布置图

图4-25

在绘制本案例的材质铺装图中还有以下3点细节需要注意。

第1点：为了体现装修的品质，在别墅地面设计中一般会在地面与墙面的交界处用深色石材作为"边带"以起到过渡与延伸的作用，特别是本案例中的斜铺地砖就一定需要这个"边带"作为收口。图4-26所示是放大后的边带详图，图4-27所示是材质填充时的各项参数。

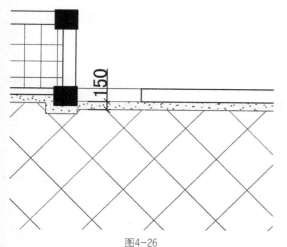

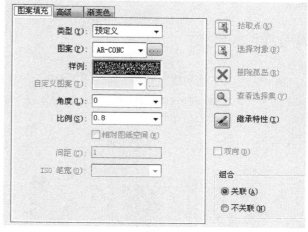

图4-26　　　　　　　　　　　　　　　　　　　　图4-27

第2点：房间与房间的过渡地带（大多是门所在的位置）一般要用深色石材（常用的花岗石材有黑金砂和啡网纹）镶嵌，也称为"门槛石""门槛石"，一般和墙体的厚度相同，如图4-28所示。

第3点：为了丰富空间的层次与视觉效果，通常在高端的室内设计中会用石材或瓷砖来"拼花"，制作拼花时尽可能让地砖保持完整，避免把砖从中间切割然后再拼花，否则会增加施工的难度及增加损耗而徒增成本，正确的"拼花"如图4-29所示。

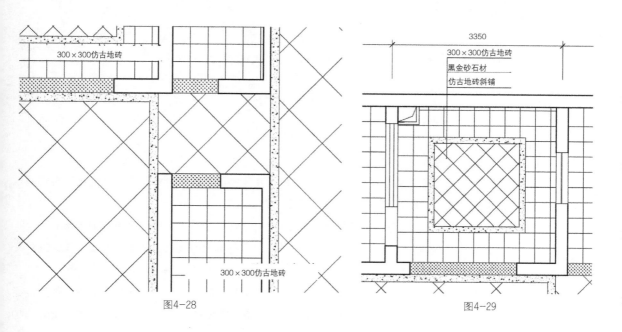

图4-28　　　　　　　　　　　　　　　　　　　　图4-29

4.6 室内地面装饰常用材料

从广义上讲，任何耐磨的装饰材料都可以用于室内地面，这里我们主要对家居空间室内设计中主要流行的地面装饰材料进行讲解。

4.6.1 木地板

木地板包括实木地板、复合木地板、实木复合地板和竹地板，图4-30所示的是以木地板为主的材质铺装图（源文件见"第4章/4.6/二层地面材质铺装图.dwg"素材文件）。

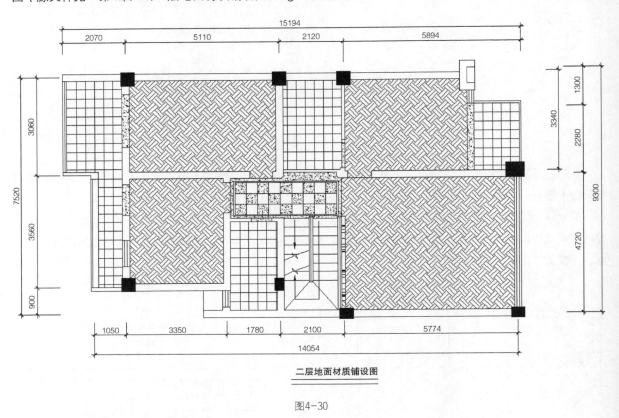

二层地面材质铺设图

图4-30

下面详细讲解各种材质的地板。

实木地板：是木材经烘干、加工后形成的地面装饰材料，其花纹自然，因为施工中实木地板下要安装木龙骨和防潮纸，所以脚感特别好，具有施工简便、使用安全、装饰效果好的特点。

复合地板：是以原木为原料，经过粉碎、添加黏合及防腐材料后，加工制作成为地面铺装的型材。

实木复合地板：是实木地板与强化地板之间的新型地材，它具有实木地板的自然文理、质感与弹性，又具有强化地板的抗变形、易清理等优点。

竹地板：是一种新型建筑装饰材料，它以天然的优质竹子为原料，经过复杂的工艺脱去竹子原浆汁，经高温高压拼压，再经过3层油漆，最后由红外线烘干而成。竹地板有竹子的天然纹理和清新文雅，给人一种回归自然、高雅脱俗的感觉。它具有很多特点，竹地板以竹代木，具有木材的原有特色，而且竹在加工过程中，采用符合国家标准的优质胶种，可避免甲醛等物质对人体的危害，兼具原木地板的自然美感和陶瓷地砖的坚固耐用。

4.6.2　地砖

地砖是一种地面装饰材料，也叫地板砖，用黏土烧制而成，具有质坚、耐压、耐磨及防潮的特性。

地砖按花色分为仿西班牙砖、玻化抛光砖、釉面砖、防滑砖和渗花抛光砖等；按烧制工艺分为釉面砖和通体砖。

釉面砖由瓷土经高温烧制成坯，并施釉二次烧制而成。釉面砖分为亮光和哑光，釉面砖是装修中最常见的砖种，由于色彩图案丰富，而且防污能力强，被广泛应用于墙面和地面的装修中。但这种砖容易出现龟裂和背渗的现象，而且耐磨系数低。

通体砖顾名思义就是由内到外都是一种材质，是将碎屑经过高压压制而成，表面不上釉，正面和反面的材质和色泽一致。地面材质常用的抛光砖和玻化砖及马赛克都是通体砖的一种，常用的规格有300mm×300mm、400mm×400mm、500mm×500mm、600mm×600mm和800mm×800mm等。

4.6.3　石材

石材分为天然石材和人造石材，天然石材又分为大理石和花岗石，地面材质大多选用耐磨的花岗石。

① 大理石

大理石又称云石，因原产于云南省大理而得名"大理石"，是重结晶的石灰岩，主要成分是$CaCO_3$。石灰岩在高温高压下变软，并在所含矿物质发生变化时重新结晶形成大理石。表4-2所示是家居室内设计中常用大理石的介绍。

表4-2

家居室内设计常用大理石		
名称	产地	备注
汉白玉	中国的北京房山、湖北	玉白色，略有杂点和纹脉
雅士白	希腊	纯度高，大颗粒晶体结构，硬度大，色泽光润，结构致密
爵士白	希腊	曲线纹理，细粒结构，乳白色
大花白	意大利	白底夹杂黑灰色条纹，质地较硬，纹纹自然流畅
雪花白	中国的山东掖县	白色与淡灰色相间，有均匀中晶，并有较多黄杂点
西班牙米黄	西班牙	色彩沿着晶隙渗透，缠绵交错
金碧辉煌	埃及	纹理自然，质感厚重，庄严雄伟
金线米黄	埃及	质感柔和，纹路细腻，格调高雅
金花米黄	意大利，法国，伊朗等	有比较明显的纹路，给人的整体感觉就像花一样
大花绿	中国的陕西、台湾，印度等	板面呈深绿色，有白色条纹
啡网纹	中国的广西、湖北、江西，土耳其等	颗粒细小，棕褐色底带黄色网状细筋，部分有白色粗筋，分浅啡网和深啡网

② 花岗石

花岗石属岩浆（火成岩），其主要矿物成分为长石、石英及少量云母和暗色矿物，其中长石含量为40%~60%，石英含量为20%~40%。磨光花岗石面板花纹呈均粒状斑纹及发光云母微粒，是装修工程中使用的高档材料之一。表4-3所示是常用花岗岩分类的介绍。

表4-3

名称	产地	备注
芝麻白	中国的湖北、福建等	晶体颗粒细密，似芝麻状，底色偏黑，晶体色白
金钻麻	中国的福建，巴西等	易加工，材质较软，花色有大花和小花之分，底色有黑底、红底和黄底
中国红	中国的四川	由钾长花岗岩制成的花岗石，深红色
印度红	印度	结构致密、质地坚硬、耐酸碱、耐气候性好，多用于室外墙面、地面、柱面的装饰等
将军红	中国的山东	石质稳定，不易掉色、褪色，是装饰、装修用的上好石材。常用于广场地铺和户外外墙干挂等石材装饰
啡钻	芬兰，印度等	高承载性，抗压能力强，有很好的研磨延展性，很容易切割，塑造，可以创造出薄板、大板等
虎皮石	中国的重庆，印度，巴西等	虎睛石：棕黄色、棕色至红棕色；鹰眼石：灰蓝色、暗灰蓝色
蓝底啡钻	印度，巴西等	纹理同啡钻，色彩上啡钻呈黄色、褐色，蓝底啡钻呈蓝色
黑檀木	瑞典	硬度很强，耐久度高，抛光后用锤子敲打可发出金属声
蒙古黑	中国的内蒙古	花岗岩，其颗粒较细密，磨光后板面颜色是黑色但有一点点偏黄的感觉，板面也有带一些白点的
黑金砂	中国的山西，印度	国产的称为山西黑

05

立面图实训

从室内（空间）设计来讲，平面方案图设计是最核心的部分，但是从装修的层面来讲，立面设计才是整个室内设计最主要的部分。作为普通家居空间，立面设计主要集中在玄关立面、电视墙、沙发背景墙、餐厅立面墙、主卧室立面和卫生间立面等。要绘制好室内设计立面施工图，应对立面常规的施工工艺、装饰面板、玻璃、漆、门套施工工艺、沙发背景墙施工图设计、餐厅及电视墙施工图设计有所了解。

要点：工板·龙骨·面板·玻璃·漆·门套

5.1 室内立面常规的施工工艺与装饰材料

再好的创意都必须建立在实施的可行性上，即设计师在设计造型前，一方面要思考装饰造价是否超出工程预算；另一方面需要思考施工的可能性，再好的设计如果工人做不出来，那它只能停留在图纸上，所以，要绘制好室内设计立面施工图应对立面常规的施工工艺及材料有所了解。

5.1.1 家居立面常规施工工艺

木作造型是室内中最常用的施工手法，几乎每个室内设计立面都离不开木作造型。首先要了解木作造型主要的装饰材料。

因为造型中需要有凹凸不平，所以，必须用基层材料作为内部结构，常规的基础材料有木工板和木龙骨。

① 木工板

木工板也称基层板或大蕊板，固定的尺度为2440mm×1220mm，厚度通常有5mm、9mm、12mm、15mm和18mm等规格，如图5-1所示，在墙面造型中不同造型要求会用到不同厚度的木工板。

图5-1

② 木龙骨

木龙骨是装饰材料中比较专业的名词，木龙骨即木方或木条，主要在天棚、墙面或地面造型时"搭架子"用的，如图5-2所示。龙骨一般的规格有20mm×30mm、25mm×35mm、30mm×40mm、40mm×60mm、60mm×80mm和100mm×100mm等，根据"架子"所承受的重量选用不同规格的规格，家居造型设计中一般选用40mm以下居多。

图5-2

01 装饰技巧
02 室内设计国家规范
03 室内设计图库
04 平面图实例
05 立面图实例
06 顶棚图实例
07 透视
08 中式风格设计
09 欧式风格设计
10 地中海风格设计
11 室内手绘方案表现
12 彩色总平面图
13 软件设计

5.1.2 装饰面板

装饰面板即装饰表面的材料，一般都比较薄，如木质装饰面板常规厚度为3mm左右。

① 纤维板

纤维板按容重分为硬质纤维板、半硬质纤维板和软质纤维板3种。硬质纤维板主要用于顶棚和隔墙的面板，板面经钻孔形成各种图案，表面经喷涂涂料处理，装饰效果更佳。硬质纤维板吸声、防水性能良好、坚固耐用、施工方便，如图5-3所示。

图5-3

② 纸面石膏板

纸面石膏板是以石膏料浆为夹芯，两面用纸作为护面而成的一种轻质板材。纸面石膏板质地轻、强度高、防火、防蛀、易于加工。纸面石膏板作为半基层材料，表面必须经过腻子找平、上乳胶漆等面漆处理。

❸ 饰面板

饰面板是用天然木材刨切或旋切成的薄片，经拼花后粘贴在胶合板、纤维板或刨花板等基材上制成。这种材料纹理清晰、色泽自然，是一种较高级的装饰材料。市场上流行的装饰面板有樱桃木、枫木、白榉、红榉、水曲柳、白橡、红橡、柚木、花梨木、胡桃木、白影木和红影木等。

❹ 中密度纤维板

中密度纤维板是人造板材的一种，它以植物纤维为原料，经削片、纤维分离、板坯成型（拌入树脂胶及添加剂铺装），在热压下，使纤维素和半纤维素及木质素塑化形成的一种板材。

❺ 铝塑板

铝塑板以高压聚乙烯为基材，加入大量的含有氢氧化铝和适量阻燃剂，经塑炼、热压和发泡等工艺制成。这种板材轻质、隔声、隔热、防潮。铝塑几乎可以模仿任何材料，如石材、木材和各类金属材料，主要用于吊顶和墙面的面材装饰。

❻ 微薄木贴面板

微薄木贴面板是用水曲柳、柳按木、色木和桦木等旋切成0.1mm~0.5mm厚的薄片，以胶合板为基材胶合而成，其花纹美丽、装饰性好。

❼ 夹板

夹板也叫胶合板，三层或多层1mm厚的单板或薄板胶贴热压制成。其材质轻、强度高，具有良好的弹性和韧性，并且有耐冲击和振动、易加工和涂饰、绝缘等优点。

5.1.3　玻璃

玻璃的种类繁多，从装饰效果可以分为普通玻璃和艺术玻璃。

❶ 普通玻璃

普通玻璃也称为白玻，即玻璃为全透明的，表面没有任何装饰，常规厚度有3mm、5mm、8mm、10mm和15mm。普通玻璃如果用做隔断或台面一般都要钢化处理。

❷ 艺术玻璃

艺术玻璃是普通玻璃经过二次艺术加工，从而具有一定的艺术形态，极具装饰效果，其应用范围有工程装饰、户外装饰及家居装饰等。常规的加工工艺有光嵌、雕刻、彩色聚晶、喷砂、压花、夹丝凹蒙、磨砂乳化和贴片等。艺术玻璃发展速度迅猛，室内设计中玻璃的应用越来越普及，其加工工艺也日趋成熟，图5-5所示为艺术玻璃在室内设计中的应用。

图5-5

5.1.4　漆

漆也叫涂料，是室内装饰中常用的墙面材料，乳胶漆、真石漆、液体壁纸和硅藻泥都归类为装饰材料。

❶ 乳胶漆

乳胶漆又称为合成树脂乳液涂料，是有机涂料的一种，是以合成树脂乳液为基料加入颜料、填料及各种助剂配制而成的一类水性涂料。根据生产原料的不同，乳胶漆主要有聚醋酸乙烯乳胶漆、乙丙乳胶漆、纯丙烯酸乳胶漆和苯丙乳胶漆等品种；根据产品适用环境的不同，分为内墙乳胶漆和外墙乳胶漆两种；根据装饰的光泽效果又可分为无光、哑光、半光、丝光和有光等类型。乳胶漆根据装饰效果的需要可以调制成为任何颜色。另外，需附着在经过打磨的腻子基层上。

❷ 真石漆

　　真石漆的装饰效果酷似大理石和花岗石，主要采用各种颜色的天然石粉配制而成。真石漆装修后的建筑物，具有天然真实的自然色泽，给人以高雅、和谐、庄重之美感，适合于各类建筑物的室内外装修。特别是用在曲面建筑物上，可以达到生动逼真、回归自然的功效，图5-6所示是真石漆电视墙效果图。真石漆在室内一般是小面积使用。

图5-6

❸ 液体壁纸

　　液体壁纸本质上是涂料，因为可以制作成为各类图案，所以，被称为液体壁纸，是家居装饰、宾馆饭店和酒楼茶舍装饰等理想的墙面装饰材料。通过专用模具，经过特殊施工工艺可以形成各种色彩的花形图案，液体壁纸层次丰富、表现力强，甚至可以在紫外线下产生奇幻的夜光效果，如图5-7所示。

图5-7

④ 硅藻泥

硅藻泥以硅藻土为主要原材料，添加多种助剂的粉末装饰涂料，作为一种粉体泥性涂料，区别于传统涂料，可以涂抹成平面，也可以通过不同的工序及工法做出不同的肌理图案。硅藻泥是一种环保的装饰材料，具有呼吸、调湿、吸音降燥、墙面自洁、隔热保温和调节室内光环境等功能。图5-8所示是硅藻泥制作的肌理效果。

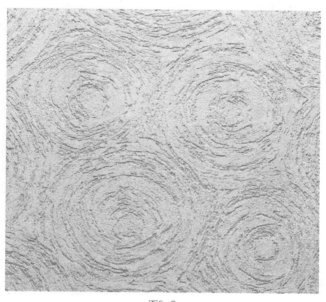

图5-8

5.2　木作造型施工工艺

室内设计中木作工艺是核心，可以说熟悉了木作工艺，对室内设计对工艺的了解就已经完成了三分之一，木作工艺是整个室内设计施工中最复杂的，室内设计中千变万化的造型设计大多要通过木作工艺来完成和实施。

5.2.1 门套施工工艺

所有的木工施工都包含墙面、基层、饰面"三步曲"，门套施工是木工施工的基础，先分解门套的施工方法。图5-9和图5-10所示是室内设计中门套施工图（源文件见"第5章/立面图1.dwg"素材文件）。

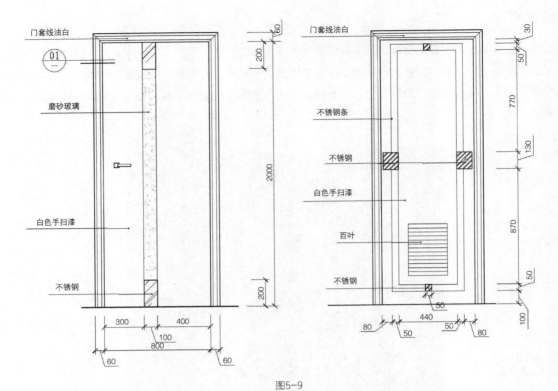

图5-9

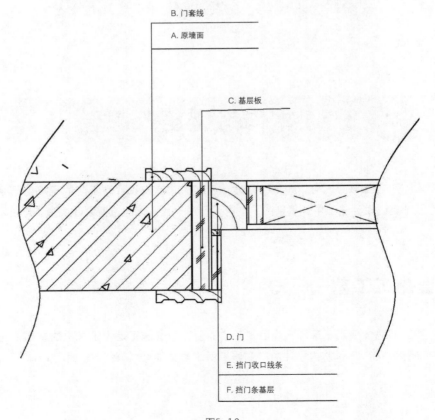

图5-10

第1点：图5-10所示的C处，门套制作底料用的是18mm大芯板和9mm夹板，图5-10所示的B处，外贴门套线。

第2点：图5-9中房间门的尺寸为800mm×2000mm，厨房卫生间门的尺寸为700mm×2000mm。门套的止口为9mm。

第3点：图5-10所示的D处，门套档门线用实木线收口，一般不允许用饰面板收边。

第4点：厨、卫不锈钢包门套处，饰面板必须用实木线收口。

第5点：门套在立面上线离地应为7mm~10mm，即门套线的最低点比地面高7mm~10mm，这样做可防止门套线吸水发霉，同时也是美观的需要。

5.2.2 沙发背景墙施工图设计

图5-11所示为沙发背立面图，墙面做了一个凸出150mm的造型设计，这里涉及几个常用的设计造型手法，如反光灯槽、壁龛及水缝（源文件见"第5章/立面图2.dwg"素材文件）。

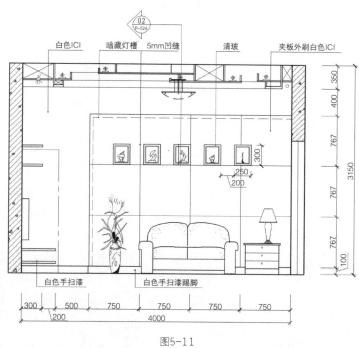

图5-11

❶ 反光灯带

反光灯带在灯光设计中称为间接照明设计，人的眼睛无法看到灯光，而是将灯光照射到墙面上之后，反射到的人眼睛中的照明方式，反光灯带具有强烈的装饰效果，可以丰富室内空间次层，也可以打破室内空间的封闭感，使空间显得开阔、开放。在施工及装饰材料上与吊顶是一样的，由木龙骨基层、石膏板封面（本案例表面以木板加白色混水漆装饰面）组成，这里要特别注意放灯管及做反光灯带的尺度，本案为最小尺度。

灯带的灯分软管和T4光管两种，一般有照明功能的选用T4光管，只起装饰作用的灯带安装LED软管即可。

❷ 壁龛

壁龛，是在墙身上留出的用来作为储藏设施的空间。它的深度受到构造上的限制，通常从墙面凹进或凸出100mm~200mm。壁龛最早用在宗教的建筑上，基本都是在建筑物上凿进出一个空间，例如，佛龛排放着佛像，教堂的壁龛根据面积大小可以摆放神像，也可以镶嵌画框甚至做内窗。在现代室内设计中，是一个把硬装潢和软装饰相结合的设计概念。

本案例以玻璃作为造型材料，仔细阅读详图，认真理解施工细节，如玻璃的安装等，如图5-12所示。

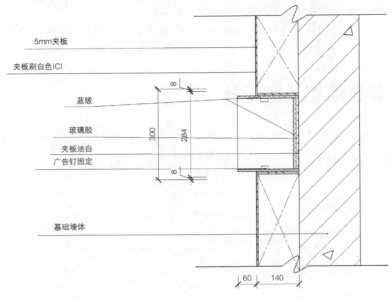

图5-12

❸ 水缝

水缝又称凹槽，在室内设计中通过将装饰材料在拼接过程中有意识地留出一定的距离（一般为3mm~5mm），从而形成线条的装饰效果，拼接的材料形成重复的构成之美。如图5-13所示，主体形象墙上用镜面玻璃斜拼留出水缝的效果。

图5-13

本案例（如图5-12所示）的5mm宽凹缝即为水缝，水缝在留缝上分为U形和V形，如图5-14所示。

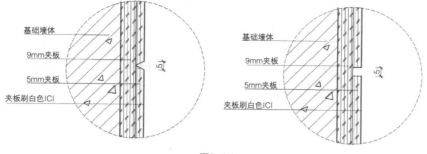

图5-14

5.2.3 餐厅及电视墙施工图设计

图5-15所示为餐厅至电视墙的展开立面图，请结合图5-16读图（源文件见"第5章/立面图3.dwg"素材文件）。

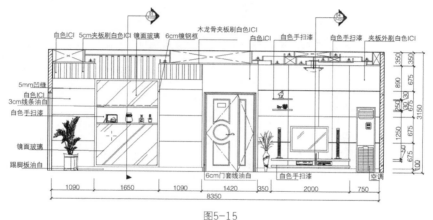

图5-15

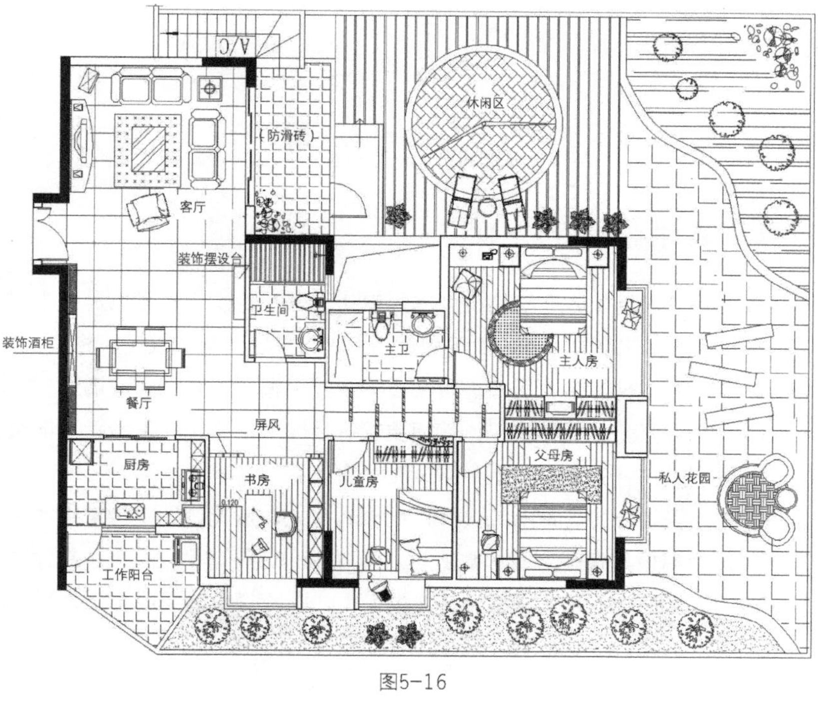

图5-16

① 餐厅立面施工图

此案例的餐厅立面以现代构成为设计的主要手法，餐厅墙面以白色混水漆、镜面玻璃、不锈钢为主要材料，使整个餐厅显得十分"绚"。此案例重点熟悉不锈钢包边作法，不锈钢包边是根据设计的尺寸先用木龙骨做基层，若没有合适尺寸的木龙骨，通常用木工板做基础层，然后将按尺寸定做的不锈钢薄片用胶粘合在木基层上，如图5-17所示（源文件见光"第5章/立面图4.dwg"素材文件）。

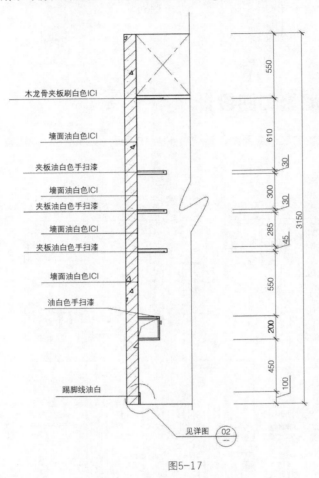

图5-17

② 电视墙立面施工图设计

电视墙是整个室内设计的"亮点"，在室内设计序列中处于高潮阶段，同时也是整个室内设计风格集中体现的位置，能体现居家主人的文化品位。本案例采用简洁、大方的现代简约设计风格。

电视背景墙在施工制作中有多种方法，例如，石膏板造型、铝塑板、彩色乳胶漆造型、木制油漆造型、玻璃、石材造型和墙纸等。如果是壁挂式电视机，墙面要留有足够的插座，人眼睛距离电视机最佳的是电视机尺寸的3.5倍，电视墙凸出的尺寸不要过大，导致客厅空间变小。

本案例中的搁板用于放一些轻质的装饰品或摆件，搁板也是立面造型设计中最常用的手法，在设计搁板时一定要有足够的厚度，因为搁板具有一定的承重功能，所以，一定要牢固。一般的制作方法是先将龙骨固定在墙上，然后将9mm板厚或12mm的木工板固定在木龙骨上，这样搁板的厚度至少也有70mm，如图5-18所示。

01 设计基础

02 室内设计
制图规范

03 室内家具

04 室内地面
实例

05 立面造型
实例

06 顶棚造型
实例

07 室内设计
效果

08 中式风格
设计

09 欧式风格
设计

10 地中海风格
设计

11 室内手绘
方案表现

12 彩色方案
效果实例

13 软装设计

基础墙体

木龙骨

木工板

图5-18

③ 主卧室立面设计

卧室是私人空间，设计上首先应考虑舒适和安静，在和整个室内设计协调的前提下可以比较个性化。

图5-19所示的主卧室立面图，仍然是以白色为基调，和整个室内风格统一。全部使用水平线条造型使整个室内空间显得安静，同时使用对比手法使室内空间造型富于变化，如通过5mm凹槽与凸出的30mm宽实木线条排列形成一阴一阳、一大一小、一疏一密的对比，使室内空间在形式的变化中又统一在水平线的造型中。

图5-20所示是图5-19所示立面的大样图，在墙面上垫12mm厚的基层木工板，表面再用低价的饰面板垫底，将实木线条固定，表面做白色混水漆（源文件见"第5章/立面图5.dwg"素材文件）。

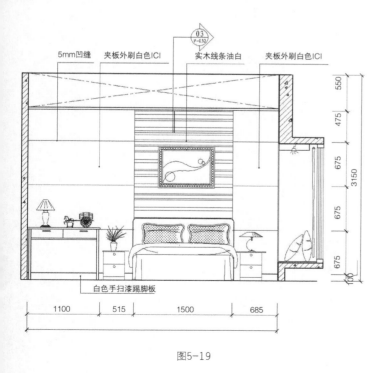

图5-19

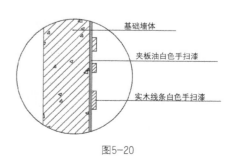

图5-20

软包是卧室常用的装饰手法，无论是在视觉上还是在触觉上都给人以柔软的感觉，可以放松心情，以利于休息，软包具体做法如图5-21~图5-23所示（源文件见"第5章/立面图6.dwg"素材文件）。

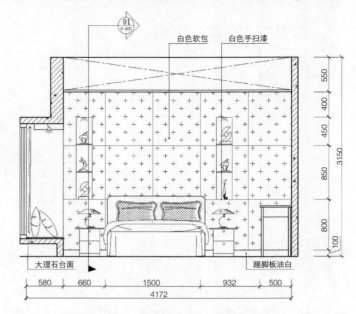

图5-21

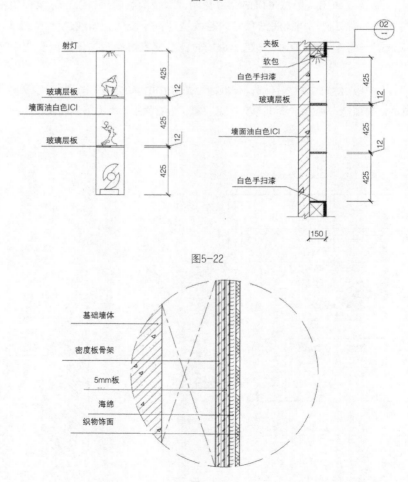

图5-22

图5-23

01 装饰技巧
02 室内设计 高级概论
03 室内设计 商用
04 平面高 实训
05 立面图 实训
06 剖面图 实训
07 室内设计 预算
08 中式风格 设计
09 欧式风格 设计
10 地中海风 格设计
11 室内手绘 方案表现
12 形色方案 宽案制作
13 软装设计

❹ 厨卫立面

厨房一定要由室内设计师进行主案规划，由专业的厨卫设备公司定做，作为室内设计师关键是要熟悉厨卫设计的尺度。如图5-24和图5-25所示，吊柜和操作台之间的距离一般为600mm~750mm，厚度为300mm~350mm，吊柜离地面和总高度应控制在1550mm以内，如果太高超出了女主人站立时的视平线，在取物时就不是很方便；橱柜操作台高度是50mm~810mm，宽度为600mm左右，长度根据厨房的具体情况而定，抽油烟机高度在灶面到机底的距离为750mm（源文件见"第5章/立面图7.dwg"素材文件）。

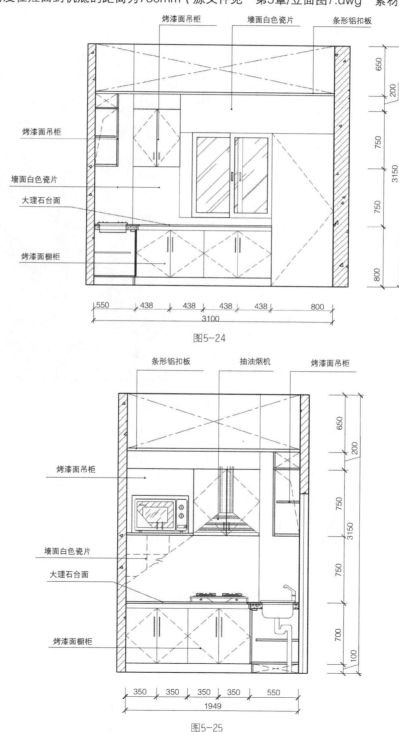

图5-24

图5-25

下面介绍手工墙画打造独特的艺术空间。

墙绘的历史源远流长，目前墙绘主要材料是丙烯颜料。墙绘因为其极强的表现力而受到广大用户欢迎，目前已经出现众多的墙绘工作室，很多业主及设计师也经常DIY式的在室内设计中应用到墙绘，墙绘注意事项有以下3点。

第1点：选题必须与整个室内空间的风格相协调，如欧式风格的室内空间卷草纹样比较合适。

第2点：手绘墙色彩必须与整个室内空间色彩协调，不能破坏整个空间的色彩倾向。

第3点：手绘墙起稿时最好用水融性的彩铅，如果用铅笔起稿有可能会将白色墙面基层弄脏，上色时不要太厚，因为丙烯颜料画得太厚时间长了有可能会开裂。图5-26所示为墙绘效果。

图5-26

06

顶面图实训

室内空间由地界面、立界面和顶界面组成，其中有无顶界面是区分室内空间与室外空间的关键界面。顶面的形态设计是室内空间设计整体的一部分，对整体室内空间的艺术效果影响非常大。顶面除了有视觉审美的要求之外，必须有功能上的要求，室内设计师必须了解由顶面承载的照明、空调等设备的工作原理与要求。

要点：原则·规范·造型

6.1　顶面设计要求与制图规范

做顶面设计需要掌握顶面设计的语言，这个语言包括设计美学与制图规范两方面，顶面设计因为没有更多功能上的限制，所以，在设计上可以有更多发挥的空间。

6.1.1　顶面设计的原则

❶ 轻快感

顶面位于视觉上方，在设计上尽可能要"轻"，在材料选择上尽可能用颜色相对比较浅的，避免有泰山压顶的压抑感。

❷ 统一感

统一是美学的基本原则，只有让顶面设计与整个空间统一，才能使整个室内设计和谐。顶面设计的统一感需注意以下3个方面。

第1个：材质统一。顶面设计在材质上尽可能和立面设计选用的材料协调，如立面上用的胡桃木，顶面上也尽可能选用和胡桃木的色泽、肌理尽可能相近或相同的材质。

第2个：色彩统一。顶面设计在色彩上要和地面和立面统一，尽可能用同类色来设计，家居室内空间的顶面色彩明度上尽可能高于立面和地面，使整个空间在同一色系中有层次上的变化。

第3个：造型统一。如果是中式风格或欧式风格，通过其风格元素的应用自然可以把顶面、墙面和地面统一起来，如图6-1~图6-3所示（源文件见"第6章/别墅设计方案.dwg"素材文件）。

图6-1

图6-2

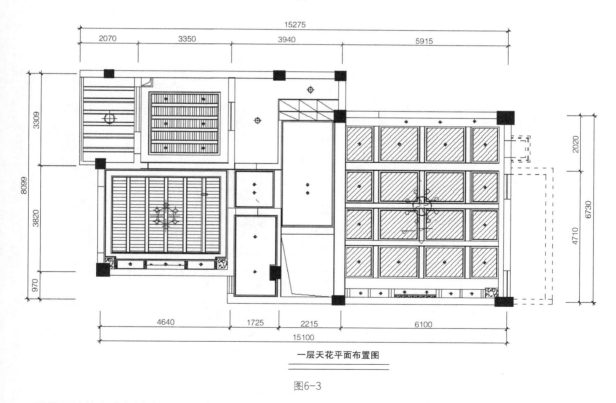

一层天花平面布置图

图6-3

现代风格的室内设计主要是通过造型的形式统一，如以直线或以曲线为主，使整个室内设计使用统一造型语言。图6-4和图6-5所示分别是以面和线为主要的造型元素，将顶面与墙面统一（源文件见"第6章/黄老师家居室内设计方案.dwg"）。

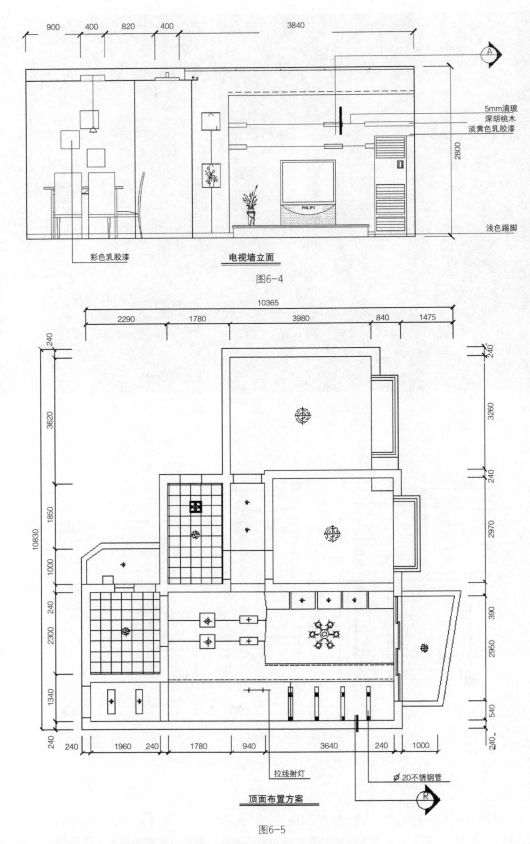

900　400　820　400　　　　　3840

5mm清玻
深胡桃木
淡黄色乳胶漆

2800

浅色踢脚

彩色乳胶漆

电视墙立面

图6-4

10365

2290　1780　3980　840　1475

240　240

3620

3260

240

1850

2970

10830

1000

240

390

2300

2950

1340

540

240

240　240　1960　240　1780　940　3640　240　1000　240

拉线射灯

∅20不锈钢管

顶面布置方案

图6-5

统一感同时还应该考虑顶面的造型与地面空间的呼应，如图6-6所示。

图6-6

❸ 舒适感

在进行顶面设计时，应充分考虑造型和材质等与人心理需求的关系。例如，曲线给人以潇洒、放松的感觉，如图6-7所示；方形给人以稳定的感觉，如图6-8所示；圆形给人以安全、圆满的感觉，如图6-9所示。

图6-7

01 浪漫技巧
02 室内设计 简明规范
03 室内设计 室内
04 平面篇 实训
05 立面图 实训
06 顶面图 实训
07 室内设计 识图
08 中式风格 设计
09 欧式风格 设计
10 地中海风 格设计
11 室内手绘 方案表现
12 彩色方案 配饰图解
13 软装设计

图6-8

图6-9

6.1.2 顶面设计制图规范

① 结构图

顶面设计的结构图和地面结构图有所区别，如图6-10和图6-11所示，地面结构图中需要画出门开启的方向，顶面图不需要画出门及门的开启方向，只需要用实线表示出门洞的位置及宽度即可（源文件见"第6章/帝景名苑.dwg"素材文件）。

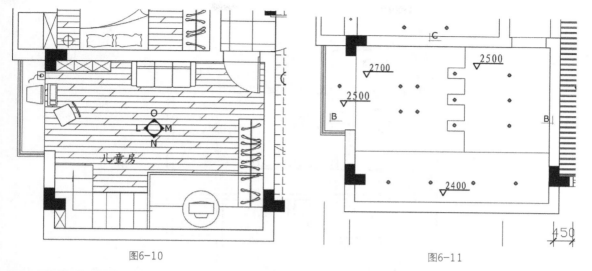

图6-10　　　　　　　　　　　　　　图6-11

❷ 顶面设计常规图例

室内设计顶面图中没有完全固定的图例，只要按照形象、简洁的原则绘制即可。图6-12所示是家居室内设计顶面常规设备图例。

一套图纸所用的图例必须统一，即图例和顶面设备是一一对应的关系，如图6-13所示，图例一般要求放在顶面平面图的右下角。

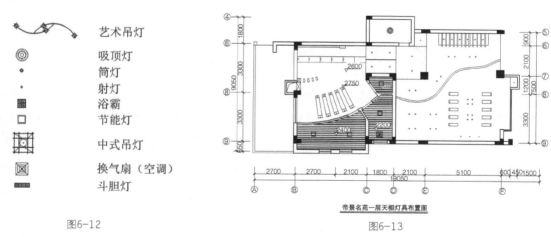

	艺术吊灯
	吸顶灯
	筒灯
	射灯
	浴霸
	节能灯
	中式吊灯
	换气扇（空调）
	斗胆灯

帝景名苑一层天棚灯具布置图

图6-12　　　　　　　　　　　　　　图6-13

6.2 顶面造型设计

吊顶一般有平板吊顶、异型吊顶、局部吊顶、格栅式吊顶和藻井式吊顶等。

6.2.1 平板吊顶

家居室内空间中卫生间、厨房、阳台和玄关等空间是平板吊顶经常使用的地方，卫生间通常用PVC板、铝扣板及桑拿板作为顶面装饰材料，卧室和客厅等室内空间常使用石膏板、饰面板作为装饰材料。图6-14所示为顶面平面图中的卧室、厨房和卫生间的顶面。

顶面布置图

图6-14

6.2.2 沙发背景墙施工图设计

居室的顶部有水、暖、气管道，或有梁，影响室内空间美观，而房间的高度又不允许进行全部吊顶的情况下，一般会采用局部的跌级吊顶的方式；为了丰富室内空间，通常也会采用跌级吊顶的形式，如图6-15所示。

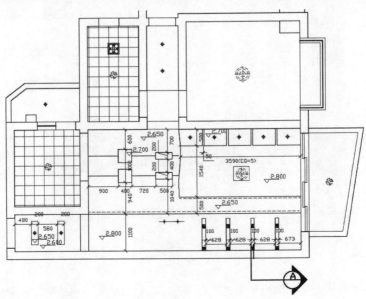

图6-15

通过图6-15所示的顶面详细尺寸图可以看出图中一共有三个标高，即顶面设计中共有三个不同高差的跌级：客厅、玄关处为2800mm（图纸上标高标注以米为单位，标注为2.800），从餐厅延伸至客厅的造型为2650mm，餐厅的凹入方形玻璃发光造型及客厅电视墙上方的方块造型标高为2700mm。通过跌级顶面造型使室内空间显得有层次感，同时富于变化，如图6-16和图6-17所示。

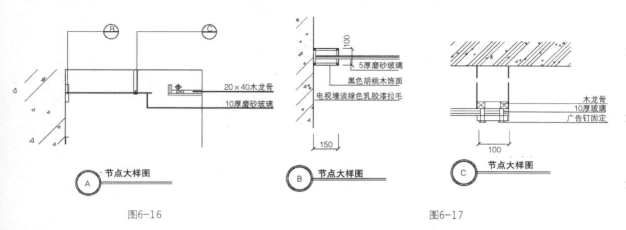

图6-16   图6-17

6.2.3 木梁造型

在追求自然朴质风格室内设计中，木梁造型是经常使用的造型手段，木梁造型的表现力非常丰富，木梁可以与跌级、平顶和桑拿板等多种造型或材料进行结合，如图6-18和图6-19所示。

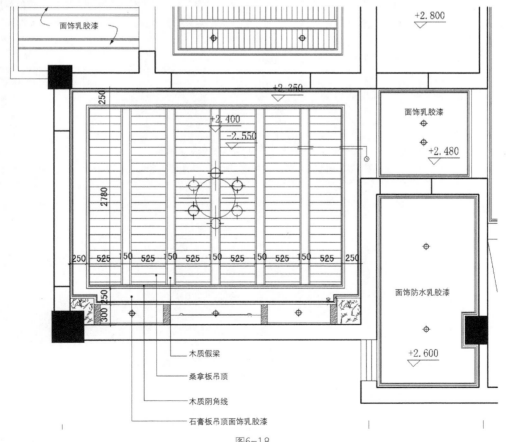

图6-18

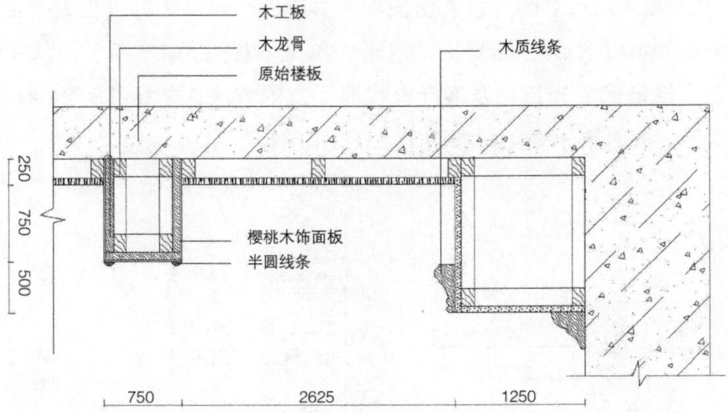

木工板
木龙骨
原始楼板
木质线条
樱桃木饰面板
半圆线条

250
750
500

750   2625   1250

SECTION
b-b   剖面图

图6-19

如何快速计算照度。

在对照度要求比较高或者比较大的室内空间中,需要设计师能计算出室内空间的照度。室内照明设计已经发展为一个独立专业,涉及很多方面的知识,这里介绍一个简便的方法,以方便室内设计师能快速估算室内照度。

①必须了解的一些概念。

照度:是指单位面积上所接受可见光的能量,单位是"勒克斯"(Lux或Lx),简单的理解即是光照的强弱,1Lx=1m²有1lm的光通量。不同的空间性质对光照的强弱即照度要求不同,详细内容可以查阅国家相关照明标准。

光通量:光通量(luminous flux)指人眼所能感觉到的辐射功率,它等于单位时间内某一波段的辐射能量和该波段的相对视见率的乘积,光通量的单位为"流明"(lm)。不同的灯具根据其发光效率会产生不同的光通量,常用灯具发光效率如下。

日光灯:每瓦特(W)≈50~80lm
白炽灯:每瓦特(W)≈10~15lm
LED灯:每瓦特(W)≈50~100lm
射灯:每瓦特(W)≈20lm

②简易计算公式。

室内空间照度≈数具数量×具灯的功率(W数)×发光效率/室内空间面积

例如,某客厅为45m²,安装有4盏25WLED筒灯,5盏40W白炽灯,其照度≈6×25×80+5×40×10/45≈311lm

07

室内设计预算

对于初学室内设计的读者来说，总感觉预算很复杂，其实家居室内设计并没有想象的那么复杂，主要是要明白家居室内设计施工的项目构成及面积计算方法。初学者甚至是工作过一段时间的设计师在预算项目中容易出现遗漏（也称为漏项），或在面积计算上也容易出现错误，经常会出现工程量上预算不足或超量计算，所以，本章的实训重点围绕这两点展开。至于预算的价格，每个公司都会根据自己公司的成本编制一套预算标准及打折的范围，设计师只要把握好公司的预算标准即可。

要点：构成・收方・标准

7.1 家居室内设计的项目构成

要做好预算，首先要熟悉室内装饰工程的项目构成，在装饰工程中比较忌讳的是漏项（即部分项目没有在预算文件中编制出来），漏项在装饰工程实施过程中容易造成纠纷，特别是针对人工、辅材、主材全包的室内装饰工程，熟练掌握室内装饰工程项目对于做好预算非常重要。

家居室内装饰工程包括以下项目。

土建工程。

地面工程。

墙面工程。

天棚工程。

门窗工程。

水电工程。

设计费。

工程项目管理费。

其他，如税金、设计费等。

7.1.1 土建工程

土建工程主要是针对室内装饰工程中对空间改造时进行的折墙、新建墙体项目。

7.1.2 地面工程

地面装饰工程主要包括地面找平和地砖铺贴等。

❶ 地面找平

在安装强化木地板过程中，当地面的平整度达不到要求时，通常要进行地面找平处理，找平处理主要涉及材料与人工费，材料主要是水泥、沙子，大约10元/m²，人工费大约20元/m²。强化木地板的安装现在一般是由木地板厂家代为安装，所以，在预算中不用列出。

❷ 地砖铺贴

地砖铺贴的材料与人工费大约为40元/m²，主材根据地砖的等级、品牌等相差非常大，在预算时一定要进行市场的实地考察，或向所在公司项目经理咨询。

表7-1所示是某装饰工程客厅、餐厅及玄关的预算，从中可以看出预算价格由主材和辅材组成，计算单位根据工程的情况可以分为平方米、米、项。当某些重要的主材由甲方或业主自行购买时，预算时在表格中为空，同时在备注栏中注明甲方自购（源文件见"第7章/邱老师家居室内设计预算.xls/邱老师家居室内设计预算.dwg"文件）。

表7-1

某装饰工程预算表

客户名称：	邱老师				联系方式：			
工程地址：							工程等级：	

序号	项目名称	单位	工程量	单位价值				主材费
				人工费	辅材费	主材费	合计	名 称 及 规 格
一、客厅.餐厅.玄关								
1	多乐士（幻色家）	m²	51.24	10	2	6	922.32	1.用量达到厂家标准，双色。2.每增加一色另加5元/m²。3.门和窗洞口减半计算。4.刷面漆2遍。
2	800×800玻化砖	m²	25	15	10		625	1.对原地面做清扫，扫水泥素浆常规处理，辅料为PS32.5#水泥。2.地砖浸水后用1:3水泥砂浆粘贴辅平、压实。3.如表面光滑应预凿毛，浇水湿润水泥地面。4.瓷砖磨边、碰角、阳角和拼花压铜条应符合要求。5.主材、铜条甲方提供。6.勾缝必须按报价要求用白水泥或专用勾缝剂勾（勾缝剂甲方提供）
3	储藏柜兼鞋柜	m	3.24	120	20	300	1429.1	环保优质机拼15mm玉啄木工板，外贴3mm饰面板，柜体背衬5mm多层板，内贴波音软片，隔板一层木工板，平开无造型柜门，造型柜门每扇加收60~80元，高度不大于1000mm，厚度不得大于400mm（不含拉手）。采用华润聚酯漆，先砂光，批灰再砂光，刷底漆2遍面漆2遍
4	地砖踢脚线安装人工及辅料	m	23	4	4		184	主材甲方自购
5	石膏板直线造型吊顶	m²	8	30	10	30	560	1.松木优质木龙骨，9mm厚拉法基石膏板。2.自攻螺灯，元钉等做防锈处理。3.石膏板的拼缝应进行板缝处理。4.主龙骨间距300mm~400mm。5.木方规格25mm×40mm，网格规格不大于300mm×300mm。6.木龙骨改轻钢龙骨增收20元/平方。7.玻璃发光顶的玻璃为5mm普通玻璃
6	电视背景墙	m²	2.1	50	20	60	273	木基层，内藏灯光
7	酒水架	m²	3.2	80	30	220	1056	环保优质机拼15mm玉啄木工板，外贴3mm饰面板，柜体背衬5mm多层板，内贴波音软片，隔板一层木工板，平开无造型柜门，造型柜门每扇加收60~80元，高度不大于1000mm，厚度不得大于400mm（不含拉手）。采用华润聚酯漆，先砂光，批灰再砂光，刷底漆2遍面漆2遍
8	门套（单）	m	5	20	5	45	350	1.使用环保机拼15mm啄玉木工板做基层，外贴3mm饰面板。2.实木或门套线收口，门套线宽不大于60mm，厚度不大于10mm，每增加10mm加收10%，单包门套×0.7。3.采用华润聚酯漆，先砂光，批灰再砂光，刷底漆2遍面漆2遍
9	电视地台石材安装人工（宽）	m	1.8	50	10		108	石材安装人工及辅料，主材甲方提供
10	电视柜（矮）	m	1.8	100	20	180	540	环保优质机拼15mm啄玉木工板，外贴饰面板三合板，柜体背衬5mm多层板，内贴波音软片，平开无造型柜门，造型柜门每扇加收60~80元，做抽屉每个加收50元高度不大于250mm，厚度不得大于600mm（不含拉手和理石台面）。采用华润聚酯漆，先砂光，批灰再砂光，刷底漆2遍面漆2遍
							6047.4	

序号	项目名称	单位	工程量	单位价值				主材费	
				人工费	辅材费	主材费	合计	名称及规格	
二、厨房									
1	300×300 防滑砖	m²	5.8	14	10		139.2	1.对原地面做清扫,扫水泥素浆常规处理,辅料为PS32.5#水泥。2.地砖浸水后用1:3水泥砂浆粘贴辅平、压实。3.如表面光滑应预凿毛,浇水湿润水泥地面。4.瓷砖磨边、碰角、阳角和拼花压铜条应符合要求。5.主材和铜条甲方提供。6.勾缝必须按报价要求用白水泥或专用勾缝剂勾(勾缝剂甲方提供)	
2	200×300 墙砖	m²	20	15	13		560	1.对原墙做凿毛扫水泥素浆常规处理,辅料为PS32.5#水泥。2.墙砖浸水后用1:1水泥砂浆粘贴。3.瓷砖磨边、碰角、阳角和拼花压铜条应符合要求。4.主材和铜条甲方提供。5.勾缝必须按报价要求用白水泥或专用勾缝剂勾(勾缝剂甲方提供)	
3	厨房地面防水	m²	5.53	10	5	20	193.55	聚合物白色防水,2~3遍	
4	厨房墙面防水	m²	10	10	5	20	350	聚合物白色防水,2~3遍	
5	厨房橱柜	m	0	500			0	国产石材,烤漆柜门	
6	厨房吊柜	m	0	300			0	国产石材,吸塑柜门	
7	方型铝扣板吊顶	m²	5.53	23	5	55	458.99	1.施工中材料不得用污染、折裂、缺棱掉角和锤伤等。2.面板与墙面、灯具等接处要严密。西铝扣板0.5厚	
8	成品门及门套	樘	1	100	30	580	710	成品实木门清水漆	
9	地面找平加高填平(地台)	m²	5.53	10	5	20	193.55		
							2605.3		
三、卫生间									
1	300×300 防滑砖	m²	2.4	14	10		57.6	1.对原地面做清扫,扫水泥素浆常规处理,辅料为PS32.5#水泥。2.地砖浸水后用1:3水泥砂浆粘贴辅平、压实。3.如表面光滑应预凿毛,浇水湿润水泥地面。4.瓷砖磨边、碰角、阳角和拼花压铜条应符合要求。5.主材和铜条甲方提供。6.勾缝必须按报价要求用白水泥或专用勾缝剂勾(勾缝剂甲方提供)	
2	200×300 墙砖	m²	14.8	15	13		416.64	1.对原墙做凿毛扫水泥素浆常规处理,辅料为PS32.5#水泥。2.墙砖浸水后用1:1水泥砂浆粘贴。3.瓷砖磨边、碰角、阳角和拼花压铜条应符合要求。4.主材和铜条甲方提供。5.勾缝必须按报价要求用白水泥或专用勾缝剂勾(勾缝剂甲方提供)	
3	方型铝扣板吊顶	m²	2.4	23	5	55	199.2	1.施工中材料不得用污染、折裂、缺棱掉角和锤伤等。2.面板与墙面和灯具等接处要严密。西铝扣板0.5厚	
4	卫生间地面防水	m²	4.4	10	5	20	154	聚合物白色防水,2~3遍	
5	卫生间墙面防水	m²	6	10	5	20	210	聚合物白色防水,2~3遍	
6	地面找平加高填平(地台)	m²	2.4	10	5	20	84		
7	成品门及门套	樘	1	100	30	580	710	成品实木门清水漆	
							1831.4		

序号	项目名称	单位	工程量	单位价值				主材费	
				人工费	辅材费	主材费	合计	名称及规格	
四、主卧									
1	地面找平	m²	11.8	9	9		212.4	对原地面做清扫，扫水泥素浆常规处理，辅料为PS32.5#水泥	
2	多乐士（幻色家）	m²	40.74	10	2	6	733.32	1.用量达到厂家标准，双色。2.每增加一色另加5元/m²。3.门和窗洞口减半计算。4.刷面漆2遍	
3	衣柜	m²	6.1	90	30	240	2196	环保优质机拼15mm啄玉木工板，外贴饰面三合板，柜体背衬5mm多层板，内贴波音软片，隔板一层木工板，做抽屉每个加收50元高度在200mm~600mm内，厚度不得大于600mm（不含拉手）。采用华润聚酯漆，先砂光，批灰再砂光,刷底漆2遍面漆2遍(门定做、甲供)	
4	成品门及门套	樘	1	100	30	580	710	成品实木门清水漆	
5	窗套	m	6.6	20	5	45	462		
							4313.7		
五、阳台									
1	300×300防滑砖	m²	9.3	14	10		223.2	1.对原地面做清扫，扫水泥素浆常规处理，辅料为PS32.5#水泥。2.地砖浸水后用1:3水泥砂浆粘贴辅平、压实。3.如表面光滑应预凿毛，浇水湿润水泥地面。4.瓷砖磨边、碰角、阳角、拼花压铜条应符合要求。5.主材、铜条甲方提供。6.勾缝必须按报价要求用白水泥或专用勾缝剂勾（勾缝剂甲方提供）	
2	多乐士（幻色家）	m²	16	10	2	6	288	1.用量达到厂家标准，双色。2.每增加一色另加5元/m²。3.门、窗洞口减半计算。4.刷面漆2遍	
3	阳台天棚	m²	9.3	23	5	55	771.9		
							1283.1		
六、生活阳台									
1	300×300防滑砖	m²	1.9	14	10		45.6	1.对原地面做清扫，扫水泥素浆常规处理，辅料为PS32.5#水泥。2.地砖浸水后用1:3水泥砂浆粘贴辅平、压实。3.如表面光滑应预凿毛，浇水湿润水泥地面。4.瓷砖磨边、碰角、阳角、拼花压铜条应符合要求。5.主材、铜条甲方提供。6.勾缝必须按报价要求用白水泥或专用勾缝剂勾（勾缝剂甲方提供）	
2	200×300墙砖	m²	6.3	15	13		176.4	1.对原墙面做凿毛扫水泥素浆常规处理，辅料为PS32.5#水泥。2.墙砖浸水后用1:1水泥砂浆粘贴。3.瓷砖磨边、碰角、阳角、拼花压铜条应符合要求。4.主材、铜条甲方提供。5.勾缝必须按报价要求用白水泥或专用勾缝剂勾（勾缝剂甲方提供）	
							222		
七、水电部分									
1	电线4mm²	卷	2			140	280	鸽牌	
2	电线1.5mm²	卷	3			75	225	鸽牌	
3	电线2.5mm²	卷	4			90	360	鸽牌	
4	闭路电视线	卷	1			100	100	重庆有限	
5	电话线	卷	1			100	100	深圳讯道	
6	音响线	卷	1			135	135	深圳讯道	
7	网络线	卷	1			165	165	深圳讯道	
8	PVC线管及配件	项	1			400	400	得亿管材	

序号	项目名称	单位	工程量	单位价值				主材费
				人工费	辅材费	主材费	合计	名 称 及 规 格
9	地漏及PVC下水管	项	1			450	450	得亿管材
10	水管及配件	项	1			450	450	PPR飞马牌
11	PVC底盒	个	40			2	80	
12	水电安装人工	m²	44.6	18	10		1248.8	
							3993.8	
八、其他								
1	垃圾清运下楼费	m²	44.6	3			133.8	
2	材料运输及搬运上楼费	m²	44.6	4			178.4	
3	工程设计费	m²		30			免	
4	远程运输费		工程总造价×5%~10%					
5	电梯使用费							甲方负责
6	工程费合计		人工费合价+辅材费合价+主材费合价=20608.9					
7	综合管理费		工程费合计×5%=1030.445					
8	工程总造价		21639.345					

注：1.此预算不含瓷片、地砖、木地板、厨房 地柜吊柜、门锁门吸、楼梯扶栏及楼梯扶手、5mm以上玻璃、墙纸和柜门把手五金、洁具、浴具、灯具、配电箱和开关插座
2.物管押金由甲方负责

TIPS

除了地面找平及地砖铺贴之外，还有一些特殊工艺的地面装饰工程，如实木地板安装、玻璃地面、地面石材或拼花等则要根据实际的施工难度及材料加工费等进行计算。

7.1.3 墙面工程

墙面工程主要包括墙面乳胶漆、墙砖及石材铺贴、墙纸和木作造型等。

墙面乳胶漆：分为腻子找平、细砂纸打磨、乳胶漆滚涂或喷涂，人工费在10元左右，包括主材报价在20元左右。

墙砖及墙面石材铺贴：有普通铺（湿贴和干挂，当墙砖、石材的安装高度超过安全高度时，一般要求采用干挂），安装及辅材费用大约40元/m²。

墙纸：墙纸的安装及辅材费用大约10元/m²，需注意的是当贴墙纸的背面是卫生间或厨房时，在卫生间及厨房立面一定要做足够高的防水处理。

造型施工：墙面造型施工涉及的内容会比较广泛并且相对复杂，施工工艺的复杂程度和使用的等级会有很大的差别，在整个室内装饰工程预算中可变系数是最大的，是室内装饰工程预算与设计的难点。

7.1.4 天棚工程

天棚工程主要包括纸面石膏板吊顶、铝扣板吊顶、桑拿板吊顶和门窗工程等。

纸面石膏板吊顶：纸面石膏板是顶面设计中最常用的造型方法，支撑龙骨分为木龙骨与轻钢龙骨，其造价大约120元/m²，纸面石膏板造型中如果有灯带或特殊造型还应单独计算或提高每平方单价，如图7-1和表7-2所示。

3栋A4-3顶面图　图7-1

表7-2

某装饰工程预算表

客户名称：	杨老师		联系方式：					
工程地址：							工程等级：	

序号	项目名称	单位	工程量	单位价值				主材费
				人工费	辅材费	主材费	合计	名 称 及 规 格
一、客厅.餐厅.玄关								
1	多乐士（幻色家）	m²	103	10	2	5	1751	1.用量达到厂家标准，双色。2.每增加一色另加5元/m²。3.门、窗洞口减半计算。4.刷面漆2遍
2	800×800抛光砖	m²	31.9	13	9	0	701.8	1.对原地面做清扫，扫水泥素浆常规处理，辅料为PS32.5#水泥。2.地砖浸水后用1:3水泥砂浆粘贴辅平、压实。3.如表面光滑应预凿毛，浇水湿润水泥地面。4.瓷砖磨边、碰角、阳角、拼花压铜条应符合要求。5.主材、铜条甲方提供。6.勾缝必须按报价要求用白水泥或专用勾缝剂勾（勾缝剂甲方提供）
3	鞋柜及装饰柜	m²	2.9	70	50	240	1044	环保优质机拼15mm玉啄木工板，外贴3mm饰面板，柜体背衬5mm多层板，内贴波音软片，隔板一层木工板，平开无造型柜门，造型柜门每扇加收60~80元，高度不大于1000mm，厚度不得大于400mm（不含拉手）。采用华润聚酯漆，先砂光，批灰再砂光，刷底漆2遍面漆2遍
4	石膏曲线造型吊顶	m²	19.6	30	10	30	1372	1.松木优质木龙骨，9mm厚拉法基石膏板。2.自攻螺钉，元钉等做防锈处理。3.石膏板的拼缝应进行板缝处理。4.主龙骨间距300mm~400mm。5.木方规格25mm×40mm，网格规格不大于300mm×300mm。6.木龙骨改轻钢龙骨增收20元/平方。7.玻璃发光顶的玻璃为5mm普通玻璃
5	电视背景墙	m²	9.5	30	20	30	760	木基层，内藏灯光
6	门套（单）	m	5	20	5	35	300	1.使用环保机拼15mm啄玉木工板做基层，外贴3mm饰面板。2.实木或门套线收口，门套线宽不大于60mm，厚度不大于10mm，每增加10mm加收10%，单包门套×0.7。3.采用华润聚酯漆，先砂光，批灰再砂光，刷底漆2遍面漆2遍
7	装饰木柱	m	13	25	5	45	975	1.使用环保机拼15mm啄玉木工板做基层，外贴3mm饰面板。2.采用华润聚酯漆，先砂光，批灰再砂光，刷底漆2遍面漆2遍
8	电视地台石材安装人工（宽)	m	2.4	50	10		144	石材安装人工及辅料，主材甲方提供
9	电视地台	m	2.4	50	10		144	使用轻体砖，强度3.25，普通硅酸盐水泥砂浆砌筑，水泥砂浆打底抹平

序号	项目名称	单位	工程量	单位价值				主材费
				人工费	辅材费	主材费	合计	名称及规格
10	装饰柜	m²	2.4	100	50	230	912	环保优质机拼15mm玉啄木工板，外贴饰面三合板，柜体背衬5mm多层板，内贴波音软片，隔板一层木工板，平开无造型柜门，造型柜门每扇加收60~80元，厚度不得大于400mm（不含五金件和理石台面）。采用华润聚酯漆，先砂光，批灰再砂光，刷底漆2遍面漆2遍
11	窗台面	m	1.5	20	10	160	285	国产石材
12	酒水柜	m²	4.62	100	50	210	1663.2	环保优质机拼15mm玉啄木工板，外贴饰面三合板，柜体背衬5mm多层板，内贴波音软片，隔板一层木工板，平开无造型柜门，造型柜门每扇加收60~80元，厚度不得大于400mm（不含五金件、理石台面）。采用华润聚酯漆，先砂光，批灰再砂光，刷底漆2遍面漆2遍
							10052	
二、厨房								
1	300×300防滑砖	m²	5.2	13	9		114.4	1.对原地面做清扫，扫水泥素浆常规处理，辅料为PS32.5#水泥。2.地砖浸水后用1:3水泥砂浆粘贴辅平、压实。3.如表面光滑应预凿毛，浇水湿润水泥地面。4.瓷砖磨边、碰角、阳角、拼花压铜条应符合要求。5.主材、铜条甲方提供。6.勾缝必须按报价要求用白水泥或专用勾缝剂勾（勾缝剂甲方提供）
2	200×300墙砖	m²	20	14	9		460	1.对原墙做凿毛扫水泥素浆常规处理，辅料为PS32.5#水泥。2.墙砖浸水后用1:1水泥砂浆粘贴。3.瓷砖磨边、碰角、阳角、拼花压铜条应符合要求。4.主材、铜条甲方提供。5.勾缝必须按报价要求用白水泥或专用勾缝剂勾（勾缝剂甲方提供）
3	方型铝扣板吊顶	m²	5.2	23	5	55	431.6	1.施工中材料不得用污染、折裂、缺棱掉角、锤伤等。2.面板与墙面、灯具等交接处要严密。西铝扣板0.5厚
4	吊柜	m	2.3	70	30	200	690	国产石材、吸塑门板
5	橱柜	m	4	100	50	350	2000	国产石材、吸塑门板
6	成品门及门套	樘	2	100	30	530	1320	成品实木门清水漆
							5016	
三、书房								
1	成品门及门套	樘	1	100	30	530	660	成品实木门清水漆
2	窗台面	m	1.5	20	10	160	285	国产石材
3	多乐士（幻色家）	m²	35	10	2	5	595	1.用量达到厂家标准，双色。2.每增加一色另加5元/m²。3.门、窗洞口减半计算。4.刷面漆2遍
							1540	
四、卫生间								

序号	项目名称	单位	工程量	单位价值				主材费	
				人工费	辅材费	主材费	合计	名称及规格	
1	300×300防滑砖	m²	3	13	10		69	1.对原地面做清扫，扫水泥素浆常规处理，辅料为PS32.5#水泥。2.地砖浸水后用1:3水泥砂浆粘贴辅平、压实。3.如表面光滑应预凿毛，浇水湿润水泥地面。4.瓷砖磨边、碰角、阳角、拼花压铜条应符合要求。5.主材、铜条甲方提供。6.勾缝必须按报价要求用白水泥或专用勾缝剂勾（勾缝剂甲方提供）	
2	200×300墙砖	m²	18	14	10		432	1.对原墙做凿毛扫水泥素浆常规处理，辅料为PS32.5#水泥。2.墙砖浸水后用1:1水泥砂浆粘贴。3.瓷砖磨边、碰角、阳角、拼花压铜条应符合要求。4.主材、铜条甲方提供。5.勾缝必须按报价要求用白水泥或专用勾缝剂勾（勾缝剂甲方提供）	
3	方型铝扣板吊顶	m²	3	23	5	55	249	1.施工中材料不得用污染、折裂、缺棱掉角、锤伤等。2.面板与墙面、灯具等交接处要严密。西铝扣板0.5厚	
4	地面找平加高填平（地台）	m²	3	10	5	20	105		
5	成品门及门套	樘	1	100	30	530	660	成品实木门清水漆	
							1515		
五、主卧									
1	多乐士（幻色家）	m²	43.6	10	2	6	784.8	1.用量达到厂家标准，双色。2.每增加一色另加5元/m²。3.门、窗洞口减半计算。4.刷面漆2遍	
2	成品门及门套	樘	1	100	30	530	660	成品实木门清水漆	
							784.8		
六、过道									
1	地砖	m²	1.5	13	9		33	对原地面做清扫，扫水泥素浆常规处理，辅料为PS32.5#水泥	
2	多乐士（幻色家）	m²	30	10	2	5	510	1.用量达到厂家标准，双色。2.每增加一色另加5元/m²。3.门、窗洞口减半计算。4.刷面漆2遍	
							543		
七、生活阳台									
1	300×300防滑砖	m²	14	13	9		308	1.对原地面做清扫，扫水泥素浆常规处理，辅料为PS32.5#水泥。2.地砖浸水后用1:3水泥砂浆粘贴辅平、压实。3.如表面光滑应预凿毛，浇水湿润水泥地面。4.瓷砖磨边、碰角、阳角、拼花压铜条应符合要求。5.主材、铜条甲方提供。6.勾缝必须按报价要求用白水泥或专用勾缝剂勾（勾缝剂甲方提供）	
2	多乐士（幻色家）	m²	10	10	2	5	170	1.用量达到厂家标准，双色。2.每增加一色另加5元/m²。3.门、窗洞口减半计算。4.刷面漆2遍	
3	阳台顶面处理	m²	14	20	10	35	910	顶面松木龙骨吊顶，表面清水漆	
							478		

序号	项目名称	单位	工程量	单位价值				主材费
				人工费	辅材费	主材费	合计	名称及规格
八、水电部分								
1	电线4mm²	卷	3			140	420	鸽牌
2	电线1.5mm²	卷	4			75	300	鸽牌
3	电线2.5mm²	卷	5			90	450	鸽牌
4	闭路电视线	卷	1			100	100	重庆有限
5	电话线	卷	1			100	100	深圳讯道
6	音响线	卷	1			135	135	深圳讯道
7	网络线	卷	1			165	165	深圳讯道
8	PVC线管及配件	项	1			450	450	得亿管材
9	地漏及PVC下水管	项	1			450	450	得亿管材
10	水管及配件	项	1			450	450	PPR飞马牌
11	PVC底盒	个	80			2	160	
12	水电安装人工	M2	80	16	10		2080	
							5260	
九、其他								
1	垃圾清运下楼费	M2	80	3			240	
2	材料运输及搬运上楼费	M2	80	4			320	
3	工程设计费	M2	30				0	
							560	
				直接造价合计			25748.8	人工费合价+辅材费合价+主材费合价
				工程管理费			1287.44	直接造价合计的5%
	工程总造价						27036.2	
4	电梯使用费、远程运输费							甲方负责

注：1.此预算不含瓷片、地砖、木地板、门锁门吸、楼梯扶栏及楼梯扶手、5mm以上玻璃、墙纸、柜门把手五金、洁具、浴具、灯具、配电箱、开关插座

2.物管押金由甲方负责

卫生间：厨房因为水分比较多，所以，顶面材料多是使用金属材质的铝扣板。其人工与辅材造价在40元左右，主材根据等级不同而不同。

桑拿板吊顶：很多自然风格设计的卫生间、阳台、书房甚至卧室都可能会用到桑拿板造型，桑拿板施工比较简单，其人工费大约20元/m²，加上主材综合造价每平方米在100～150元。

门窗工程：门窗工程中主要涉及包门套、窗套、做门和窗台板。

水电工程：水电工程中主要包括水路改造、强弱电路改造及防水处理等。

设计费：设计根据实际的情况预算，专业的设计公司设计费200元/m²～1000元/m²不等，主要负责施工的公司通常不收取设计费。

工程管理费：工程管理费理论上是装饰工程公司的主要利润，其取费方式有两种，一是按平方米收费用，二是按工程总造价收取。按平方米收费一般每平方米在50~100元，按工程总造价则按工程造价的5%计费。

税金：税金是按工程总造价乘以税率计算的，税金原则上是由装饰工程公司负责的，但在实际运作中大多数公司是转嫁到顾客身上的。

7.2 家居室内设计预算收方

工程收方就是收工程量。

家装工程中收方是学习预算的关键，在不漏项目的情况下，正确的收方基本上可以做出正确的预算，因为装饰公司中大多数的预算项目价格都会有预算标准。在此将以一个完整的预算案例来讲解收方和预算的过程。

7.2.1 客厅/餐厅/玄关

❶ 乳胶漆

乳胶漆工程量有两种算法，一种是参数计算方法，即通过地面积×3.2；另一种是根据立面设计去除门窗、家具等实际准确面积，后者会花费大量的时间进行计算，所以，大多采用参数计算法。在AutoCAD中打开图7-2所示的平面图，输入area面积统计指令，逐一选择客厅墙面，其指令操作步骤如下所示。

```
命令：area
指定第一个角点或 [对象(O)/加(A)/减(S)]：
指定下一个角点或按 ENTER 键全选：
指定下一个角点或按 ENTER 键全选：
指定下一个角点或按 ENTER 键全选：
指定下一个角点或按 ENTER 键全选：
指定下一个角点或按 ENTER 键全选：
指定下一个角点或按 ENTER 键全选：
指定下一个角点或按 ENTER 键全选：
指定下一个角点或按 ENTER 键全选：
指定下一个角点或按 ENTER 键全选：
指定下一个角点或按 ENTER 键全选：
指定下一个角点或按 ENTER 键全选：
指定下一个角点或按 ENTER 键全选：
指定下一个角点或按 ENTER 键全选：
指定下一个角点或按 ENTER 键全选：
指定下一个角点或按 ENTER 键全选：
指定下一个角点或按 ENTER 键全选：
指定下一个角点或按 ENTER 键全选：
面积 = 34007423.5579，周长 = 33784.8981
```

得到面积为33.7m²，根据系数计算出墙面乳胶漆的面积为：

33.7 × 3.2 = 107.84

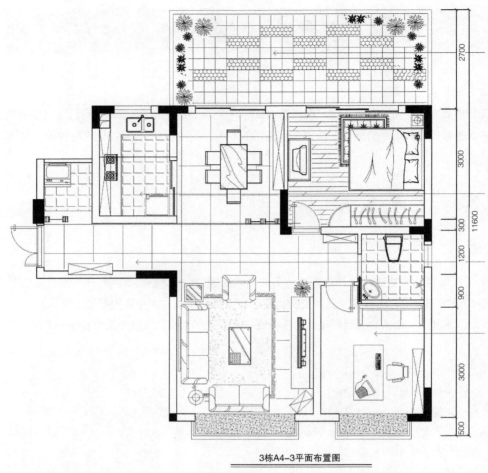

3栋A4-3平面布置图

图7-2

❷ 玻化地砖

地面工程收方一般是按实际的地面面积收方，损耗计算在成本中，如果有拼花等工艺，则需要单独立项目计算，本案例中没有拼花项目，在乳胶漆计算中已经知道地面面积为33.7m²。

❸ 鞋柜及装饰柜

室内家居工程中家居的收方是根据立面的投影面积进行计算的。图7-3所示是本方案的餐厅装饰酒水柜立面及客厅装饰柜立面，其中酒水柜的立面投影面积为4.62m²。

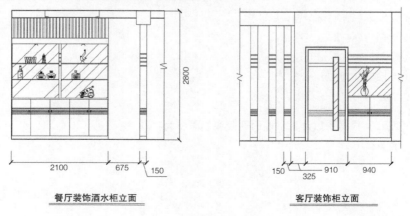

餐厅装饰酒水柜立面　　　　　客厅装饰柜立面

图7-3

客厅装饰柜立面投影面积为1.7m²。

本设计方案图为初步方案图，所以，没有画鞋柜立面图，鞋柜立面高度通常为1200mm，本方案鞋柜长度为1200mm，所以得出面积为1.44m²（鞋柜和客厅装饰柜造价是一样的，所以本方案中将鞋柜和装饰柜合并为一个项目"鞋柜及装饰柜"，其面积为两者之和3.14m²）。

④ 顶面石膏板造型

图7-1所示为本方案的顶棚平面图，顶面造型收方是按顶棚平面图的投影面积收方的，在计算面积过程中要注意的是原顶面没有造型的部分不应计算在内，本方案中餐厅和客厅顶面造型的投影面积合计为19.6m²。

⑤ 装饰木柱造型

如图7-2所示，在家居室内设计中经常会用到立柱造型用以划分空间或作为装饰。立柱在收方时通常是以米作为单位，本案例中玄关和餐厅客厅交界处立柱合计为12.5m。

⑥ 电视地台和窗台

如图7-2所示的电视地台，是采用砖砌基层表面铺贴石材的施工工艺，因为其宽度和窗台的宽度相同，所以在计算时用长度单位米作为收方的单位。本方案中电视地台的长度为2.4m，窗台长度为1.5m。

⑦ 酒水柜

图7-3左边所示为酒水柜，其面积是以立面投影面积计算，面积为4.62m²。

7.2.2 厨房

家居室内设计厨房装修中主要包括地砖、墙砖、地柜、吊柜和门窗等。

本案例预算中，包括以下项目。

300×300防滑地砖：面积为5.2m²。

200×300墙砖：面积计算方法，地面周长×墙高（厨卫一般为2.4m）——门窗面积，如图7-4所示，沿铺贴墙砖的地面（注意烟道要沿烟道外侧）计算出地面周长为12.6m，门的面积为3.6m²，窗的面积为1m²，得出厨房墙砖面积为12.6×2.4－3.6－1＝25.64m²。

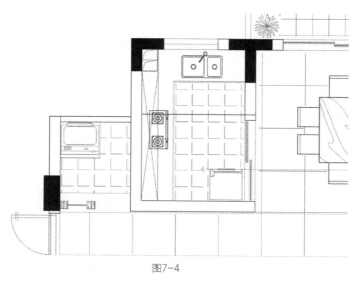

图7-4

01 装饰材料
02 室内设计风格流派
03 室内设计原理
04 平面图实例
05 立面图实例
06 顶面图实例
07 室内设计预算
08 中式风格装饰设计
09 欧式风格装饰设计
10 地中海风格设计
11 室内手绘方案表现
12 彩色方案草图绘制
13 效果图设计

方型铝扣板吊顶：与地面积相同，为5.2m²。

吊柜：根据实际的立面投影面积计算，本方案为2.3m²。

橱柜：室内家具中橱柜的收方计算单位为长度单位米，如果有转角，大多数计算靠墙一面的长度，本方案的厨柜长度为5.32m。

成品门及门套：本案例为双开滑门，所以，在计算时以两个樘门进行计算。

7.2.3 书房

本案例中书房设计得比较简单，地面采用由材料商安排的强化木地板（价格50～500元不等，或更高），家具由业主自购，所以，书房的预算项目包含如下3项。

成品门及门套：1樘。

窗台面：1.5m。

乳胶漆：35m²。

7.2.4 卫生间

卫生间包括以下预算项目。

地面找平加高填平：3m²。

地砖：300×300防滑砖3m²。

墙砖：200×300墙砖18m²。

方型铝扣板吊顶：3m²。

成品门及门套：1樘。

7.2.5 卧室及过道

卧室及过道包括以下内容。

多乐士乳胶漆：43.6m²。

成品门及门套：1樘。

波化地砖：1.5m²。

多乐士乳胶漆：30m²。

7.2.6 生活阳台

生活阳台包括以下内容。

300×300防滑砖：14m²。

多乐士乳胶漆：10m²。

阳台顶面处理：14m²。

7.2.7 水电

水电预算可以采用按面积综合取费，或拆分之后做详细报价。如果按综合报价计算，不同的公司及不同的地域价格会有所不同，以2011年的重庆、成都等西南市场价格为例，一般报价为70元/m²～100元/m²。本案例为80m²，按每85元/m²取费，则本案例水电综合报价为85×80＝6880元。

7.3 家居室内设计预算标准

每个公司因为管理成本、进货渠道、利润期望值等不同，其预算标准会有所变化，但总体水平仍然是在市场接受的范围之内。本节提供的预算是处在2014年中档层次的预算标准，可以作为预算报价参考。

7.3.1 土建工程预算标准

土建工程预算标准如表7-3所示。

表7-3

项目名称	规格型号	单位	单价	施工说明
墙、顶面涂料、墙纸铲除		m²	5	人工费
成品保护	墙、地面面材	m²	10	对甲方提供的特殊材料进行铺装后的成品表面防护
墙地面砖铲除	不包括墙面抹灰	m²	35	人工费（含基层）
砖墙拆除	不包括墙面抹灰	m²	80	人工费
砖墙半边剔除	砖墙，1m²以内	个	80	人工费；不包括墙面抹灰
砖墙半边剔除	砖墙，1m²以上	m²	80	人工费；不包括墙面抹灰
现浇墙体、楼板拆除	不包括墙面抹灰	m²	120	人工费
现浇楼梯拆除	不包括墙面抹灰	m	120	人工费（宽度不超过1200）
墙、顶面抹灰	20以内	m²	24	峨眉产325#矿硅水泥＋细沙＋人工费
柜体上方石膏板封顶	平面无造型20以内	m	60	纸面石膏板＋24×35木龙骨＋高强自攻螺丝＋防锈漆＋人工费
柜体上方石膏板封顶	平面无造型20～600	m	80	纸面石膏板＋24×35木龙骨＋高强自攻螺丝＋防锈漆＋人工费
柜体上方石膏板封顶	平面无造型≥600	m²	95	纸面石膏板＋24×35木龙骨＋高强自攻螺丝＋防锈漆＋人工费
墙断面补齐	墙厚300以内	m	25	峨眉产325#矿硅水泥＋细沙＋夹板固定＋人工费
地面找平	平均厚度30以内	m²	32	峨眉产325#矿硅水泥＋细沙＋人工费
地面垫高	高度50以内	m²	55	峨眉产325#矿硅水泥＋细沙＋建渣＋人工费
地面垫高	高度150以内	m²	85	峨眉产326#矿硅水泥＋细沙＋煤渣＋人工费
挖土方	非建渣填充地面	m²	80	人工费
砖砌电视地台	高度150以内	m	150	峨眉产325#矿硅水泥＋细沙＋红砖＋建渣＋人工费
填充地台（蹲便器）	高度450以内	m²	85	峨眉产325#矿硅水泥＋细沙＋红砖＋建渣＋人工费
砌120砖墙	不包括墙面抹灰	m²	120	峨眉产325#矿硅水泥＋细沙＋红砖＋人工费
砌240砖墙	不包括墙面抹灰	m²	185	峨眉产325#矿硅水泥＋细沙＋红砖＋人工费
砌轻质砖墙	不包括墙面抹灰	m²	135	峨眉产325#矿硅水泥＋细沙＋轻质砖＋人工费
成品过梁及安装	单扇门规格	支	220	成品过梁＋辅料＋人工费
成品过梁及安装	双扇门规格	支	320	成品过梁＋辅料＋人工费
墙地面砖铲除	不包括墙面抹灰	m²	35	人工费（含基层）
铝扣板吊顶拆除		m²	10	人工费
石膏板吊顶拆除		m²	15	人工费
门带套拆除		樘	50	人工费
门套或窗套拆除		个	50	人工费
衣柜或储藏柜拆除		m²	15	人工费
鞋柜或矮柜拆除		m	20	人工费
护墙板拆除		m²	15	人工费
木地板拆除		m²	8	人工费
橱柜或吊柜拆除		m	25	人工费

项目名称	规格型号	单位	单价	施工说明
灯具拆除		个	3	人工费
卫生间洁具拆除		个	28	人工费
垃圾外运		车	280	运至三环路外
矩管立柱	30×40	m	65	30×40矩管+焊接+防锈漆+人工费
顶棚矩管基层	40×60矩管，无立柱	m²	165	40×60矩管+焊接+防锈漆+人工费
矩管立柱	40×60	m	80	40×60矩管+焊接+防锈漆+人工费
顶棚不锈钢矩管基层	25×38×0.8，无立柱	m²	180	25×38×0.8不锈钢矩管+氩弧焊接+人工费
不锈钢矩管立柱	25×38×0.8	m	80	25×38×0.8不锈钢矩管+氩弧焊接+人工费
阳光板顶棚面层	8mm厚	m²	165	8mm阳光板+辅料+人工费
夹芯彩钢瓦顶棚面层	326槽板70厚	m²	185	70厚326型正品槽型夹芯彩钢板+辅料+人工费
现浇楼梯（按垂直高度计）	800~1000宽	m	1200	直径22螺纹钢+直径10圆钢（面间距150、底间距100）+模板制作使用+现浇混凝土+人工费（含机具损耗及焊工），不包括表面抹灰；宽度小于800按800计算
现浇楼梯（按垂直高度计）	1000~1200宽	m	1500	直径22螺纹钢+直径10圆钢（面间距150、底间距100）+模板制作使用+现浇混凝土+人工费（含机具损耗及焊工），不包括表面抹灰
直线钢楼梯骨架（10#槽钢）	宽度1000以内	m	850	10#槽钢+50角钢（或其他辅助型材）+防锈漆+焊接+辅料+人工费；不含面漆；按斜面、中线实际长度计算
直线钢楼梯骨架（12#槽钢）	宽度1000以内	m	1000	12#槽钢+50角钢（或其他辅助型材）+防锈漆+焊接+辅料+人工费；不含面漆；按斜面、中线实际长度计算
直线钢楼梯骨架（12#工字钢）	宽度1000以内	m	1280	12#工字钢+50角钢（或其他辅助型材）+防锈漆+焊接+辅料+人工费；不含面漆；按斜面、中线实际长度计算
直线钢楼梯骨架（120方钢）	宽度1000以内	m	1380	120方钢+50角钢（或其他辅助型材）+防锈漆+焊接+辅料+人工费；不含面漆；按斜面、中线实际长度计算
旋转钢楼梯骨架（116圆管）	半径1100以内	具	6500	116圆管立柱+50角钢（或其他辅助型材）+防锈漆+焊接+辅料+人工费；不含面漆；层高不超过3100
楼梯实木踏步板及安装	20厚橡木	m²	480	20厚指接橡木板+耐磨地板漆+人工费
楼梯实木踏步板及安装	25厚橡木	m²	620	25厚指接橡木板+耐磨地板漆+人工费（含机具损耗）
扁铁花栏杆（不包括扶手）	800~1000高	m	220	矩管+扁铁花+焊接+防锈漆+（黑色油漆免费）+人工费；不含木扶手；做白漆另外计费
扁铁花栏杆（不包括扶手）	600以下高	m	180	矩管+扁铁花+焊接+防锈漆+（黑色油漆免费）+人工费；不含木扶手；做白漆另外计费
锻铁花栏杆（不包括扶手）	800~1000高	m	320	矩管+锻铁花+焊接+防锈漆+（黑色油漆免费）+人工费；不含木扶手；做白漆另外计费
锻铁花栏杆（不包括扶手）	600以下高	m	245	矩管+锻铁花+焊接+防锈漆+（黑色油漆免费）+人工费；不含木扶手；做白漆另外计费
夹胶玻璃栏杆（不包括扶手）	800~1000高	m	485	不锈钢矩管（或矩管刷防锈漆，黑漆免费）+5+5夹胶玻璃+磨边、钻孔+不锈钢安装钉+人工费；不含木扶手；做白漆另外计费
夹胶玻璃栏杆（不包括扶手）	600以下高	m	480	不锈钢矩管（或矩管刷防锈漆，黑漆免费）+5+5夹胶玻璃+磨边、钻孔+不锈钢安装钉+人工费；不含木扶手；做白漆另外计费
圆管不锈钢栏杆	1000以下高	m	240	不锈钢圆管（多种规格直径）+人工费；已含不锈钢扶手
矩管不锈钢栏杆	1000以下高	m	240	不锈钢矩管+（不锈钢丝条）+氩弧焊接+拉丝处理+人工费；已含不锈钢矩管扶手；不含木扶手
黑胡桃实木扶手（适合做清漆）	截面40×60	m	90	40×60科技黑胡桃实木扶手+人工费；不含油漆；弧形扶手每米增加155元
红樱桃实木扶手（适合做有色漆）	截面40×60	m	80	40×60红樱桃实木扶手+人工费；不含油漆；弧形扶手每米增加140元

项目名称	规格型号	单位	单价	施工说明
白木实木扶手（适合做白磁漆）	截面40×60	m	75	40×60白木实木扶手+人工费；不含油漆；弧形扶手每米增加100元
黑胡桃实木栏杆及扶手	1000以下高	m	520	科技黑胡桃实木栏杆柱子+专用柱钉+40×60科技黑胡桃实木扶手+人工费；栏杆间距180~200；不含油漆；弧形扶手每米增加155元
红樱桃实木栏杆及扶手	1000以下高	m	480	红樱桃实木栏杆柱子+专用柱钉+40×60红樱桃实木扶手+人工费；栏杆间距180~200；不含油漆；弧形扶手每米增加140元
栢木实木栏杆及扶手	1000以下高	m	420	栢木实木栏杆柱子+专用柱钉+40×60白木实木扶手+人工费；栏杆间距180~200；不含油漆；弧形扶手每米增加100元

7.3.2 地砖工程预算标准

地砖工程预算标准如表7-4所示。

表7-4

项目名称	规格型号	单位	单价	施工说明
地砖铺设	250×250~600×600	m²	55	峨眉大厂325#矿硅水泥+中沙+人工费；专用勾缝剂和地砖请客户自购
地砖铺设	800×800	m²	55	峨眉大厂325#矿硅水泥+中沙+人工费；专用勾缝剂和地砖请客户自购
地砖铺设	1000×1000	m²	60	峨眉大厂325#矿硅水泥+中沙+人工费；专用勾缝剂和地砖请客户自购
地砖铺设	条形地砖(600×1200)	m²	60	峨眉大厂325#矿硅水泥+中沙+人工费；专用勾缝剂和地砖请客户自购
地砖铺设	200×200及以下	m²	60	峨眉大厂325#矿硅水泥+中沙+人工费；专用勾缝剂和地砖请客户自购
地砖拼花	500~800	m²	70	峨眉大厂325#矿硅水泥+中沙+人工费；专用勾缝剂和已切割地砖请客户自购
地面青石板铺设	500×500及以下	m²	55	峨眉大厂325#矿硅水泥+中沙+人工费，含素水泥勾缝，青石板客户自购
地面仿古砖铺设	600×600及以下	m²	58	峨眉大厂325#矿硅水泥+中沙+人工费；专用勾缝剂和仿古砖请客户自购
地面广场砖铺设	400×400以下	m²	60	峨眉大厂325#矿硅水泥+中沙+人工费，广场砖请客户自购
地面马赛克铺设	300×300整片	m²	85	峨眉大厂325#矿硅水泥+中沙+人工费；专用勾缝剂和马赛克请客户自购
地面花岗石铺设	600×600及以下	m²	75	峨眉大厂325#矿硅水泥+中沙+人工费；专用勾缝剂和石材请客户自购
地面花岗石铺设	800×800	m²	78	峨眉大厂325#矿硅水泥+中沙+人工费；专用勾缝剂和石材请客户自购
地面花岗石铺设	1000×1000	m²	85	峨眉大厂325#矿硅水泥+中沙+人工费；专用勾缝剂和石材请客户自购
台面花岗石铺设	飘窗及木做台面基础	m	100	辅料+人工费（安装费）
地面大理石铺设	600×600及以下	m²	65	峨眉大厂325#矿硅水泥+中沙+人工费；专用勾缝剂和石材请客户自购
地面大理石铺设	800×800	m²	65	峨眉大厂325#矿硅水泥+中沙+人工费；专用勾缝剂和石材请客户自购
地面大理石铺设	1000×1000	m²	65	峨眉大厂325#矿硅水泥+中沙+人工费；专用勾缝剂和石材请客户自购
台面大理石铺设	飘窗及木做台面	m	100	人工费（安装费）+辅料

项目名称	规格型号	单位	单价	施工说明
地面石材拼花安装	非异形	m²	80	峨眉大厂325#矿硅水泥+中沙+人工费；专用勾缝剂和石材请客户自购
地面石材碎拼	300~500	m²	65	峨眉大厂325#矿硅水泥+中沙+人工费，含素水泥勾缝，石材请客户自购
地面雨花石铺设	各种规格	m²	160	雨花石+峨眉大厂325#矿硅水泥+中沙+人工费
地面白色方解石铺设	各种规格	m²	130	白色方解石+峨眉大厂325#矿硅水泥+中沙+人工费
地砖踢脚线铺设	800以下	m	25	峨眉大厂325#矿硅水泥+中沙+人工费；专用勾缝剂和地砖踢脚线客户自购，剔墙按3元/m另计
石材防腐处理	国产防腐剂	m²	35	国产石材防腐剂+人工费
石材防腐处理	进口防腐剂	m²	45	进口石材防腐剂+人工费
不锈钢踢脚线	0.8厚	m	75	木工板+0.8厚不锈钢板+万能胶+人工费
成品木制踢脚线安装		m	15	人工费（安装费）+辅料

7.3.3 墙砖工程预算标准

墙砖工程预算标准如表7-5所示。

表7-5

项目名称	规格型号	单位	单价	施工说明
墙砖铺设	200~400	m²	55	峨眉大厂325#矿硅水泥+中沙+人工费；专用勾缝剂和墙砖请客户自购
墙砖铺设	300~600	m²	55	峨眉大厂325#矿硅水泥+中沙+人工费；专用勾缝剂和墙砖请客户自购
墙砖铺设	400~800	m²	55	峨眉大厂325#矿硅水泥+中沙+人工费；专用勾缝剂和墙砖请客户自购
墙砖铺设	100×100及以下	m²	75	峨眉大厂325#矿硅水泥+中沙+人工费；专用勾缝剂和墙砖请客户自购
墙砖铺设	100~200	m²	70	峨眉大厂325#矿硅水泥+中沙+人工费；专用勾缝剂和墙砖请客户自购
墙砖铺设	250×330~330×450	m²	55	峨眉大厂325#矿硅水泥+中沙+人工费；专用勾缝剂和墙砖请客户自购
墙砖铺设	100×100及以下(菱形)	m²	70	峨眉大厂325#矿硅水泥+中沙+人工费；专用勾缝剂和墙砖请客户自购
墙面青石板铺设	500×500及以下	m²	55	峨眉大厂325#矿硅水泥+中沙+人工费，含素水泥勾缝，青石板请客户自购
墙面仿古砖铺设	600×600及以下	m²	55	峨眉大厂325#矿硅水泥+中沙+人工费；专用勾缝剂和仿古砖请客户自购
墙面马赛克铺设	300×300整片	m²	85	峨眉大厂325#矿硅水泥+中沙+人工费；专用勾缝剂和马赛克请客户自购
墙面文化石铺设	500×500及以下	m²	65	峨眉大厂325#矿硅水泥+中沙或专用胶粘剂+人工费，专用勾缝剂和文化石请客户自购
墙面石材灌浆	800以下	m²	105	峨眉大厂325#矿硅水泥+中沙+高强水泥钉+细不锈钢绑扎丝（或铜丝）+人工费，专用勾缝剂和石材请客户自购
墙面石材干挂	800以下	m²	135	24×35木龙骨+15细木工板+云石胶+人工费，专用勾缝剂和石材请客户自购
墙面石材干挂（钢结构）	800以下	m²	220	钢质锚固件+50角钢龙骨+防锈处理+专用石材挂件+云石胶+人工费，专用勾缝剂和石材请客户自购
墙面雨花石粘贴	各种规格	m²	165	雨花石+峨眉大厂325#矿硅水泥+中沙+人工费
墙面白色方解石粘贴	各种规格	m²	155	白色方解石+峨眉大厂325#矿硅水泥+中沙+人工费

7.3.4 顶面工程预算标准

顶面工程预算标准如表7-6所示。

表7-6

项目名称	规格型号	单位	单价	施工说明
平面石膏板吊顶	平面无造型	m²	135	"拉法基"百丽纸面石膏板+木龙骨（不上人型专用卡式轻钢龙骨）+铁膨胀螺丝+高强自攻螺丝+防火涂料（防锈漆）+人工费（按展开面积计算）
石膏板制作边顶	600mm宽以内	m	98	"拉法基"百丽纸面石膏板+木龙骨（不上人型专用卡式轻钢龙骨）+铁膨胀螺丝+高强自攻螺丝+防火涂料（防锈漆）+人工费（按展开面积计算）
石膏板造异型顶	圆形或弧形	m²	180	环保机拼细木工板+"拉法基"百丽纸面石膏板+木龙骨（不上人型专用卡式轻钢龙骨）+铁膨胀螺丝+高强自攻螺丝+防火涂料（防锈漆）+人工费（按展开面积计算）
石膏板吊顶直线反光灯槽	二级造型200以内	m	28	"拉法基"百丽纸面石膏板+木龙骨（不上人型专用卡式轻钢龙骨）+铁膨胀螺丝+高强自攻螺丝+防火涂料（防锈漆）+人工费（按展开面积计算）
石膏板吊顶弧线反光灯槽	二级造型200以内	m	32	"拉法基"百丽纸面石膏板+木龙骨（不上人型专用卡式轻钢龙骨）+铁膨胀螺丝+高强自攻螺丝+防火涂料（防锈漆）+人工费（按展开面积计算）
石膏板内凹造型	400以下	个	80	"拉法基"百丽纸面石膏板+木龙骨（不上人型专用卡式轻钢龙骨）+铁膨胀螺丝+高强自攻螺丝+防火涂料（防锈漆）+人工费（按展开面积计算）
石膏板内凹造型	400~1000	个	100	"拉法基"百丽纸面石膏板+木龙骨（不上人型专用卡式轻钢龙骨）+铁膨胀螺丝+高强自攻螺丝+防火涂料（防锈漆）+人工费（按展开面积计算）
石膏板假梁	截面不超过300×200	m	85	"拉法基"百丽纸面石膏板+木龙骨（不上人型专用卡式轻钢龙骨）+铁膨胀螺丝+高强自攻螺丝+防火涂料（防锈漆）+人工费（按展开面积计算）
木做假梁	截面不超过200×200	m	145	15优质机拼细木工板+优质饰面板+辅料+人工费，不含油漆
木做装饰吊顶	平面无造型	m²	180	9mm板基层+优质饰面板+木龙骨+铁膨胀螺丝+防火涂料+人工费；不含油漆
木做装饰吊顶	造型顶	m²	220	9mm板基层+优质饰面板+木龙骨+铁膨胀螺丝+防火涂料+人工费；不含油漆；按投影面积计算
桑拿板吊顶	厚型10mm	m²	145	桑拿板+木龙骨+铁膨胀螺丝+防火涂料+人工费，含油漆
白木收口线	18×18	m	25	成品白木收口线+人工+辅料
防水石膏板吊平顶	平面无造型	m²	180	防水石膏板+木龙骨（不上人型专用卡式轻钢龙骨）+铁膨胀螺丝+高强自攻螺丝+防火涂料+防锈漆+人工费(按展开面积计算)
内墙塑铝板吊平顶	平面无造型	m²	210	单面内墙塑铝板+9mm板基层+木龙骨（不上人型专用卡式轻钢龙骨）+铁膨胀螺丝+防火涂料+辅料+人工费
覆膜方形铝合金扣板吊顶	300×300	m²	135	鑫基领域300×300覆膜方形铝合金扣板+铁膨胀螺丝+专用扣板轻钢龙骨+专用扣杆+人工费
普通条形铝合金扣板吊顶	C100×3000、4000	m²	155	C型1#条形铝合金扣板+铁膨胀螺丝+专用扣板轻钢龙骨+专用吊杆+人工费
普通扣板阴角线	大阴角	m	32	普通扣板阴角线+辅料+人工费
珠光方形铝合金扣板吊顶	300×300	m²	185	300×300珠光系列铝合金扣板+铁膨胀螺丝+专用扣板轻钢龙骨+专用吊杆+人工费
珠光条形铝合金扣板吊顶	C100×3000、4000	m²	200	C型珠光系列铝合金扣板+铁膨胀螺丝+专用扣板轻钢龙骨+专用吊杆+人工费
珠光扣板阴角线	珠光配套	m	35	珠光扣板阴角线+辅料+人工费
覆膜方形铝合金扣板吊顶	300×300	m²	145	拉丝覆膜系列(新锐型)扣板+铁膨胀螺丝+专用扣板轻钢龙骨+专用吊杆+人工费
覆膜条形铝合金扣板吊顶	C100×3000、4000	m²	165	C型拉丝覆膜系列(新锐型)扣板+铁膨胀螺丝+专用扣板轻钢龙骨+专用吊杆+人工费
覆膜扣板阴角线		m	32	鑫基领域专用阴角线+辅料+人工费

项目名称	规格型号	单位	单价	施工说明
覆膜方形铝合金扣板吊顶	300×300	m²	225	拉丝覆膜进口系列(精品型、0.7mm厚)扣板+铁膨胀螺丝+专用扣板轻钢龙骨+专用吊杆+人工费
覆膜条形铝合金扣板吊顶	C100×3000、4000	m²	255	C型拉丝覆膜进口系列(精品型、0.7mm厚)扣板+铁膨胀螺丝+专用扣板轻钢龙骨+专用吊杆+人工费
覆膜扣板阴角线		m	32	珠光阴角线+辅料+人工费
铝格栅吊顶	100×100	m²	115	0.4mm铝格栅+铁膨胀螺丝+吊丝+人工费
铝格栅吊顶	150×150	m²	105	0.4mm铝格栅+铁膨胀螺丝+吊丝+人工费
铝格栅吊顶	200×200	m²	100	0.4mm铝格栅+铁膨胀螺丝+吊丝+人工费
发光天棚（灯箱片）		m²	160	25×35木龙骨+灯箱片+装饰线条+定位弹线+钢膨胀安装+校平+灯箱片安装+灯箱片+装饰线条+辅材+机具费+人工费
发光玻璃天棚（磨砂玻璃）		m²	170	25×35木龙骨+磨砂玻璃+装饰线条+辅材+机具费+人工费
发光玻璃天棚（甲骨文玻璃）		m²	300	25×35木龙骨+甲骨纹玻璃+装饰线条+辅材+机具费+人工费
发光玻璃天棚（冰花玻璃）		m²	350	25×35木龙骨+冰花玻璃+装饰线条+辅材+机具费+人工费
矿棉板吊顶（普通型）	600×600	m²	65	600×600矿棉板+专用烤漆龙骨+专用吊杆+钢膨胀+人工费（含阴角线）
矿棉板吊顶（阿姆斯壮牌）	600×600	m²	90	600×600矿棉板+专用烤漆龙骨+专用吊杆+钢膨胀+人工费（含阴角线）

7.3.5 漆面工程预算标准

漆面工程预算标准如表7-7所示。

表7-7

项目名称	规格型号	单位	单价	施工说明
平面石膏板吊顶	平面无造型	m²	135	"拉法基"百丽纸面石膏板+木龙骨（不上人型专用卡式轻钢龙骨）+铁膨胀螺丝+高强自攻螺丝+防火涂料（防锈漆）+人工费（按展开面积计算）
石膏板制作边顶	600mm宽以内	m	98	"拉法基"百丽纸面石膏板+木龙骨（不上人型专用卡式轻钢龙骨）+铁膨胀螺丝+高强自攻螺丝+防火涂料（防锈漆）+人工费（按展开面积计算）
石膏板造异型顶	圆形或弧形	m²	180	环保机拼细木工板+"拉法基"百丽纸面石膏板+木龙骨（不上人型专用卡式轻钢龙骨）+铁膨胀螺丝+高强自攻螺丝+防火涂料（防锈漆）+人工费(按展开面积计算)
石膏板吊顶直线反光灯槽	二级造型200以内	m	28	"拉法基"百丽纸面石膏板+木龙骨（不上人型专用卡式轻钢龙骨）+铁膨胀螺丝+高强自攻螺丝+防火涂料（防锈漆）+人工费（按展开面积计算）
石膏板吊顶弧线反光灯槽	二级造型200以内	m	32	"拉法基"百丽纸面石膏板+木龙骨（不上人型专用卡式轻钢龙骨）+铁膨胀螺丝+高强自攻螺丝+防火涂料（防锈漆）+人工费（按展开面积计算）
石膏板内凹造型	400以下	个	80	"拉法基"百丽纸面石膏板+木龙骨（不上人型专用卡式轻钢龙骨）+铁膨胀螺丝+高强自攻螺丝+防火涂料（防锈漆）+人工费（按展开面积计算）
石膏板内凹造型	400~1000	个	100	"拉法基"百丽纸面石膏板+木龙骨（不上人型专用卡式轻钢龙骨）+铁膨胀螺丝+高强自攻螺丝+防火涂料（防锈漆）+人工费（按展开面积计算）
石膏板假梁	截面不超过300×200	m	85	"拉法基"百丽纸面石膏板+木龙骨（不上人型专用卡式轻钢龙骨）+铁膨胀螺丝+高强自攻螺丝+防火涂料（防锈漆）+人工费（按展开面积计算）
木做假梁	截面不超过200×200	m	145	15优质机拼细木工板+优质饰面板+辅料+人工费，不含油漆
木做装饰吊顶	平面无造型	m²	180	9mm板基层+优质饰面板+木龙骨+铁膨胀螺丝+防火涂料+人工费；不含油漆
木做装饰吊顶	造型顶	m²	220	9mm板基层+优质饰面板+木龙骨+铁膨胀螺丝+防火涂料+人工费；不含油漆；按投影面积计算
桑拿板吊顶	厚型10mm	m²	145	桑拿板+木龙骨+铁膨胀螺丝+防火涂料+人工费，含油漆
白木收口线	18×18	m	25	成品白木收口线+人工+辅料
防水石膏板吊平顶	平面无造型	m²	180	防水石膏板+木龙骨（不上人型专用卡式轻钢龙骨）+铁膨胀螺丝+高强自攻螺丝+防火涂料+防锈漆+人工费(按展开面积计算)
内墙塑铝板吊平顶	平面无造型	m²	210	单面内墙塑铝板+9mm板基层+木龙骨（不上人型专用卡式轻钢龙骨）+铁膨胀螺丝+防火涂料+辅料+人工费

项目名称	规格型号	单位	单价	施工说明
覆膜方形铝合金扣板吊顶	300×300	m²	135	鑫基领域300×300覆膜方形铝合金扣板+铁膨胀螺丝+专用扣板轻钢龙骨+专用吊杆+人工费
普通条形铝合金扣板吊顶	C100×3000、4000	m²	155	C型1#条形铝合金扣板+铁膨胀螺丝+专用扣板轻钢龙骨+专用吊杆+人工费
普通扣板阴角线	大阴角	m	32	普通扣板阴角线+辅料+人工费
珠光方形铝合金扣板吊顶	300×300	m²	185	300×300珠光系列铝合金扣板+铁膨胀螺丝+专用扣板轻钢龙骨+专用吊杆+人工费
珠光条形铝合金扣板吊顶	C100×3000、4000	m²	200	C型珠光系列铝合金扣板+铁膨胀螺丝+专用扣板轻钢龙骨+专用吊杆+人工费
珠光扣板阴角线	珠光配套	m	35	珠光扣板阴角线+辅料+人工费
覆膜方形铝合金扣板吊顶	300×300	m²	145	拉丝覆膜系列(新锐型)扣板+铁膨胀螺丝+专用扣板轻钢龙骨+专用吊杆+人工费
覆膜条形铝合金扣板吊顶	C100×3000、4000	m²	165	C型拉丝覆膜系列(新锐型)扣板+铁膨胀螺丝+专用扣板轻钢龙骨+专用吊杆+人工费
覆膜扣板阴角线		m	32	鑫基领域专用阴角线+辅料+人工费
覆膜方形铝合金扣板吊顶	300×300	m²	225	拉丝覆膜进口系列(精品型、0.7mm厚)扣板+铁膨胀螺丝+专用扣板轻钢龙骨+专用吊杆+人工费
覆膜条形铝合金扣板吊顶	C100×3000、4000	m²	255	C型拉丝覆膜进口系列(精品型、0.7mm厚)扣板+铁膨胀螺丝+专用扣板轻钢龙骨+专用吊杆+人工费
覆膜扣板阴角线		m	32	珠光阴角线+辅料+人工费
铝格栅吊顶	100×100	m²	115	0.4mm铝格栅+铁膨胀螺丝+吊丝+人工费
铝格栅吊顶	150×150	m²	105	0.4mm铝格栅+铁膨胀螺丝+吊丝+人工费
铝格栅吊顶	200×200	m²	100	0.4mm铝格栅+铁膨胀螺丝+吊丝+人工费
发光天棚（灯箱片）		m²	160	25×35木龙骨+灯箱片+装饰线条+定位弹线+钢膨胀安装+校平+灯箱片安装+灯箱片+装饰线条+辅材+机具费+人工费
发光玻璃天棚（磨砂玻璃）		m²	170	25×35木龙骨+磨砂玻璃+装饰线条+辅材+机具费+人工费
发光玻璃天棚（甲骨文玻璃）		m²	300	25×35木龙骨+甲骨纹玻璃+装饰线条+辅材+机具费+人工费
发光玻璃天棚（冰花玻璃）		m²	350	25×35木龙骨+冰花玻璃+装饰线条+辅材+机具费+人工费
矿棉板吊顶（普通型）	600×600	m²	65	600×600矿棉板+专用烤漆龙骨+专用吊杆+钢膨胀+人工费（含阴角线）
矿棉板吊顶（阿姆斯壮牌）	600×600	m²	90	600×600矿棉板+专用烤漆龙骨+专用吊杆+钢膨胀+人工费（含阴角线）
墙、顶面乳胶漆（仅限出租房）	多乐士"美时丽"工程漆	m²	21	成品腻子2遍+打磨+多乐士"美时丽"工程乳胶漆3遍；不列入环保检测项目
墙、顶面乳胶漆	多乐士"梦色家"	m²	24	成品腻子2遍以上+打磨+专用抗碱底漆1遍+多乐士"梦色家"面漆2遍；双色免费；每另加1色加收100元；手扫，或者滚涂工艺（如甲方需要喷涂工艺，每平方增加1.5元）
墙、顶面乳胶漆	多乐士"家丽安"	m²	28	成品腻子2遍以上+打磨+多乐士"家丽安"专用底漆1遍+多乐士"家丽安"面漆2遍；每另加1色加收100元；手扫，或者滚涂工艺（如甲方需要喷涂工艺，每平方增加1.5元）
墙、顶面乳胶漆	多乐士"家丽安倍涂"	m²	30	成品腻子2遍以上+打磨+多乐士"家丽安"专用底漆1遍+多乐士"家丽安倍涂"面漆2遍；每另加1色加收100元；手扫，或者滚涂工艺（如甲方需要喷涂工艺，每平方增加1.5元）
墙、顶面乳胶漆	多乐士"净味家丽安"	m²	30	成品腻子2遍以上+打磨+多乐士"家丽安"抗碱底漆1遍+多乐士"净味家丽安"面漆2遍；每另加1色加收120元；手扫，或者滚涂工艺（如甲方需要喷涂工艺，每平方增加1.5元）
墙、顶面乳胶漆	多乐士"超易洗"	m²	32	成品腻子2遍以上+打磨+多乐士"家丽安"抗碱底漆1遍+多乐士"超易洗"面漆2遍；双色免费；每另加1色加收130元；手扫，或者滚涂工艺（如甲方需要喷涂工艺，每平方增加1.5元）
墙、顶面乳胶漆	多乐士"配得丽"	m²	32	成品腻子2遍以上+打磨+多乐士"家丽安"抗碱底漆1遍+多乐士"配得丽"面漆2遍；双色免费；每另加1色加收160元；喷涂工艺

项目名称	规格型号	单位	单价	施工说明
墙、顶面乳胶漆	多乐士"金装全效"	m²	37	成品腻子2遍以上+打磨+多乐士"家丽安"抗碱底漆1遍+多乐士"金装全效抗菌"面漆2遍；双色免费；每另加1色加收160元，喷涂工艺
墙、顶面乳胶漆	多乐士"金装全效抗菌"	m²	40	成品腻子2遍以上+打磨+多乐士"家丽安"抗碱底漆1遍+多乐士"金装全效抗菌"面漆2遍；双色免费；每另加1色加收160元，喷涂工艺
墙、顶面乳胶漆	立邦"M600"	m²	21	成品腻子2遍、打磨+立邦100底漆1遍+立邦"M600"面漆2遍；双色免费；另加1色加收100元；手扫，或者滚涂工艺（如甲方需要喷涂工艺，每平方增加1.5元）
墙、顶面乳胶漆	立邦"M800"	m²	26	成品腻子2遍、打磨+立邦100底漆1遍+立邦"M800"面漆2遍；双色免费；每另加1色加收100元；手扫，或者滚涂工艺（如甲方需要喷涂工艺，每平方增加1.5元）
墙、顶面乳胶漆	立邦"抗污新一代"	m²	28	成品腻子2遍、打磨+立邦通用底漆1遍+立邦"抗污新一代"面漆2遍；双色免费；每另加1色加收120元，喷涂工艺
墙、顶面乳胶漆	立邦第2代"五合一"	m²	34	成品腻子2遍、打磨+立邦通用底漆1遍+立邦第2代"五合一"面漆2遍；双色免费；每另加1色加收150元，喷涂工艺
墙、顶面乳胶漆	立邦金装第3代"五合一"	m²	36	成品腻子2遍、打磨+立邦通用底漆1遍+立邦金装第3代"五合一"面漆2遍；双色免费；每另加1色加收150元，喷涂工艺
墙、顶面乳胶漆	立邦"全效合一"	m²	38	成品腻子2遍、打磨+立邦通用底漆1遍+立邦"全效合一"面漆2遍；双色免费；每另加1色加收200元，喷涂工艺
墙、顶面墙纸基层	基层处理，不含乳胶漆	m²	22	成品腻子2遍、打磨+辅料+手扫，或者滚涂工艺（如甲方需要喷涂工艺，每平方增加1.5元）
墙、顶面防水乳胶漆	多乐士"晴雨漆"	m²	55	成品腻子2遍、打磨+多乐士抗碱底漆1遍+多乐士"晴雨漆"面漆2遍；单色；每加1色加收200元；手扫，或者滚涂工艺（如甲方需要喷涂工艺，每平方增加1.5元）
墙、顶面墙纸基层	"专用墙纸"基膜	m²	24	成品腻子2遍+打磨+基膜1遍
外墙水泥漆	国产外墙水泥漆	m²	55	成品腻子2遍+打磨+国产通用抗碱底漆1遍+国产水泥漆面漆2遍
墙面勾缝	V型、半圆、梯形	m	35	墙面开槽+膏灰填补+螺机铣槽+人工费
真石漆	国产真石漆	m²	120	成品腻子2遍+打磨+国产真石漆封闭底漆1遍+国产真石漆2遍+国产真石漆罩光面漆2遍
快涂美饰面	平面无造型	m²	85	成品腻子2遍+打磨+快涂美饰面+人工费
拉毛乳胶漆基层	手工拉毛	m²	25	成品腻子基层+手工拉毛（不含面漆）
纹理乳胶漆基层	手工批刮	m²	25	成品腻子基层+手工批刮纹理（不含面漆）

7.3.6 门窗工程预算标准

门窗工程预算标准如表7-8所示。

表7-8

项目名称	规格型号	单位	单价	施工说明
平开门及门套（全板门）	实木贴板门	樘	950	门扇（松木或杨木指接门芯+进行过烘干处理）+15细木工板+饰饰面板+40~60宽门套线+24×35木龙骨+合页+门吸+人工费，不含油漆和门锁
平开门及门套（半玻门）	实木贴板门	樘	950	门扇（松木或杨木指接门芯+进行过烘干处理+5mm钻石玻璃或磨砂玻璃）+15细木工板+9mm板+饰面板+40~60宽门套线+24×35木龙骨+合页+门吸+人工费，不含油漆和门锁
平开门及门套（全玻门）	实木贴板门	樘	900	门扇（松木或杨木指接门芯+进行过烘干处理+5mm钻石玻璃或磨砂玻璃）+15细木工板+9mm板+饰面板+40~60宽门套线+24×35木龙骨+合页+门吸+人工费，不含油漆和门锁
垭口双面门套	侧面300以内	m	95	15细木工板+9mm板+饰饰面板+40~60宽门套线+24×35木龙骨+人工费（含机具损耗，不含油漆）
双面装饰门套	侧面300以内	m	95	15细木工板+饰面板+40~60宽门套线+24×35木龙骨+人工费，不含油漆
单面装饰门套	侧面150以内	m	78	15细木工板+饰面板+40~60宽门套线+24×35木龙骨+人工费，不含油漆
单面装饰窗套	侧面150以内	m	78	15细木工板+饰面板+40~60宽门套线+24×35木龙骨+人工费，不含油漆

项目名称	规格型号	单位	单价	施工说明
飘窗木做顶板	500~700深	m	135	15细木工板+饰面板+实木收口线+人工费，不含油漆
飘窗木做窗台板	500~700深	m	135	15细木工板+饰面板+实木收口线+人工费，不含油漆
推拉门及门套（全板门）	实木贴板门	樘	1050	门扇（松木或杨木指接门芯+进行过烘干处理）+15细木工板+9mm板+饰面板+40~60宽门套线+24×35木龙骨+超凡吊滑轮、滑轨+人工费，不含油漆
推拉门及门套（半玻门）	实木贴板门	樘	980	门扇（松木或杨木指接门芯+进行过烘干处理+5mm钻石玻璃或磨砂玻璃）+15细木工板+9mm板+饰面板+40~60宽门套线+24×35木龙骨+超凡吊滑轮、滑轨+人工费，不含油漆
推拉门及门套（全玻门）	实木贴板门	樘	980	门扇（松木或杨木指接门芯+进行过烘干处理+5mm钻石玻璃或磨砂玻璃）+15细木工板+9mm板+饰面板+40~60宽门套线+24×35木龙骨+超凡吊滑轮、滑轨+人工费，不含油漆
全板平开门及安装	鑫杰实木贴板门	扇	500	门扇（松木或杨木指接门芯+进行过烘干处理）+合页+门吸+人工费，不含油漆
半玻平开门及安装	鑫杰实木贴板门	扇	500	门扇（松木或杨木指接门芯+进行过烘干处理+5mm钻石玻璃或磨砂玻璃）+合页+门吸+人工费，不含油漆
全玻平开门及安装	鑫杰实木贴板门	扇	500	门扇（松木或杨木指接门芯+进行过烘干处理+5mm钻石玻璃或磨砂玻璃）+合页+门吸+人工费，不含油漆
全板推拉门及安装	鑫杰实木贴板门	扇	580	门扇（松木或杨木指接门芯+进行过烘干处理）+超凡吊滑轮、滑轨+人工费，不含油漆
半玻推拉门及安装	鑫杰实木贴板门	扇	580	门扇（松木或杨木指接门芯+进行过烘干处理+5mm钻石玻璃或磨砂玻璃）+超凡吊滑轮、滑轨+人工费，不含油漆
全玻推拉门及安装	鑫杰实木贴板门	扇	580	门扇（松木或杨木指接门芯+进行过烘干处理+5mm钻石玻璃或磨砂玻璃）+超凡吊滑轮、滑轨+人工费，不含油漆
PVC卫生间门及安装	永宏成品门	樘	450	永宏成品PVC卫生间门+合页+门碰+辅料+人工费
成品套装门	清漆系列	樘	820	成品模压门+合页+门碰+安装(不列入环保检测范围、适用于出租房)
成品套装门	白漆系列	樘	880	成品模压门+合页+门碰+安装(不列入环保检测范围、适用于出租房)

7.3.7 玻璃工程预算标准

玻璃工程预算标准如表7-9所示。

表7-9

项目名称	规格型号	单位	单价	施工说明
5mm钢化玻璃搁板及安装	300~400宽	m²	100	8mm钢化玻璃+磨边+辅料+人工费（包括搬运、上楼费）
8mm钢化玻璃及安装	包括磨边、收口	m²	180	8mm钢化玻璃+磨边+辅料+人工费（包括搬运、上楼费）
10mm钢化玻璃及安装	包括磨边、收口	m²	240	10mm钢化玻璃+磨边+辅料+人工费（包括搬运、上楼费）
玻璃地弹门配件及安装	800以内	扇	650	上海"皇冠"地弹簧+不锈钢门夹（直夹+曲夹）+辅料+人工费；不含玻璃，拉手请客户自购
玻璃推拉门配件及安装	800以内	扇	480	广东"超凡"专用玻璃吊轮、吊轨+辅料+人工费；不含玻璃，拉手请客户自购
玻璃平开门配件及安装	800以内	扇	260	专用玻璃平开门合页（90°，2只）+辅料+人工费；不含玻璃，拉手请客户自购
冰裂玻璃及安装	台饰面板及隔断	m²	280	4+5+4mm冰裂玻璃+辅料+人工费（包括搬运、上楼费）
冰裂玻璃及安装	浴室隔断	m²	320	4+5+4mm冰裂玻璃+磨边+夹具+人工费（包括搬运、上楼费）
8mm磨砂玻璃护角	宽度150×150以内	m	150	8mm磨砂玻璃+磨边+辅料+人工费（包括搬运、上楼费）
8mm条形聚晶石及安装	100~150宽	m	85	8mm条形聚晶石+磨边+辅料+人工费（包括搬运、上楼费）
8mm聚晶石及安装	300以上	m²	330	8mm聚晶石+磨边+辅料+人工费（包括搬运、上楼费）
玻璃砖安装	190~250	m²	78	辅料（含白水泥勾缝）+人工费，玻璃砖及专用勾缝剂请客户自购
玻璃隔断木做收口边框	200~300宽	m	78	15细木工板+9mm板+饰面板+实木收口线+人工费，不含油漆
磨砂玻璃安装	4mm平板磨砂	m²	110	4mm平板磨砂玻璃+磨边+钻孔+辅料+人工费

项目名称	规格型号	单位	单价	施工说明
磨砂玻璃安装	8mm钢化磨砂	m²	220	8mm钢化磨砂玻璃+磨边、钻孔+辅料+人工费
镜面安装	4mm普镜	m²	128	4mm普镜+磨边、钻孔+辅料+人工费
镜面安装	5mm银镜	m²	155	5mm银镜+磨边、钻孔+辅料+人工费

7.3.8 家具工程预算标准

家具工程预算标准如表7-10所示。

表7-10

项目名称	规格型号	单位	单价	施工说明
单做衣柜柜体	500~600厚	m²	480	优质机拼15细木工板+5mm板背板+吉耐板内樘板+实木收口线+（局部饰面板）+人工费，单体高度不超过2400；不含油漆，不含抽屉；挂衣杆请客户自购
木做柜门（饰面板）	平面无造型	m²	180	优质机拼15细木工板条拼基层（间距不超过400）+饰面板+实木收口线+飞机合页（或吊轮、吊轨）人工费，不含油漆；拉手请客户自购
木做柜门（木框+玻璃）	5mm清玻、钻石或磨砂	m²	280	优质机拼15细木工板框架基层+饰面板+5mm清玻（钻石、磨砂）+实木收口线+飞机合页（或吊轮、吊轨）人工费，不含油漆；拉手请客户自购
玻璃柜门	8mm钢化玻璃	m²	320	8mm钢化玻璃+专用玻璃合页、磁碰+人工费；拉手请客户自购
木做柜门（百叶门）	百叶门	m²	450	优质机拼15细木工板框架基层+饰面板+实木百叶制作+实木收口线+飞机合页（或吊轮、吊轨）人工费，不含油漆；拉手请客户自购
裤架		个	150	优质机拼15细木工板15细木工板+饰面板+实木收口线+30不锈钢圆管+人工费
柜体背面石膏板隔音层	平面无造型	m²	95	纸面石膏板+24×35木龙骨+高强自攻螺丝+5cm隔音棉+人工费
木做酒柜（无柜门）	280~320厚	m²	495	优质机拼15细木工板+5mm板背板+饰面板+实木收口线+人工费，不含油漆，不含抽屉
木做书柜	280~320厚	m²	540	柜体：优质机拼15细木工板+5mm板背板+吉耐板内樘板+实木收口线+（局部饰面板）柜门：15细木工板条拼基层（间距不超过400）+饰面板+实木收口线+（5mm清玻或钻石、磨砂玻璃）+飞机合页（或吊轮、吊轨）人工费，不含油漆，不含抽屉
木做衣柜	500~600厚	m²	520	柜体：15细木工板+5mm板背板+吉耐板内樘板+实木收口线+（局部饰面板）柜门：15细木工板条拼基层（间距不超过400）+饰面板+实木收口线+飞机合页（或吊轮、吊轨）人工费，不含油漆，不含抽屉；拉手及挂衣杆请客户自购
木做储藏柜	500~600厚	m²	520	柜体：优质机拼15细木工板15细木工板+5mm板背板+吉耐板内樘板+实木收口线+（局部饰面板）柜门：15细木工板条拼基层（间距不超过400）+饰面板+实木收口线+飞机合页（或吊轮、吊轨）人工费，不含油漆，不含抽屉；拉手请客户自购
单做储藏柜柜体	500~600厚	m²	520	优质机拼15细木工板15细木工板+5mm板背板+吉耐板内樘板+实木收口线+（局部饰面板）+人工费，单体高度不超过2400；不含油漆，不含抽屉
木做书架	280~320厚	m²	550	优质机拼15细木工板+5mm板背板+饰面板+实木收口线+人工费，不含油漆(按展开面积计)，不含抽屉
木做无背板书架	280~320厚	m²	420	优质机拼15细木工板+饰面板+实木收口线+人工费，不含油漆
木做博古架	280~320厚	m²	780	优质机拼15细木工板+5mm板背板+饰面板+实木收口线+人工费，不含油漆
木做无背板博古架	280~320厚	m²	780	优质机拼15细木工板+饰面板+实木收口线+人工费，不含油漆

项目名称	规格型号	单位	单价	施工说明
抽屉	400~500宽	个	80	优质机拼15细木工板+5mm板底板+吉耐板内楷板+PVC收边条+三节抽屉轨+人工费，不含油漆；拉手请客户自购
大抽屉	500~800宽	个	95	优质机拼15细木工板+5mm板底板+吉耐板内楷板+PVC收边条+三节抽屉轨+人工费，不含油漆；拉手请客户自购
小抽屉	300~400宽	个	60	优质机拼15细木工板+5mm板底板+吉耐板内楷板+PVC收边条+三节抽屉轨+人工费，不含油漆；拉手请客户自购
木做鞋柜（百叶门）	280~320厚，900~1100高	m	820	柜体：优质机拼15细木工板+5mm板背板+吉耐板内楷板+饰面板+实木收口线 柜门：15细木工板条拼基层（间距不过过400）+饰面板+实木收口线+飞机合页（或吊轮、吊轨）人工费，不含油漆，不含抽屉；拉手请客户自购；台面加石材请客户自购
木做鞋柜	280~320厚，900~1100高	m	650	柜体：优质机拼15细木工板+5mm板背板+吉耐板内楷板+饰面板+实木收口线 柜门：15细木工板条拼基层（间距不超过400）+饰面板+实木收口线+飞机合页（或吊轮、吊轨）人工费，不含油漆，不含抽屉；拉手请客户自购；台面加石材请客户自购
木做矮柜	350~450厚，600~900高	m	520	柜体：优质机拼15细木工板+5mm板背板+吉耐板内楷板+饰面板+实木收口线 柜门：15细木工板条拼基层（间距不超过400）+饰面板+实木收口线+飞机合页（或吊轮、吊轨）人工费，不含油漆，不含抽屉；拉手请客户自购；台面加石材请客户自购
木做吊柜	300~400厚，600以下高	m	480	柜体：优质机拼15细木工板+5mm板背板+吉耐板内楷板+饰面板+实木收口线 柜门：15细木工板条拼基层（间距不超过400）+饰面板+实木收口线+飞机合页（或吊轮、吊轨）人工费，不含油漆，不含抽屉；拉手请客户自购
木做吊柜	400~600厚，600以下高	m	480	柜体：优质机拼15细木工板+5mm板背板+吉耐板内楷板+饰面板+实木收口线 柜门：15细木工板条拼基层（间距不超过400）+饰面板+实木收口线+飞机合页（或吊轮、吊轨）人工费，不含油漆，不含抽屉；拉手请客户自购
木做电视柜（空腔无抽屉，木做台面）	550~600厚，450以下高	m	480	优质机拼15细木工板+5mm板背板+饰面板+实木收口线+（不锈钢柜脚）+人工费，不含油漆；若台面加玻璃请客户自购
木做电视柜（含抽屉，木做台面）	550~600厚，450以下高	m	480	柜体：优质机拼15细木工板+5mm板背板+饰面板+实木收口线+（不锈钢柜脚）抽屉：15细木工板+5mm板底板+吉耐板内楷板+PVC收边条+三节抽屉轨 人工费，不含油漆；拉手请客户自购；若台面加玻璃请客户自购
木做电视柜（空腔无抽屉，石材台面）	550~600厚，450以下高	m	480	优质机拼15细木工板+5mm板背板+饰面板+实木收口线+（不锈钢柜脚）+人工费，不含油漆；台面石材请客户自购
木做电视柜（含抽屉，石材台面）	550~600厚，450以下高	m	650	柜体：优质机拼15细木工板+5mm板背板+饰面板+实木收口线+（不锈钢柜脚）抽屉：15细木工板+5mm板底板+吉耐板内楷板+PVC收边条+三节抽屉轨 人工费，不含油漆；拉手及台面石材请客户自购
挑板式电视台	550~600厚，台厚60~80	m	360	双层优质机拼15细木工板+饰面板面层+吉耐板底层+挑板支撑+人工费，不含油漆；若台面加玻璃请客户自购
无腿横板式书桌	500~600宽	m	360	双层优质机拼15细木工板+饰面板面层+吉耐板底层+实木收口线+人工费，不含油漆
PVC电脑键盘抽屉及安装	标准	套	120	标准PVC电脑键盘抽屉+人工费
一头沉电脑桌（书桌）	600~700宽，1000~1200长	张	880	电脑桌体：优质机拼15细木工板+5mm板背板+上层饰面板+实木收口线 抽屉：15细木工板+5mm板底板+吉耐板内楷板+PVC收边条+三节抽屉轨 （含PVC电脑键盘抽屉或台面下抽屉）人工费，不含油漆；拉手请客户自购；若台面加玻璃请客户自购
一头沉电脑桌（书桌）	600~700宽，1200~1500长	张	950	电脑桌体：优质机拼15细木工板+5mm板背板+上层饰面板+实木收口线 抽屉：15细木工板+5mm板底板+吉耐板内楷板+PVC收边条+三节抽屉轨 （含PVC电脑键盘抽屉或台面下抽屉）人工费，不含油漆；拉手请客户自购；若台面加玻璃请客户自购

项目名称	规格型号	单位	单价	施工说明
两头沉电脑桌一头主机架	600~700宽，1200~1500长	张	980	电脑桌体：优质机拼15细木工板+5mm板背板+上层饰面板+实木收口线　抽屉：15细木工板+5mm板底板+吉耐板内檔板+PVC收边条+三节抽屉轨　（含PVC电脑键盘抽屉或台面下抽屉）　人工费，不含油漆；拉手请客户自购；若台面加玻璃请客户自购

7.3.9 花园工程预算标准

花园工程预算标准如表7-11所示。

表7-11

项目名称	规格型号	单位	单价	施工说明
砂浆保护层	平均厚度30以内	m²	35	峨眉大厂325#矿硅水泥+细沙+人工费
预制水泥板隔热层	高度250~300	m²	120	水泥预制薄板+红砖+峨眉大厂325#矿硅水泥+细沙+人工费，不包括表面抹灰
地面加高	高度300以内	m²	85	峨眉大厂325#矿硅水泥+细沙+建渣+人工费，不含红砖收边
花台渗水层	单层炭花	m²	22	单层炉渣炭花（或混凝土碎块）+人工费
细眼铁丝网	防止土壤渗漏	m²	32	细眼铁丝网+人工费
本质土		m²	280	本质土+人工费（包括搬运、上楼费）
营养土	平均厚度80~100	m²	120	营养土平铺+人工费（包括搬运、上楼费）
鹅卵石布景	单层	m	55	鹅卵石+峨眉大厂325#矿硅水泥+细沙+人工费
花架廊	扇形	m²	350	120×40成品防腐杉木板材+人工费
花架廊	直廊	m²	320	120×40成品防腐杉木板材+辅料+人工费
廊立柱		m	150	100×100成品防腐杉木板材+辅料+人工费
水池水循环系统		套	1200	吸水口过滤器+PPR输水管+循环水泵一台+人工费
钟乳石假山		m²	1800	钟乳石叠水假山+人工费

7.3.10 其他工程预算标准

其他工程预算标准如表7-12所示。

表7-12

项目名称	规格型号	单位	单价	施工说明
工地日常清理及建渣下楼费	不含小区外运	m²	8	每天的工地现场施工垃圾清扫、堆放、搬运下楼至物管指定地点
完工保洁费		m²	3	由专业保洁公司进行开荒保洁
材料市内运输、上楼搬运费（1）	不含甲方主材	m²	7	无电梯1~7楼或有电梯1~10楼
材料市内运输、上楼搬运费（2）	不含甲方主材	m²	10	有电梯11~20层
材料市内运输、上楼搬运费（3）	不含甲方主材	m²	13	有电梯21~30层
材料市内运输、上楼搬运费（4）	不含甲方主材	m²	15	无电梯15~25层
高空作业费		项	1200	适用于跃层房屋（200m²以下，800元/套；200m²~350m²，1200元/套；350m²~500m²，1800元/套；500m²以上，2600元/套）

08

中式风格设计

任何事物的发展都是螺旋波浪式上升的，欧洲文艺复兴即是对古罗马、古希腊文化的再发展。时至今日，中国已经崛起于世界，成为世界经济大国。事实证明中式风格室内设计越来越受到人们的欢迎，即便是其他风格的室内设计，中式文化的融入也成为一种趋势。本章将详细讲解中式风格的特点及要素，还会通过案例来分析中式元素在室内设计中的具体应用。

要点：内涵·装饰·氛围·实践

8.1　中式风格介绍

中式风格是以宫廷建筑为代表的中国古典建筑的室内装饰设计艺术风格，其气势恢宏、壮丽华贵、高空间、大进深、雕梁画栋、金碧辉煌。中式风格造型讲究对称，色彩讲究对比，装饰材料以木材为主，图案多为龙、凤、龟、狮等，精雕细琢、瑰丽奇巧。

8.1.1　中式风格的发展与内涵

中式风格的代表元素是中国明清古典传统家具及中式园林建筑与色彩的设计造型。其造型特点是对称、简约、朴素、格调雅致、文化内涵丰富，如图8-1所示。中式风格的家居设计能体现主人较高的审美情趣与社会地位。尤其随着近年来中国国际地位的不断提高，具有浓厚艺术内涵的传统中式室内装饰设计正在被越来越多的社会精英人士们喜欢，如图8-2所示。

图8-1

图8-2

由于中式风格的兴起，人们提出了很多包括现代观念的新思路，设计师们将中式风格中核心元素保留下来，同时融入了众多的现代时尚元素，通过很多设计师的努力和总结，最终这种由传统中式风格变化而来的风格被大家定义为"新中式"风格，如图8-3和图8-4所示。

图8-3

图8-4

无论是古典中式还是新中式风格，都蕴含了中国传统文化的内涵。这些内涵深入在室内空间的很多地方，如在家具、界面、陈设上都有包含中国传统文化的类型。在进行设计的过程中就需要设计师针对想要营造的中式氛围来有效地组合这些元素，使其达到协调、完整的装饰效果。图8-5和图8-6所示为通过中式元素营造出端庄大气、精美文雅的艺术氛围。

01 文单元9
02 室内设计 和表现方法
03 室内设计 量房
04 平面图 实训
05 立面图 实训
06 顶面图 实训
07 室内设计 预算
08 中式风格 设计
09 欧式风格 设计
10 地中海风格 设计
11 东南亚风格 方案赏析
12 彩色平面 实训案例
13 室内设计与 手绘

图8-5

图8-6

8.1.2 中式风格的特点

① 传统中式与新中式风格的特点

对古典中式风格的继承并不只是简单地抄袭和拓展，中式家居的营造是人对自己内心需求渴望的归纳和表达，其内涵精神则是民族历史长期积淀的结果。中式风格的特点主要体现在室内布局、造型、线条、色调，以及家具和陈设等方面。造型吸取传统文化艺术中"形"和"神"的特征，包含大量的木雕、绘画等精美复杂的内容，如图8-7所示，从很多中式造型中都可以读出传统文化或故事。而新中式风格则省去了大量复杂的雕刻及装饰，保留中式的文化内涵，加入适量的现代、时尚的元素，从而达到中式风格追求的氛围，如图8-8所示。

图8-7

图8-8

❷ 中式风格的空间营造

中国传统居室非常讲究空间的层次感,这种传统的审美观念在中式风格中得到了大量的运用。依据住宅使用功能的不同,做出针对性的功能性空间,用简约化的博古架来划分空间,如图8-9所示。在需要保留私密性的地方,则使用中式的屏风或窗棂来划分空间,如图8-10所示,通过这些分隔方式,单元式住宅就能展现出中式家居的层次之美。

图8-9

图8-10

中式风格装修最大的特点是优雅、庄严，中式风格装修擅长以浓烈而深沉的色彩来装饰，例如，墙面喜欢用深紫色或者接近黑色的红，地面和墙面采用深色的地板或者木饰，天花板用深色木质吊顶加上淡雅的灯光尽显中式风格的内涵。

中国传统的室内设计融合了庄重和优雅的双重品质。从室内空间结构来说，以木构架形式为主显示主人的成熟、稳重。中式建筑的组合方式多遵守均衡对称的原则，主要建筑在中轴，次要建筑分为两厢，形成重要的院厅，无论是住宅、宫殿还是庙宇，原则都是如此。而其四平八稳的建筑空间，则反映了中国社会伦理的观念，如图8-11所示。

图8-11

8.1.3 中式风格的装饰元素

① 花板

花板在目前的中式风格装修中经常使用。无论是传统中式风格还是新中式风格，花板被大量地运用到装饰隔断、装饰界面及装饰门窗上，甚至出现在很多精美的家具上。因此，在后期的设计中也可以运用花板做出很多有创意并且美观的装饰效果。

花板的形状非常多，有正方形、八角形、圆形及六边形等。花板上表现的内容更是多种多样，有的采用吉祥事物，如图8-12所示；有的饱含寓意，如图8-13所示；有的直接表达某个故事，如图8-14所示。通过造型的组合与搭配，线条优美、生动精致，使观看者产生多种多样的视觉审美。花板有单独造型，也有组合造型，但无论何种造型，都要根据设计的具体需要进行考虑。

图8-12

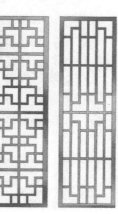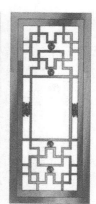

图8-13

图8-14

❷ 条案

条案是中式常用家具，古代条案常用于供奉先人的神位，现代中式风格更多用于放置装饰摆件或其他陈设品，通常会成为视觉的中心点，如图8-15所示。条案的造型也有很多样式，有的呈现卷纹的形状，也有的出现祥云或兽腿的形状，将这些条案放置在客厅、玄关或是书房、走廊都能产生很好的设计效果，如图8-16所示。

图8-15

图8-16

❸ 屏风

屏风是中国传统分隔空间常用的手段，并沿用至今，屏风的构成形式多样，有的采用实木雕花或拼花花板组合而成，如图8-17所示；有的采用彩绘描绘花草、人物、吉祥图样，如图8-18所示；有的则采用布料与实木框架的组合进行装饰，如图8-19所示。现在的屏风更是多种多样，使用的材料也加入了很多现代的材料，如艺术玻璃等。

图8-17

01 改造技巧
02 室内设计观察思路
03 室内设计卧室
04 室内设计平面图 彩绘
05 室内设计立面图
06 室内设计顶面图 彩绘
07 室内设计 灯具
08 中式风格设计
09 欧式风格设计
10 地中海设计
11 室内手绘方案表现
12 彩色方案 系统分析
13 软装设计

图8-18

图8-19

❹ 字画

华夏五千年，中国字画是不间断发展的艺术，中国字画百花齐放，比传统的字画更具有艺术性，已达到一个顶峰。中国字画是世界绘画艺术之林的瑰宝，中国字画和西画相比更具有艺术性。从艺术的分类来说，中国字画分为山水、花鸟和人物画，主要是以描绘的不同对象来划分的，如图8-20和图8-21所示。

图8-20

图8-21

字画是中式风格中最有效的装饰要素，可以根据空间营造氛围的不同来进行有选择性的使用。

01 装饰技巧
02 室内设计的陈列物品
03 室内设计 背景
04 平面图 实战
05 立面图 实战
06 剖面图 实战
07 室内设计 效果图
08 中式风格设计
09 欧式风格设计
10 地中海风格设计
11 室内手绘 方案表现
12 形象方案 效果图
13 软装设计

⑤ 圈椅/官帽椅

在中式风格的空间氛围的营造中，家具陈设起着重要的作用，而中式家具的代表为明式家具，它造型合理，线条简洁、大方，有时在客厅或是房间中放置单个或成组的中式椅子便能够非常好地体现出中式文化的内涵，中式椅子如图8-22和图8-23所示。

图8-22

图8-23

8.1.4 中式风格的氛围营造

① 中式风格的大气端庄华丽氛围

中式风格多以对称的形式布局，加上高大的空间及华丽的材质即可显现出大气、端庄及华丽的氛围，如图8-24所示。

图8-24

② 中式风格的清雅大方氛围

新中式风格一如后现代风格，将现代的简约审美观融入中式风格，以传统的元素加以简化，以现代的营造手法，得到既包含中式传统韵味的元素，又简约、清雅、大方的艺术氛围，如图8-25所示。

图8-25

③ 中式风格的温馨舒适氛围

现代中式实木家具由柔软的地毯加以衬托，沙发上散落几个抱枕，鲜红的玫瑰将墙上暖色的挂画映红，充满文化气息的书籍与飘着香气的咖啡杯，这一切无不温馨而舒适，如图8-26所示。

图8-26

④ 中式风格的时尚粗犷氛围

黑与白、粗糙的文化石与细腻的乳胶漆、中式传统的家具与欧式或现代家具之间的碰撞，展现出现代中式风格时尚、粗犷的视觉效果，如图8-27和图8-28所示。

图8-27

图8-28

01 室内设计\n概述及历史

02 室内设计\n制图规范

03 室内设计\n施工图

04 室内设计\n实例

05 立面图\n实例

06 平面图\n实例

07 室内设计\n项目

08 中式风格\n设计

09 欧式风格\n设计

10 地中海风\n格设计

11 室内手绘\n方案表现

12 彩色方案\n表现实例

13 效果图设计

8.2 中式风格设计实践

中式风格的平面图设计是建立在现代人生活的功能及活动基础上的。因此，在设计中式风格平面功能布局的时候不能脱离现代人的生活规律和需要。首先需要对中式风格的文化内涵进行分析，然后进行有效的设计。中国的传统文化在中式风格中体现最多的是四平八稳和地位尊卑等特点。

8.2.1 中式风格平面图设计

❶ 中式风格平面布置简介

对称中心的布局不仅容易表现视觉中心，同时也可以很好地反映四平八稳和稳定端庄的氛围。目前国人的生活中有很多习惯依旧是从传统生活中保留下来的，所以，可以很好地习惯这种布局手法。但是现代建筑的结构有的时候是根据现代风格或是城市风格来建造的，所以，在设计平面布局的时候，需要根据房屋自身的结构特点来进行调整设计，这样才能得到更好的效果，如图8-29所示。

图8-29

❷ 中式风格平面布置CAD图剖析

对平面功能进行处理的时候依然要根据人体工程学来进行功能布局。考虑人体活动尺寸的时候需要注意的是，很多中式风格家居的体积要大于现代生活家居，所以，更需要给这些"大块头"留下充足的面积，避免后期过于拥挤或放不下，如图8-30所示（源文件见"第8章/中式风格平立图.dwg"素材文件）。

图8-30

在本平面图设计中首先要营造一些中心对称的效果，这样才能将中式风格文化体现出来，一般的现代室内空间常出现不对称或不规则的建筑内空间结构，将来可以根据实际工作来调整这些效果，如图8-31和图8-32所示。

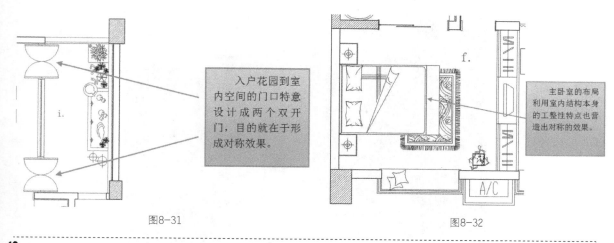

入户花园到室内空间的门口特意设计成两个双开门，目的就在于形成对称效果。

主卧室的布局利用室内结构本身的工整性特点也营造出对称的效果。

图8-31　　　　　　　　　　　　　　　　图8-32

TIPS

这里介绍一下如何提高中式风格平面布局能力。

平面布局的摆放方法很多，要根据室内空间结构布局的不同进行调整，设计师平时可以多对中式空间进行分析，这样可以帮助我们在今后的工作中更好地把握中式空间。同时，在平面设计的时候还需要对可能进入的家居形态进行设计分析，一个好的室内空间视觉效果有很大一部分是来自室内陈设家居的形态，图8-33所示给人富贵、端庄、大气的家居效果图，图8-34所示给人现代、时尚的家居效果。

图8-33　　　　　　　　　　　　　　　　图8-34

在选择使用何种氛围家具的时候最好先耐心倾听客户的喜好，有时客户的喜好是多方面的，这时要认真考虑，避免出现杂乱无章的效果，甚至还要进行一定的取舍来保证最好的效果。

8.2.2　中式风格立面图设计

无论设计的是传统中式风格还是现代的中式风格，都要将中式风格的内涵作为设计的基础支撑，然后再加入对应的现代生活元素。进行中式立面设计时，无论使用哪一种手段都需要从整体的效果上进行思考，如果装饰手法使用得过多，会给人拥挤的感觉。反之使用得太少，又会给人一种空空的感觉，更不要提什么中国文化韵味了。

下面介绍中式风格中立面设计的一些特点。

第1点：中式风格是营造极富中国情调的生活空间，渲染中国特有的传统文化，如红木、青花瓷、紫砂茶壶，以及一些红木工艺品等都体现了浓郁的东方之美，这正是中式风格与其他风格不同的地方。通过选择一些现代生活中需要简约主义的风格渗透入东方华夏几千年的文化，不仅永不过时，而且时间愈久愈散发出迷人的东方中式魅力，如图8-35所示。

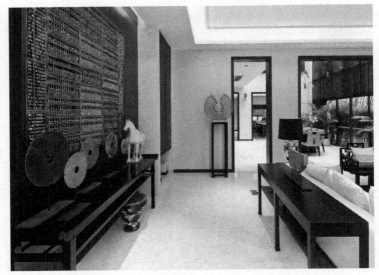

图8-35

在立面图的设计中就应该考虑这些中国传统的装饰元素，有目的性地将这些元素利用到设计的立面装饰中。这样可以很好地营造中式风格的氛围，如图8-36所示。

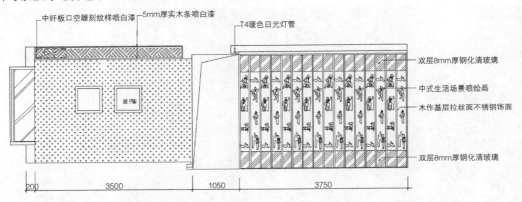

图8-36

第2点：中式风格在进行立面设计时非常强调空间层次与跳跃感，可以使用中式的屏风、花板、中式木门、工艺隔断和简约化的中式"博古架"等作为隔断来划分空间，再配以一些简约的造型，添加中式元素，使整体空间更加丰富，大而不空、厚而不重，有格调又不显压抑，如图8-37所示。

图8-37

进行立面设计时应该准确地考虑这些隔断的位置及尺寸，保证能够和空间的其他结构进行很好的结合。同时也需要对其他的空间立面进行一定的简化处理，这样才可以最好地凸显这些隔断的装饰性。图8-38所示就是在花园与餐厅的位置设置了隔断门，这样处理可以非常好地体现空间的层次感觉。

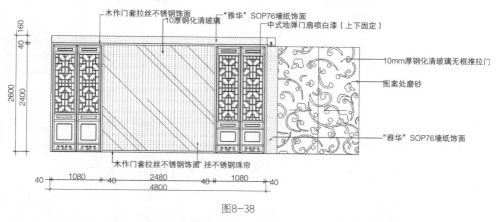

图8-38

第3点：中式立面设计讲究线条简单流畅、融合精雕细琢的意识。与很多其他风格的家具最大的不同是，虽有传统元素的氛围，却不是完全的借用和搬用。中国传统文化中的象征性元素，如中国结、山水字画、青花瓷、花卉、如意、瑞兽等，常常出现在中式家具中，但是造型更为简洁流畅。雕刻图案将简洁与复杂巧妙地融合，既蕴含浓厚的自然气息，又体现出非常精细的工艺，如图8-39所示。

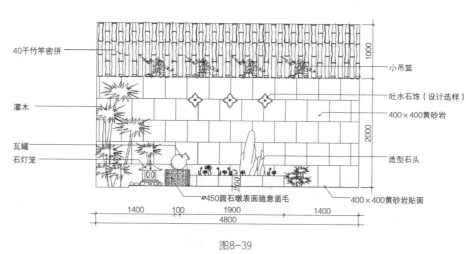

图8-39

8.2.3 中式风格顶面图设计

中式天棚的设计的重要特色是在灯具与天棚的造型上运用一些中式元素，但需要注意，目前的大部分商品房的空间高度很有限，因此，不能设计过于复杂和过多的中式元素，因为中式元素厚重感比较强，如果运用得过多就会造成空间压抑。

❶ 中式灯具的选择

中式灯具选用要根据空间的高度及想要营造的氛围来确定，在进行灯光设计时要注意如图8-40~图8-45所示不同特点的灯具。

图8-40（厚重感较强的灯具）

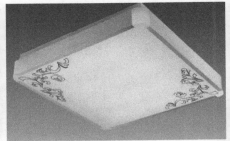

图8-41（轻快明亮的灯具）

图8-42（简约中式灯具）

图8-43（个性的中式灯具）

图8-44（大气的中式灯具）

图8-45（文化感很强的中式灯具）

❷ 中式线条的处理

中式风格的吊顶也经常采用窗花或木角花来进行装饰，线条或拼花最好用平板线处理，顶部在使用线条进行装饰时立面一定要有呼应才会更和谐，如图8-46所示。

天棚的整体设计需要将上述装饰因素考虑进去。天棚本身没有和人的视觉角度垂直，同时又与人的视觉距离比较远，因此，从整体视觉效果及装饰上都应该放在一个比较次要的位置，这样不但可以有效地控制装修成本，而且可以很好地突出立面等重点装饰的效果，顶棚设计如图8-47所示。

图8-46

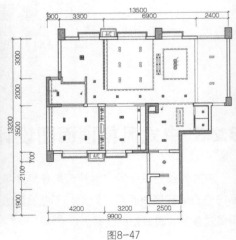

图8-47

09

欧式风格设计

欧式设计风格的发展随着社会文明的发展也经历了多次的变化和改进，既保留了最初的设计要素，又在不同时期加入了新元素和新工艺。因此，目前的欧式风格有非常庞大的设计元素，其中包括建筑结构、建筑构件、装饰界面、陈设用品及装饰色彩等诸多方面的内容。

要点：特点·要素·理念·技巧·材料·实践

9.1 欧式风格的起源与发展

　　欧式室内风格是常见的室内设计风格，因其宽敞、大气、华丽而广受人们的喜爱，在目前的室内设计装饰中，无论是人们生活的家居空间装饰，还是社会活动的公共空间装饰都常见到欧式风格的身影，如图9-1~图9-3所示。

图9-1

图9-2

图9-3

01 设计内容
02 室内设计制图规范
03 室内设计草图
04 平面图实例
05 立面图实例
06 剖面图实例
07 室内设计预算
08 中式风格设计
09 欧式风格设计
10 地中海风格设计
11 室内手绘方案表现
12 软装方案
13 实景案例设计

　　欧式风格最早起源于古埃及、古希腊、古罗马时期，在漫长的岁月中，早期的欧洲人逐步积累起稳定的建筑及室内装饰风格，为日后丰富的欧式设计风格奠定了深厚及扎实的基础，也为当今的人们建立了一种审美标准。

　　欧式风格主要经历了以下过程：古罗马、古希腊，哥特式风格，文艺复兴时期，巴洛克，洛可可，新古典主义，如图9-4~图9-8所示。欧式风格的不同阶段的特征、元素在设计时既可以混合使用，也可以针对某一时间独立使用。

图9-4（哥特式建筑）

图9-5（文艺复兴风格室内空间）

图9-6（巴洛克时期）

图9-7（洛可可时期）

图9-8（新古典主义）

9.2 欧式风格介绍

欧式风格因线条流动的变化、色彩华丽，浪漫的形式而被众多人喜爱。欧式风格室内设计装修材料常用大理石、花岗石、色彩丰富的织物和精美的地毯，整个风格尽显豪华、富丽，充满强烈的动感效果。

9.2.1 古罗马古希腊时期

❶ 古罗马古希腊时期风格特征

古罗马风格在公元5世纪左右逐渐形成，在之后的几百年中受政治、文化的影响形成了端庄大气、厚重沉稳，给人一种非常神圣的视觉冲击感觉。这种效果，正符合当时宗教统治盛行，人们对神怀有崇敬之心的要求，如图9-9和图9-10所示。

图9-9

图9-10

❷ 古罗马古希腊时期风格元素

正因为古罗马建筑对当时整个社会起到了非常深厚的影响，所以，直到现在，各种欧式风格中都依然能看到来自古罗马时期的风格元素，最典型的要数罗马柱。常见的罗马柱有3种样式，不同样式的罗马柱的特征不同，在使用时要加以区分。

陶立克式：上细下粗，柱子的立面一般刻出16~20条竖型条纹，条纹呈向内凹的半圆状，柱底可以添加基座，柱头是由圆环组成的柱头。陶立克式罗马柱是男性美的体现，给人以雄壮的感觉，一般用在比较庄严的建筑或室内空间中，如图9-11和图9-12所示。

图9-11

01 装修技巧
02 室内设计 施工规范
03 室内设计 识图
04 平面图 设计
05 立面图 设计
06 剖面图 设计
07 室内设计 流程
08 中式风格 设计
09 欧式风格 设计
10 地中海风格 设计
11 室内手绘 方案表现
12 彩色方案 室内设计
13 软装设计

图9-12

　　爱奥尼克样式：标准的爱奥尼克柱子的高度为下端直径的9倍，显得更加修长优雅，柱子的柱头的四角均有一个涡卷型造型，涡卷中间镶嵌珠串装饰，有时也采用贝壳花纹装饰镶嵌，柱子立于柱础之上，体现华美、优雅、灵巧的感觉，常用于室内外装饰，如图9-13和图9-14所示。

图9-13

图9-14

　　罗马柱属于希腊后期出现的柱子，柱子的整体比例和爱奥尼克柱子的样式相近，柱头由三层毛莨卷叶雕刻组合而成，显得更加华丽，由于进入当时社会的繁盛时期，工艺精美、体现出当时很高的审美要求，如图9-15和图9-16所示。

图9-15

图9-16

9.2.2 文艺复兴时期

❶ 文艺复兴风格的特点

文艺复兴风格起源于14世纪的意大利，建筑类型非常丰富，在创意和造型方面有许多创新，外部造型在古典建筑的基础上，发展出灵活多样的处理方法，如立面分层，粗石与细石墙面的处理，叠柱的应用，券柱式、双柱、粉刷、隅石、装饰、山花的变化等，使文艺复兴建筑呈现出崭新的面貌，如图9-17所示。

图9-17

❷ 文艺复兴时期的装饰元素

文艺复兴时期的装饰元素非常细腻、复杂，装饰图案常用橄榄树枝叶、月桂树叶、打成漩涡叶箔、阿拉伯式图案、玫瑰花饰、漩涡花饰和圆雕饰和贝壳等。家具总体感觉厚重，椅子有直立深雕刻靠背、直扶手，以及有旋成球状、螺旋形或栏杆柱形的腿，带有小圆面包形或荷兰式漩涡饰的脚，家具设计师对用材上十分考究，特别是木制家具将木材的潜力发挥到极致。镶嵌技术在这一时期应用非常广泛，铜、银、珍珠、玳瑁等是作为镶嵌的常用材料，另外，象牙、橡木、核桃木也以浅浮雕的形式作为家具的装饰，这个时期大理石在家具及装饰中应用已经十分广泛，如图9-18和图9-19所示。

图9-18

01 室内设计概述

02 室内设计的装饰规律

03 室内设计流程

04 平面布置实训

05 立面图实训

06 顶面图实训

07 室内设计透视

08 中式风格设计

09 欧式风格设计

10 其他风格设计

11 室内手绘方案表现

12 彩色方案实训

13 软装设计

图9-19

9.2.3 欧洲巴洛克风格

① 巴洛克风格的特点

欧洲的巴洛克风格盛行于17世纪，在欧洲各地都有非常深远的影响。巴洛克风格打破文艺复兴时代追求整体的造型思路，将其进行夸张、扭曲的变形，重点强调造型线条的流动感和变化的特点，利用非常多的造型对空间进行装饰，力求华丽、繁杂、庄重、气势宏大、富于动感的艺术境界，如图9-20所示。

图9-20

❷ 巴洛克风格装饰元素

　　巴洛克是将力度感和精美感融合的一种风格，将力量感的装饰元素与精美、华丽的装饰元素有效地结合起来，并组合出力量和华丽的感觉。图9-21所示是巴洛克风格装饰纹样，图9-22和图9-23所示为巴洛克风格装饰纹样的具体应用。

图9-21

图9-22　　　　　　　　　　　　　　　　　图9-23

9.2.4 欧洲洛可可风格

❶ 洛可可风格的特点

　　欧洲的洛可可风格是在欧洲巴洛克风格之后逐渐产生的建筑装饰风格，整体造型特点为运用大量的贝壳样式即曲线、中国卷草形态，每一个细节都追求极尽烦琐、华丽、色彩绚丽多彩，表现出轻快、流动、精致的效果，如图9-24和图9-25所示。

图9-24

图9-25

❷ 洛可可风格装饰元素

　　巴洛克风格装饰元素体现出豪华、雄伟、奔放的男性特点，而洛可可却显得柔婉、纤细、轻巧，两者形成了鲜明的对比。洛可可风格是在巴洛克艺术基础上升华的结果，洛可可风格家具尽管在欧洲各国略有不同，但均以轻快纤细的曲线闻名于世，并以其回旋曲折的贝壳形曲线和精细纤巧的雕刻装饰为主要特征，以纤柔的外向曲线和弯脚为主要造型基础，在吸收中国漆绘技法的基础上形成了既有中国风味，又有欧洲独自特点的表面装饰技法，是家具历史上装饰艺术的最高成就。图9-26所示为洛可可风格装饰纹样，图9-27~图9-31所示为洛可可风格纹样在装饰中的运用。

图9-26

图9-27

图9-28

图9-29　　　　　　　　　　　　　　　图9-30　　　　　　　　　　　　　　图9-31

TIPS

目前有很多人对于巴洛克和洛可可分不清楚，甚至无法辨别，只能统一地称为传统欧式风格。其实对这两种风格的不容易区分是可以理解的，从发展时间上看它们就像孪生姐妹一样，有太多不容易区分的地方，但我们也可以从一些技巧上对其进行辨别，有如下3点。

第1点：从家具的体量感上进行区分，巴洛克的家具比较厚重，给人很敦实的感觉。而洛可可的家具则优雅、灵巧。

第2点：从制作的结构上进行区分，巴洛克家具的雕刻比较深，经常会产生非常深的起伏，而洛可可的精美往往是以平面或是浅浮雕来完成的。

第3点：巴洛克以体积不同，强烈运动的弧线和大量重复的群曲线，以及交叉组合、对比的线条为主要图案语言，构图复杂，运动感强。而洛可可则具有纤巧秀美，烦絮和精致的女性化特点，极具装饰性，常采用短小，具有圆润转折的C形、S形和漩涡形的丰富变化的弯曲的曲线。

9.2.5 新古典主义风格

❶ 新古典主义风格特征

18世纪，人们对巴洛克和洛可可风格逐渐冷却，新古典主义以尊重自然、追求真实、复兴古典艺术而开始受到人们的欢迎。新古典主义风格一方面保留了传统的材质、色彩及造型；另一方面仍然可以很强烈地感受传统的历史痕迹与浑厚的文化底蕴，同时又摒弃了过于复杂的肌理和装饰，简化了线条。高雅而和谐是新古典风格的代名词，如图9-32所示。

图9-32

01 装修技巧

02 室内设计 家装规范

03 室内设计 流程

04 平面图 设计

05 立面图 设计

06 剖面图 设计

07 室内设计 预算

08 中式风格 设计

09 欧式风格 设计

10 地中海风 格设计

11 室内手绘 方案表现

12 彩色方案 表达法

13 鸟瞰设计

另外，新古典主义还应从以下4个方面进行理解。

第1个："形散神聚"是新古典风格的主要特点，在注重装饰效果的同时，用现代的手法和材质还原古典气质，新古典风格具备了古典与现代的双重审美效果，使人从物质与精神上都得到一种享受。

第2个：在造型设计时不是仿古，也不是复古，而是追求神似。

第3个：用简化的手法、现代的材料和加工技术去演绎传统样式。

第4个：注重装饰效果，用室内陈设品来增强历史文脉特色，经常会使用古代设施、家具及陈设品来烘托室内环境气氛。

❷ 新古典主义风格元素

新古典主义风格元素提出了更高的要求。无论是家具还是配饰，均以其优雅、唯美的姿态，平和而富有内涵的气韵，描绘出居室主人高雅、贵族之身份。常见的壁炉、水晶宫灯、罗马古柱是新古典风格的点睛之笔。高雅而和谐是新古典风格的代名词。目前新古典主义风格的室内设计非常多，如图9-33~图9-36所示。

图9-33（新古典主义下的洛可可风格）

图9-34（新古典主义室内设计）

图9-35（新古典主义家具）　　　　　　　　　　　图9-36（洛可可风格家具）

01 版牛段巧
02 室内设计制图规范
03 室内设计基础
04 平面布置实训
05 顶面布置实训
06 顶面布置实训
07 室内设计方案
08 中式风格设计
09 欧式风格设计
10 地中海风格设计
11 室内设计手绘方案表现
12 彩色方案表现
13 智能设计

TIPS

　　新古典主义风格在进行设计工作的时候，一定不要去照搬照抄古典风格，新古典主义是产生在传统风格末期的风格，新古典主义风格涵盖了很多新思想，所以，要采用新材料、新工艺等创新的设计理念，应当结合现在流行的建筑装饰材料、新工艺及流行色彩，进行创新性的设计制作，需要注意的是，在创新的同时，要注意古典风格的文化传承性。

　　新古典主义家具的运用是非常重要的，在现在的室内设计中不会再像从前那样在墙面上进行大量的造型装饰，当墙面及空间的处理都简化之后，家具、陈设就成为营造新古典氛围，传承传统美感非常重要的因素，如图9-37所示。

图9-37

165

9.3　欧式风格设计实践

这里的欧式风格指的是上述欧式具体风格的总称，要强调的是欧式风格为我们提供了大量丰富的传统设计元素，在设计过程中不能被设计的形式束缚，即不能为了欧式而欧式，同时更要考虑主人的生活习惯等因素，各时间甚至不同风格之间的元素如果需要可以进行混搭，混搭过程中主要考虑统一和谐这个要素。

9.3.1　欧式风格平面图设计

❶ 平面图设计注意事项

平面图设计需注意如下3点。

第1点：平面功能图的设计其实是一种使用功能设计，功能设计必须以符合对应使用群体的功能活动内容、功能使用习惯、功能使用尺寸等来进行分析和安排。

第2点：平面图是后期各个设计图纸的总指挥图，后期的各种设计都必将围绕着平面功能图来进行安排，因此，平面图的制作不能过于随意，需要精确计算和构思，一旦设计不合理，将会严重影响后期的设计工作，甚至被否定。

第3点：图纸上的尺寸必须精确而合理，能够满足人们在室内空间中需要的人体工程学要求，需要站在使用者的角度来进行考虑，例如，小孩学习的桌椅和洗手的台盆需根据孩子的身高，以及成长的阶段进行有针对性的调整等。

❷ 原始结构图绘制

本案例绘制的原始结构图纸如图9-38所示，设计开始前需要非常仔细地了解客户的生活和功能需求，将这些客观或主观的需求落实在具体的设计构思中（源文件见"第9章/欧式风格设计室内设计案例.dwg"文件）。

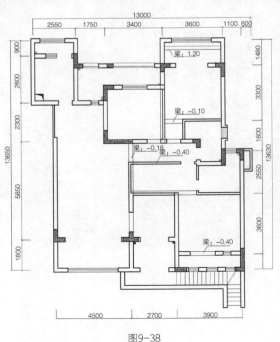

图9-38

❸ 原始空间设计分析

入口玄关过大而不太好用，如图9-39所示，通向客厅的动线也不理想，需要对面积重新修改划分。

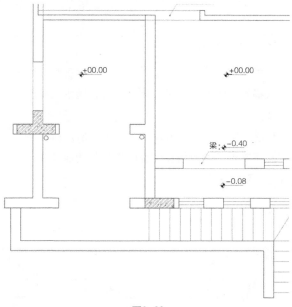

图9-39

如图9-40所示，厨房面积过小，而旁边的阳台也不便于利用和放置物品，可以根据客户想要一个大的厨房进行一定的结构调整。

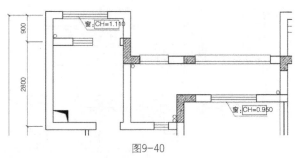

图9-40

如图9-41所示，次卧室的面积不大，客户需要一个衣帽间但苦于没有足够的空间，这里就需要从其他的地方为其借用空间。

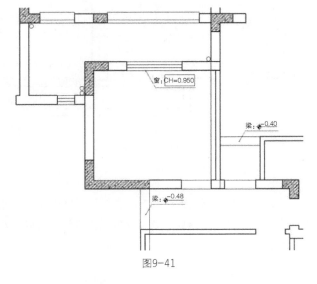

图9-41

在室内空间设计规划时往往会受到面积、空间的局限，可以在建筑条件允许的情况下借用一些其他功能空间，需要注意的是，不能因为需要借用而影响其他空间的使用，同时应遵循人体工程学数据，严禁以破坏房屋结构来换取空间的改造。

❹ 平面空间二次规划设计

在进行布置的同时也需要注意欧式风格自身的布局特点，在传统欧式风格中最为常用的就是对称布局手法，因为这样的布局最容易给人稳定、大方、突出主体的感觉，偶尔在局部采用一些非对称的布局可以很好地调节过于稳定带给人呆板的感觉。

根据前面对原始结构的分析进行空间墙体的改动，重新划分出对应的空间，针对空间的具体功能进行对应的陈设物品的布置。在布置空间陈设品的时候要注意陈设品的功能及使用状态，为使用人以后的具体操作留出合理的空间位置，完成后的平面布置图如图9-42所示。

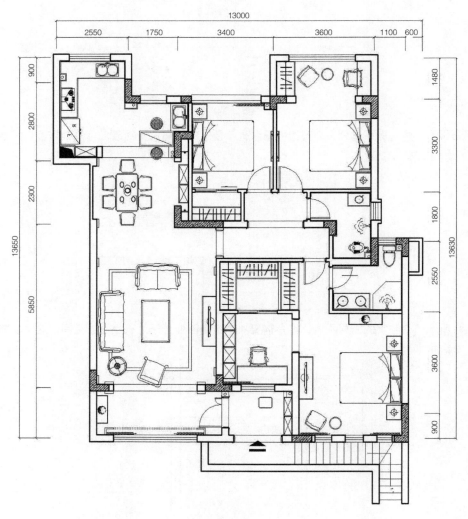

图9-42

当平面布置图基本完成后，还要进行精细的设计确定，主要是对室内设计的陈设家具等进行准确的尺寸确认。这一步非常关键，任何一个设计都以最后业主能合理使用为目标，所以，对于整个平面图的具体数据等信息必须做到精确，如图9-43所示。

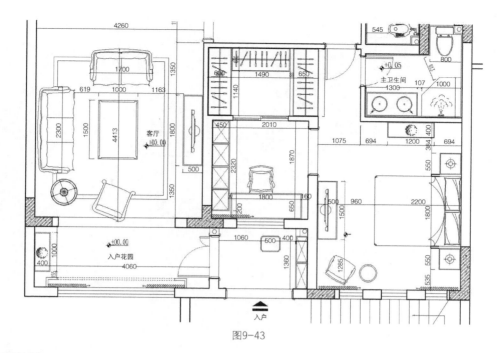

图9-43

❺ 水/电路图设计

平面图设计基本完成后，还需要对完成的平面图配置对应的电路插座，并且对水路进行布置。插座图的明确可以很好地保证将来电器方便使用，不至于导致无法取电或是插盘满天飞的浪费情况。水、电路图同时可以很有效地保证在电路隐蔽施工的工程中发挥指导工作的作用，如图9-44和图9-45所示。

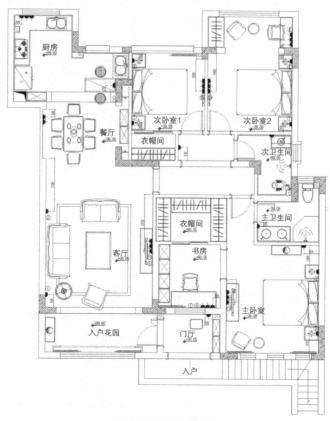

图9-44（插座布置图）

01 家庭技巧
02 室内设计简明规范
03 色调
04 平面图实训
05 立面图实训
06 效果图实训
07 室内设计预算
08 中式风格设计
09 欧式风格设计
10 地中海风格设计
11 室内手绘方案表现
12 整体家居方案整体案例
13 软装解析

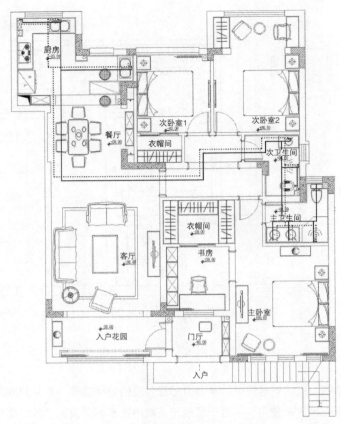

图9-45（水路布置图）

对于每个点位应该布置多少插座，设计师不能草草估算，应针对可能用到的电器的数量来进行有效的安排，如下所述。

台式电脑书桌旁的插座数量=电脑插座×2 + 路由器×1 + 手机充电或备用×1 = 4个插座

笔记本电脑书桌旁的插座数量=电脑插座×1 + 路由器×1 + 手机充电或备用×1 = 3个插座

水路布置注意事项如下。

第1点：水路布置的时候首先分清楚什么位置采用什么样的水。如马桶只留出冷水，而台盆就需要留出冷、热水点位。

第2点：冷、热水的关系为左热右冷，安装热水器位置的点位，还要考虑好天然气的位置。

第3点：燃气热水器的安装位置严禁放置在浴室中，必须安装在通风的位置。储热式热水器需要考虑电源的位置。

9.3.2 欧式风格天棚图设计

❶ 天棚图设计的整体注意事项

天棚的造型是天棚图设计的主要内容，除了造型以外设计内容还包括灯具安装的准确位置、天棚使用的装饰材料和色彩等。这些设计内容在具体的制作中都会和风格产生多多少少的联系。由此可见，天棚的设计能有效地体现对应风格的效果。在具体工作中的注意事项主要有如下两点。

第1点：将欧式的元素有效地应用在天棚的设计中。可以使用在欧式天棚上的设计元素包括阴角线及平线（如图9-46所示）、欧式纹路的艺术墙纸（如图9-47所示）、欧式的木质梁（如图9-48所示）和装饰精美的角花（如图9-49所示）等。石膏角线上边精美的花纹和墙纸华丽的图案都会为设计的空间增加欧式风格的氛围，并且营造的大气、华丽、端庄的氛围也完全符合欧式风格的要求。

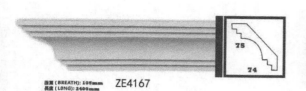

面寬（BREATH）：105mm
長度（LONG）：2400mm
ZE4167

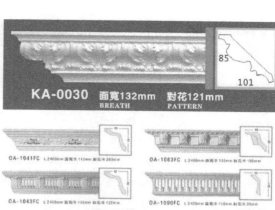

KA-0030　面寬132mm　對花121mm
BREATH　　　PATTERN

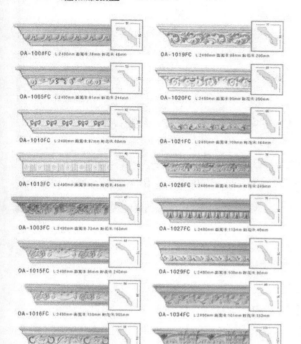

OA-1004FC　L:2400mm 面寬:78mm 對花:45mm
OA-1005FC　L:2400mm 面寬:81mm 對花:244mm
OA-1010FC　L:2400mm 面寬:87mm 對花:60mm
OA-1013FC　L:2400mm 面寬:90mm 對花:45mm
OA-1003FC　L:2400mm 面寬:73mm 對花:R:45mm
OA-1015FC　L:2400mm 面寬:84mm 對花:240mm
OA-1016FC　L:2400mm 面寬:130mm 對花:305mm
OA-1017FC　L:2400mm 面寬:84mm 對花:240mm

OA-1019FC　L:2400mm 面寬:98mm 對花:200mm
OA-1020FC　L:2400mm 面寬:95mm 對花:200mm
OA-1021FC　L:2400mm 面寬:109mm 對花:164mm
OA-1026FC　L:2400mm 面寬:103mm 對花:249mm
OA-1027FC　L:2400mm 面寬:112mm 對花:40mm
OA-1029FC　L:2400mm 面寬:100mm 對花:86mm
OA-1034FC　L:2400mm 面寬:101mm 對花:152mm
OA-1108FC　L:2400mm 面寬:164mm 對花:345mm

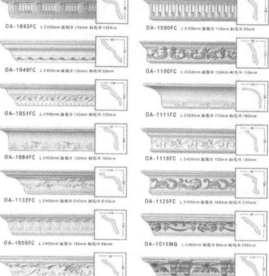

OA-1041FC　L:2400mm 面寬:143mm 對花:203mm
OA-1043FC　L:2400mm 面寬:135mm 對花:122mm
OA-1049FC　L:2400mm 面寬:120mm 對花:50mm
OA-1051FC　L:2400mm 面寬:143mm 對花:120mm
OA-1064FC　L:2400mm 面寬:120mm 對花:160mm
OA-1132FC　L:2400mm 面寬:210mm 對花:810mm
OA-1055FC　L:2400mm 面寬:166mm 對花:85mm
OA-1066FC　L:2400mm 面寬:127mm 對花:477mm

OA-1063FC　L:2400mm 面寬:133mm 對花:100mm
OA-1090FC　L:2400mm 面寬:110mm 對花:20mm
OA-1100FC　L:2400mm 面寬:124mm 對花:110mm
OA-1111FC　L:2400mm 面寬:172mm 對花:100mm
OA-1118FC　L:2400mm 面寬:155mm 對花:150mm
OA-1125FC　L:2400mm 面寬:162mm 對花:270mm
OA-1015MG　L:2400mm 面寬:96mm 對花:249mm
OA-1108MG　L:2400mm 面寬:155mm 對花:345mm

图9-46

图9-47

图9-48

01 设中庭设计
02 室内设计 制图规范
03 室内设计 面宽
04 室内平面 实训
05 公装室 实训
06 顶面实训
07 室内设计 预算
08 中式风格 设计
09 欧式风格 设计
10 地中海风 格设计
11 室内手绘 方案表现
12 欧色方案 策划组
13 软装设计

图9-49

　　第2点：天棚的设计造型应该和平面布置图的功能位置相对应，这样才能体现出端庄、稳重的效果。在制作天棚图的时候可以参考平面图的数据和范围来进行设计。如果没有将顶部的造型和地面的功能进行有效的对应，就会造成歪斜的感觉，如图9-50所示。

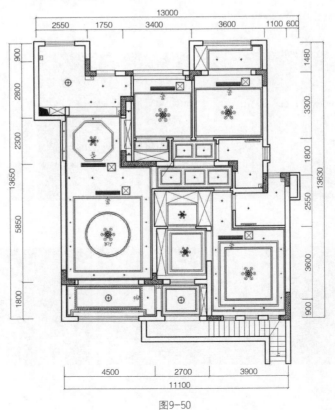

图9-50

01 室内设计

02 室内设计制图规范

03 室内设计量房

04 平面方案实训

05 实训

06 实训

07 室内设计预算

08 中式风格设计

09 欧式风格设计

10 地中海设计

11 室内手绘方案表现

12 整合方案制图

13 软装设计

TIPS

天棚图从整体看是一张平面图，但在进行设计的时候，设计师必须考虑天棚造型的结构变化，也就是考虑高低的变化、造型的变化、装饰的变化。只有细心考虑了方方面面的结构，最终设计出来的图纸才能顺利地被施工出来。图9-51所示为客厅天棚的剖面结构。

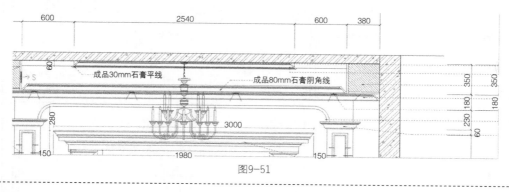

图9-51

❷ 天棚系统图制作

针对设计完成的天棚布置图制作出对应的天棚造型的尺寸图，如图9-52所示。正因为有了天棚造型尺寸图的存在，在施工过程中施工人员才可以准确无误地完成设计师的创意。在进行造型尺寸标注的时候应尽量做到工整、清晰、明确。

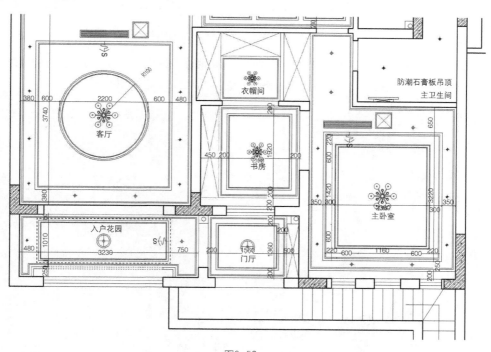

图9-52

TIPS

天棚造型尺寸图包括两部分，一部分是天棚造型的具体准确尺寸，另一部分是天棚的标高说明。

灯具的尺寸图如图9-53所示。灯具的尺寸与两个施工工种有密切的关系，第1个是水电工种，电工需要根据灯具准确的尺寸将线路安装在对应的点位上，以确保后期的每一个灯具都用对应的供电线路。第2个是木工工种，木工在吊完天棚后会根据灯具的准备位置进行开洞或加固。

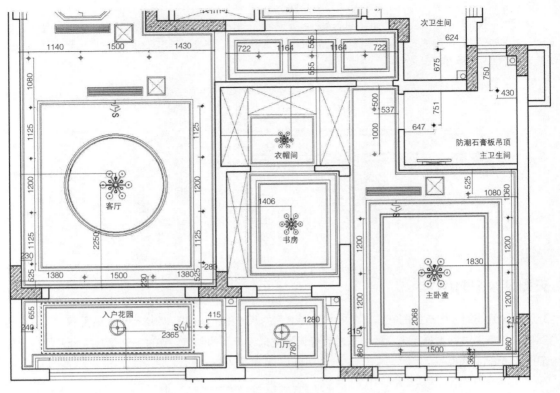

图9-53

完成后天棚图应该符合工整大方、结构合理、欧式风格明确、运用材料恰当等几方面的要求。初学的设计师可以先针对成功案例进行学习，然后再进行自我训练，如图9-54~图9-57所示。

图9-54

图9-55

图9-56

图9-57

01 装饰技巧
02 室内设计 制图规范
03 室内设计 量房
04 平面图 实训
05 立面图 实训
06 剖面图 实训
07 室内设计 方案
08 中式风格 设计
09 欧式风格 设计
10 地中海风格 设计
11 室内手绘 方案表现
12 家装方案 制图综制
13 软装设计

9.3.3 欧式风格立面图设计

立面设计是体现装饰风格最重要的界面，由于立面与人们自然状态下的视觉角度正好为90°，因此，人们大多数的时间都会关注到立面的具体情况。在设计的时候必须针对立面考虑一些欧式风格的要素才能体现出其明确的风格。在针对欧式风格设计立面的时候，其实是在借用和组合欧式风格保留下来的元素。一个欧式风格立面设计得好坏，关键就是看这些元素的组合是否产生了美感。

❶ 立面图设计的技巧

（1）**造型结构收口处理**。收口是所有装饰设计中都必须考虑的问题。由于目前的建筑装饰材料都是单面材料，所以，很多材料的侧面并不好看。如果将这些侧面在装修的时候暴露出来没有任何的修饰，就会造成视觉效果的下降。设计师一般都要通过有效的处理，将这些裸露在外侧能够被使用者看到的收口位置隐藏起来。

收口最为常用的方法就是阴角收口手法，这种手法也是目前最有效好用的手法。那么，什么是阴角收口方法呢？阴角是内凹的角，如图9-58所示，如房间里墙体与墙体连接处所形成的角就为阴角。通过材料的组合形成有效阴角结构来达到装饰效果，如图9-59所示。

图9-58　　　　　　　　　　　　　　　　　　图9-59

（2）**设计风格的装饰元素**。本节开始就提到了立面设计是体现装饰风格最明显也是最为有效的界面。在最初学习欧式风格立面设计时，可以多多收集有效的欧式立面元素，以在今后的工作中使用，如图9-60和图9-61所示。

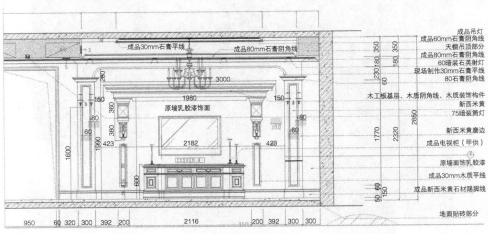

图9-60

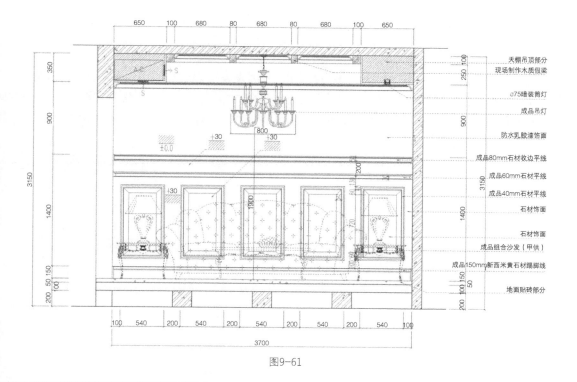

图9-61

01 室内设计概论

02 室内设计制图规范

03 室内设计基础

04 实例制图

05 立面图实例

06 顶面图

07 室内设计专项

08 室内设计

09 欧式风格设计

10 地中海风格设计

11 室内手绘方案表现

12 家装设计

13 家装设计

TIPS 欧式风格的立面元素不要只依赖书本上的造型，这些在将来的工作中是远远不够的。只有培养自己平时多观察，多总结的习惯，才能不断丰富头脑中的设计元素。在以后各种设计要求变化的时候，也能将自己的设计造型进行变化。

（3）**设计材料的选择。** 目前的装饰市场有众多装饰材料，如花岗岩、大理石、金属板、实木材料和石膏材料等。这些材料都有属于自己的特性，在进行立面设计时要针对这些材料的特性进行考虑才能设计出符合设计要求的立面。通过图9-62和图9-63的比较，可以看出在同一个空间中墙面采用木制材料和墙纸就会出现不同的效果。

图9-62

图9-63

装饰材料受产生的环境、采集的过程及地域的影响。在很长的时间里对人们造成了各种不同的心理感受，如木制的舒适、石材的华丽、墙纸的温馨等。在与客户进行交流时，需要根据客户的要求选择不同的材料进行设计，尽量避免总是用一种材料来进行很多套欧式风格的立面设计。

❷ 立面图设计的要求

立面图设计的要求有如下3点。

第1点：立面造型的尺寸数据必须清晰、准确。欧式立面是造型较复杂的立面图，数据尺寸对后期的施工及材料的制作有重要的指导作用。因此，在设计欧式立面图的时候应将数据标注清楚，不要怕复杂，当数据比较多的时候需要进行分组标注。局部图纸如图9-64和图9-65所示，对于各造型的数据说明均有标准，一层标注不够时才可以采用两层或三层数据。

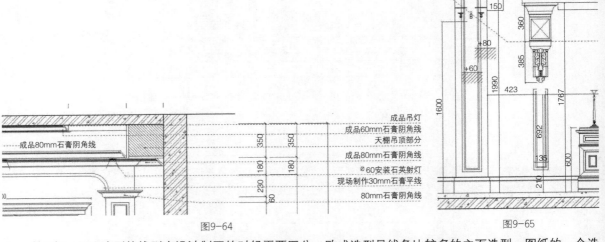

图9-64   图9-65

第2点：立面造型的线型在设计制图的时候需要区分。欧式造型是线条比较多的立面造型，图纸的一个造型往往由多条造型线进行表示，因此，线型的变化可以体现出主要结构和次要结构的关系，如图9-66所示。不要忽略这个环节，否则，后期会造成读图难、施工难、易看错的问题。

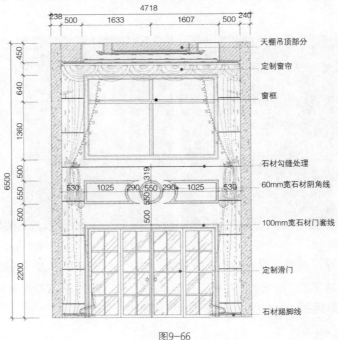

图9-66

第3点：立面图需要表现天棚和立面造型的结构关系。有很多人在画立面图的时候只考虑立面的造型，却忽略了其他界面与立面的连接关系。这样会造成在施工完成后有些部位的收口无法处理，严重的还会造成其他造型无法安装等问题。因此，在立面图中表现天棚界面和地面的剖面关系是十分重要的。图9-67所示的立面造型就需要图9-68所示的剖面图来进行更加详细的说明。

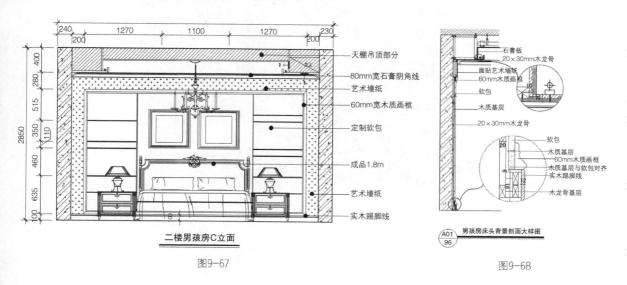

图9-67

图9-68

③ 立面图与效果图的对比练习

在设计立面图的时候需要根据整体效果来进行考虑，设计师不能只考虑造型效果，还要考虑设计完成后的整体效果。下面列出一些实际设计中的立面设计图与效果图的对比，能够更好地帮助读者在初学阶段理解立面造型的效果及设计关系，如图9-69~图9-72所示。

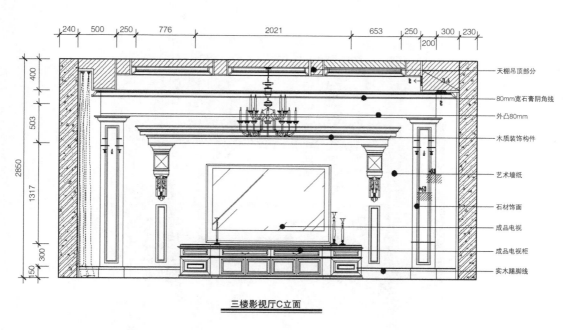

图9-69

图9-70

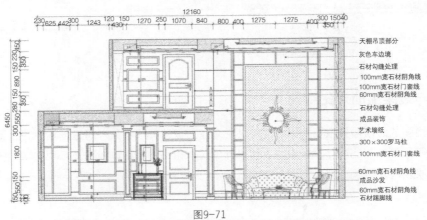

天棚吊顶部分
灰色车边境
石材勾缝处理
100mm宽石材阴角线
100mm宽石材门套线
60mm宽石材阴角线
石材勾缝处理
成品装饰
艺术墙纸
300×300罗马柱
100mm宽石材门套线
60mm宽石材阴角线
成品沙发
60mm宽石材阴角线
石材踢脚线

图9-71

图9-72

10

地中海风格设计

地中海风格室内设计因为具有亲切、柔和的田园风情而被很多人接受和喜爱，地中海风格设计浪漫、淳朴，而且有耐人寻味的古老与神秘感。地中海地域蔚蓝的大海和明亮的天空、如白纸般的白墙面、薰衣草与玫瑰的清香，还有历史悠久的古建筑，建筑中土黄色与红褐色的交织透露出强烈的民族色彩。

要点：特点·元素·实践

10.1　地中海风格的特点及分类

　　地中海风格取材大自然，具有很强的包容性，北非的沙漠、岩石、泥、沙等都是地中海风格设计常用的材质，加上"海"与"天"的明亮，天然景观让人感觉温暖。地中海风格敢于大胆运用明亮、丰富的色彩和造型样式，如灰泥墙、连续的拱廊拱门、陶砖、马赛克、海蓝色的屋瓦和门窗等元素去勾勒一幅让人回归纯净、亲和、浪漫的画卷。

　　地中海风格分为希腊地中海风格、西班牙地中海风格、南意大利地中海风格、法国地中海风格和北非地中海风格。

10.1.1　希腊地中海风格

　　希腊地中海风格的家居色彩纯美、线条流畅，装修材料上常用仿古地砖、硅藻泥墙面或凹凸的肌理，大面积的蓝色与白色加一点偏暖的色彩点缀，给人以纯净的心理感受，如图10-1所示。

图10-1

10.1.2　西班牙地中海风格

　　西班牙地中海风格在地中海风格的基础上加入了西班牙地域独特的特点，它体现了多元化、神秘、奇异的西班牙文化，如图10-2所示。在色彩的运用上，西班牙地中海风格比希腊地中海风格色彩更为厚重，独特的红在室内空间中得到展示，如图10-3所示。西班牙地中海风格大气而不局促，注重装饰效果和实用性，搭配组合自然大方。

图10-2

图10-3

01 设计概述

02 要素设计
家具与陈设

03 要素设计
窗帘

04 平面图与
实训

05 立面图
实训

06 顶面图
实训

07 室内设计
施工图

08 中式风格
设计

09 欧式风格
设计

10 地中海风
格设计

11 室内手绘
方案表现

12 装饰色彩
基础知识

13 室内设计+
项目实训

10.1.3 南意大利地中海风格

    南意大利地中海风格与传统地中海风格一样洋溢着休闲享受的味道,但地中海风格更追求阳光灿烂的效果,黄、蓝、紫是南意大利地中海风格常用的色彩。南意大利的向日葵、薰衣草的花田、金黄色与篮紫的花卉等这些自然、和谐的色彩在室内空间中创造出温暖而惬意的感觉。

    南意大利将马赛克镶嵌、拼贴、铁艺等元素融入向日葵花田金黄般的氛围,产生了另一种细致、休闲而奢华的情调,如图10-4所示。

图10-4

10.1.4 法国地中海风格

　　法式建筑与法式室内设计讲究优雅、高贵和浪漫，追求建筑与室内空间的诗意，追求色彩和内在联系，这一特点在法国地中海室内设计中得到了充分的体现。法国地中海风格中，花卉和绿色植物被大量运用，家具雕刻极其细致，在空间布局上多采用对称的造型，气势恢宏、豪华舒适。从法式廊柱、雕花、线条等各个角度呈现出法国的浪漫情怀，如图10-5所示。

图10-5

10.1.5 北非地中海风格

　　北非的气候炎热、日照充足、雨水少、盛产灰岩、手工艺术盛行，这些地域特色影响着北非地中海风格的形成。沙漠及岩石的红褐色和土黄色的运用，再辅以北非土生植物的深红、靛蓝及黄铜，带来一种大地般浩瀚的感觉。如图10-6所示，整个室内空间既有地中海的自然气息，又充满北非厚重的、特有的气质。

图10-6

10.2　地中海室内设计实训

本实训项目定位为地中海风格的儿童摄影楼，面积为312m²，设计理念是根据儿童纯真的心理，为孩子们打造一个童话故事般的摄影环境，让每一位家长给孩子留下一个美好的童年。地中海风格给人一种梦幻般的感觉，蓝白相间的色调，象征着孩子们纯真的童年。既是一个摄影棚，又是孩子们童年的家。

10.2.1　平面图设计

● 原始结构图绘制

按现场绘制出原始结构图草图，注意门窗的颜色要和墙体的颜色有所区别，因为在打印CAD图纸时是按颜色来区分线宽的，所以，在绘图之初就要注意出图规范。另外，柱子与承重墙体需用实体填充方式填充。本案绘制的原始结构图如图10-7所示（本章源文件见光盘"第10章/效果图、设计源文件"素材文件夹）。

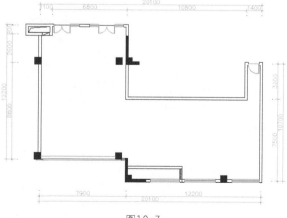

图10-7

❷ 平面空间规划

摄影棚的主要功能有前台兼收银、接待及休息等候区、作品展示区、选片选样室（区）、更衣室、化妆室（区）、倒片室（区）、主题影棚，作为儿童摄影机构本案还专门设置了儿童玩耍区。

首先将平面分为客户接洽区和摄影工作区两大功能区，然后将作品（样片）展示、前台收银、选片、接待区规划在"客户接洽区"中；将倒片室、化妆室、更衣室、摄影棚规划在"摄影工作区"中，如图10-8所示的泡泡图。

在室内设计功能分区中动线（人在室内空间中走动的线条的基本要求是流畅而不迂回）尽可能避免交叉穿越，如图10-9所示的动线分析，从入口到选片区、儿童游乐区、等候休息区、摄影棚、更衣室、化妆区等的往返动线是符合动线基本要求的。

在考虑动线流畅的前提下，进行具体的房间及功能区规划，平面图设计结果如图10-10所示。

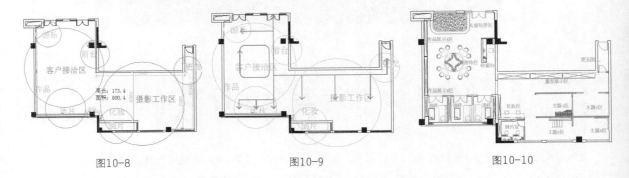

图10-8　　　　　　　　　　图10-9　　　　　　　　　　图10-10

❸ 地面材质填充

确定每个材质填充区域是封闭的，如果没有封闭，可以用PL（多线段）命令绘制封闭区域以便于在填充时选择，如图10-11所示的红色区域。

本案根据功能使用了玻化地砖和强化木地板。在公共接待区考虑到整洁与耐磨性，选用了800mm×800mm的玻化砖，影棚区等选择12mm厚强化木地板使该区域显得温馨自然，符合地中海风格的感觉，如图10-12所示。

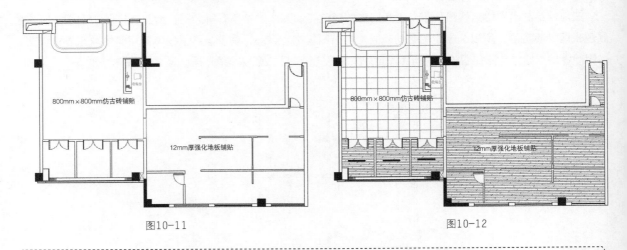

图10-11　　　　　　　　　　　　　　图10-12

TIPS　在室内设计制图规范中通过CAD填充地面材质时图线是不能经过文字的，最简单的处理方法就是画一个比标注文字略大的矩形，填充完成后删除矩形或用极细线打印矩形。

10.2.2 立面图设计

❶ 收银台立面设计

立面图可以只画一个空间内的立面，也可以画在同一剖切方向的几个空间的剖立面，本案将收银台立面与在同一剖切方向的一间选片室画在同一立面上，如图10-13所示。

首先画出吊顶空间（距顶部800mm）、高度为1180mm的墙裙（护墙板）、踢脚线（高80mm）及选片室内的储物柜，拱门是地中海室内设计风格重要的元素，本案中从接待区进入影棚的门设计为无门扇的拱门，如图10-13所示。

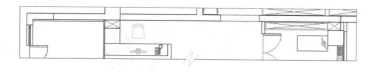

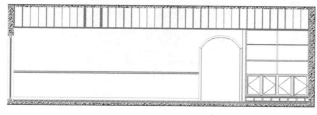

图10-13

为了体现地中海风格自然、浪漫、休闲的特点，墙裙用白色生态木墙裙装饰面，前台立面用马赛克贴面，选片室以白色为主，柜门用百叶门，如图10-14和图10-15所示。

图10-14

图10-15（设计师：大写艺设计学校 刘科）

立面图设计结果如图10-16所示。

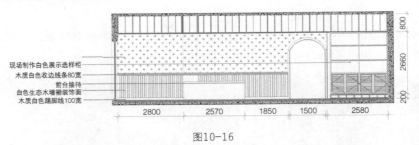

现场制作白色展示选样柜
木质白色收边线条80宽
前台接待
白色生态木墙裙装饰面
木质白色踢脚线100宽

图10-16

❷ 选样区外立面图设计

拱形门连续排列，百叶吊门与拱形门造型呼应与延续，蓝色碎花墙纸重复强化地中海风格，选样区外立面图设计如图10-17所示，施工后效果如图10-18所示。

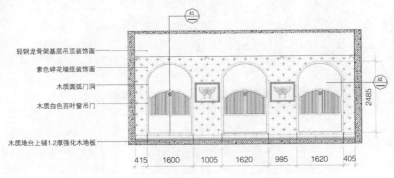

轻钢龙骨架基层吊顶装饰面
素色碎花墙纸装饰面
木质圆弧门洞
木质白色百叶窗吊门
木质地台上铺1.2厚强化木地板

图10-17

图10-18（设计师：大写艺设计学校 刘科）

❸ 化妆区与服装展示区立面设计

化妆区与服装展示区在造型上比较简约，地中海的白色与蓝色在这里仍然是主导色，拱形与百叶展现出这里和整个空间风格的统一，CAD立面设计如图10-19所示，装修效果如图10-20所示。

颗粒木储物柜
颗粒木储物柜
成品办公桌
成品办公椅

颗粒木展柜
木质装饰门套
服装展柜
成品化妆桌

2360　　2500　　1660　　600

图10-19

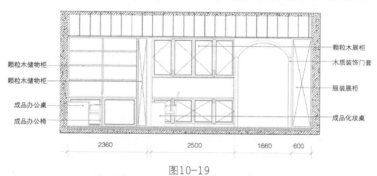

图10-20（设计师：大写艺设计学校 刘科）

10.2.3 顶图设计

顶面设计主要有两个功能，一是强化空间功能区域，二是照明。本案顶棚设计中强化了这两个功能，顶棚设计与地面功能一一呼应，如图10-21所示。红色圆圈所示的是对地面空间区域的呼应，在手法上主要是通过标高、造型、材质及灯光的变化来体现。在作品展示区与服装展示区大量用到射灯，使空间中需要展示的区域得到强化，同时使空间显得更有层次。

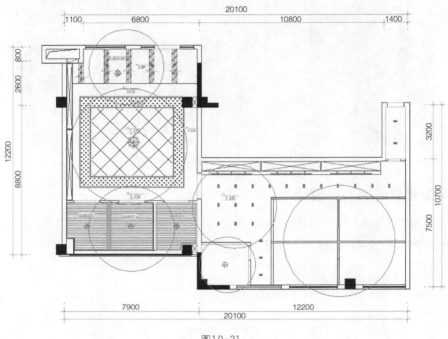

图10-21

11

室内手绘方案表现

手绘是传统的室内设计表现方法，虽然现在室内设计工程图由AutoCAD取代，但是作为手绘色彩二维渲染方案图，因为其表现力强、色彩丰富、形象逼真、表现快捷方便等优点，在室内设计和景观设计中仍然普遍使用。

要点：过程·技巧·着色

11.1　手绘的作用

　　手绘效果图在设计中起着重要的作用，它在室内设计师的谈单过程中起着图形语言交流工具的核心作用。手绘的作用主要表现在以下3个方面。

　　第1个：在和客户进行方案探讨时，通过手绘能更快、更准确地将设计意图传达给客户，不仅可以缩短设计表达的时间，也是一个设计师专业素质的体现。

　　第2个：在进行现场交底（室内设计师将设计方案交付项目经理具体实施的交流过程）时，虽然设计师有详尽的施工图纸，但设计师大多会通过手绘等方式对一些细节向施工方做更为详尽的交流。

　　第3个：手绘在很多时候也作为记录工具在室内设计及景观设计中广泛应用，例如，在室内设计现场量房中需要画出户型图、标注主尺寸；另外，在进行设计构思时手绘往往是最好的记录工具，很多设计师都是用手绘的方式画出草图，然后助理或绘图员再画出具体方案图或施工图。

11.2　手绘方案图的表现工具

　　工欲善其事，必先利其器，画手绘方案图之前，室内设计师必须先熟悉一些常用的表现工具。手绘工具的可选择范围非常广泛，每种工具材料都有不同的性能与特点，手绘表现的内容与形式的不同在选择材料上有一定的区别，只有在熟悉了它们的基础上，才能更好地选择与应用这些工具材料。

11.2.1　纸张

❶ 硫酸纸

　　硫酸纸为半透明状态，通常是用于复制、制版或晒图。硫酸纸吸水性较弱、质地光滑，适合用油性马克笔或彩色铅笔，一般不能用含水多的工具来作画，因为硫酸纸遇到大量的水时会变皱。在手绘学习过程中，硫酸纸是作"拓图"练习最理想的纸张。

❷ 素描纸

　　素描纸一般比较厚，而且有比较粗糙的纹理，方便用橡皮反复擦除修改，一般在手绘用铅笔的"素描"阶段多选用素描纸，如图11-1所示。

图11-1

01 绘画技巧

02 室内设计
国家彩绘风

03 室内设计
立面图

04 手绘图
实训

05 立面图
实训

06 剖面图
实训

07 室内设计
基础

08 中式风格
设计

09 欧式风格
设计

10 地中海风格
设计

11 室内手绘
方案表现

12 彩色方案
方案表现

13 彩色设计

❸ 复印纸

复印纸是手绘表现训练中最常用的纸张，其中最常用的是A4和A3大小的普通复印纸。这种纸的质地适合铅笔和绘图笔等大多数画具，价格又比较便宜，最适合在练习阶段使用。

❹ 水彩纸

水彩纸是水彩绘画的专用纸，粗糙的质地具备了良好的吸水性能，所以，它不仅适合水彩表现，也同样适合黑白渲染、透明水色表现，以及马克笔表现。

11.2.2 笔

❶ 普通绘图铅笔

普通铅笔的型号从6H~8B，其中6H最硬，8B最软，HB型为中性。B数越多，笔芯越粗、越软、颜色越深；H数越多，笔芯越细、越硬、颜色越浅。手绘中一般用HB~4B型号即可，主要用于初学者画出大的透视线。图11-2所示为普通铅笔。

图11-2

❷ 彩色铅笔

彩色铅笔在手绘表现中起了很重要的作用，无论是对概念方案、草图还是成品效果图，都具有很强的表现力。彩色铅笔在手绘中仅作为渲染的工具，手绘效果图的造型轮廓一般都是用签字笔或针管笔。彩色铅笔分为油性和水性两种，水性彩色铅笔可以溶于水，可以通过毛笔渲染画面，上色更容易，所以，是多数手绘工作者的首选，彩色铅笔如图11-3所示。

图11-3

③ 签字笔

签字笔是指比较正式的签字惯用的笔，以前用钢笔，现在钢笔逐渐被中性笔代替了，所以把这样的笔都统称为"签字笔"。签字笔根据出墨的粗细也分为不同的型号，在手绘中根据主次关系会选择不同粗细来画，按粗细来划分签字笔的常用型号有0.18、0.5、0.8、1.0。

④ 马克笔

马克笔（也称"麦克笔"，如图11-4所示）是各类专业手绘表现中最常用的画具之一，分为油性和水性两种。油性马克笔色彩饱和、鲜亮、可以重复；水性马克笔不宜反复在纸上摩擦，所以把握的难度相对较大。

图11-4

选择好马克笔对于画出好的手绘作品非常关键，首选色相要求是红、橙、黄、绿、蓝、紫的色系要齐全，然后是在颜色的深浅选择上要注意，各色系的浅色、中明度色是必备的，另外黑、白、灰三个颜色也需购买。

目前市面上最常见的马克笔品牌有日本美辉（marvy）和韩国TOUCH。

日本美辉（marvy）马克笔市面上比较容易买到，有单头水性的和双头酒精的两种。

日本美辉1900水性马克笔常用型号如下。

黑白灰色系列：37、21、26、40、36。

黄灰色系列：42、24、43、22、5。

红色系列：47、57、16、49、2、13。

深红色：30#、44#、54、18。

红紫色：59#、9#。

蓝色系列：51、41、60、53、10、56。

绿色系列：34#、11、15、4。

TOUCH是马克笔中应用比较广泛的品牌，目前最多的是双头酒精的，比较经济实惠、性价比较高、颜色比较多。

常用型号有R004、R025、Y036、Y037、G046、GY048、BG050、BG058、B066、BG068、PB070、PB076、P082、P088、R092、R094、R095、R097、R098、YR102、Y104、WG1、WG3、WG5、WG7、CG3、CG5、BG3、GG3、120。

11.2.3 其他辅助工具

除以上表现工具外，直尺、铅笔、橡皮、丁字尺、三角板、美工刀、透明胶、修正液等也是手绘的常用工具，如图11-5和图11-6所示。

图11-5   图11-6

11.3 室内平面图手绘表现

室内设计图纸都是由线构成的，在室内设计制图中不同的线代表着不同的含义，室内设计师必须采用通用的、规范的线型来制图，这样才能使参与项目的每个人都能读懂图纸。

11.3.1 绘制线稿

室内设计制图中，手绘方案图的目的是增加室内设计图纸的表现力。CAD图纸一般是室内装饰工程各工种之间交流及施工的依据，室内设计图纸都是黑白的，客户看这类专业图纸都会比较吃力，所以，在谈单过程及招投标过程中，通常会对CAD图纸的方案图（平面图、立面图、顶面图）进行二维渲染，渲染的方法可以用马克笔及彩铅手绘，也可以在CorelDRAW绘图软件中（将在第12章进行讲解）为室内设施赋予材质、阴影、色彩等，使图纸看起来美观又逼真。

线稿绘制的操作步骤如下。

（1）在CAD中调出需要进行渲染的图纸。

（2）去掉填充，然后用极细线或灰色打印出图纸。

（3）如图11-7所示，用极细线或灰色打印的目的是体现效果，轮廓线需要用手绘线重新走一次，这样完成的整个图才有手绘的感觉，且画面效果会更统一。

（4）将打印的图纸的轮廓线用针管笔或签字笔覆盖画一次，注意墙线用1.0或0.8粗的线，家具用0.5左右的线绘制，如图11-8所示。

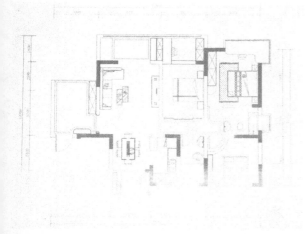

图11-7

图11-8

TIPS

墙线交接处不一定要像CAD那样工整，交叉处线条可以有适当延伸，这样更能体现手绘的效果，如图11-9所示。

承重墙往往也要填充，但作为手绘填充，用签字笔排线即可，不用将整个承重墙都填成黑色，如图11-10所示。

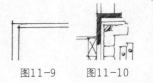

图11-9   图11-10

（5）在打印的平面图基础上手绘画出家具，结果如图11-11所示。

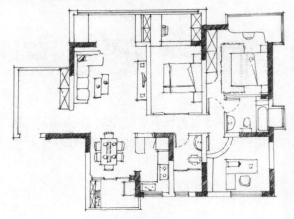

图11-11

TIPS

直线、竖线和斜线是手绘表现中最基本的线条，线条要画得刚劲有力，有"如锥画沙，入木三分"的感觉。画的时候要有起笔、运笔、收笔，还要有快慢轻重变化，如图11-12所示。

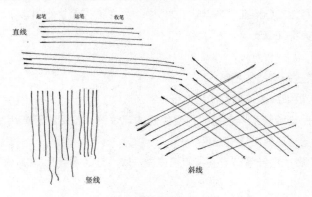

图11-12

在画弧形和圆时一定不能犹豫，要随意一些，不能太拘谨，如图11-13所示。

图11-13

（6）画出家具的投影以增加整个画面的体积感，如图11-14所示。

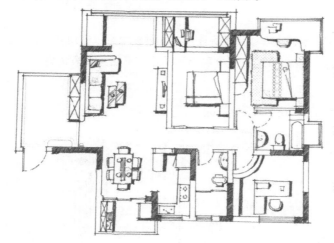

图11-14

（7）在画投影的过程中切记所有投影的方向要一致，最多可以画两个方向的投影，注意观察图11-15所标注的1、2、3、4、5处的投影方向。如果投影方向不一致，会使画面光线杂乱无章，反之则会使画面更加和谐。

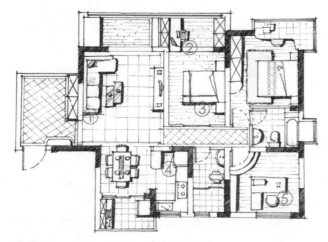

图11-15

（8）用0.5或更细的针管笔或签字笔画出填充效果，如图11-16所示。

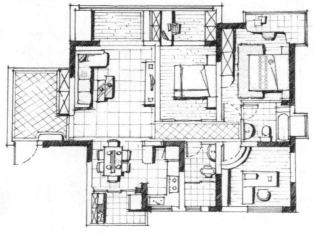

图11-16

01 线条技巧
02 室内设计制图规范
03 玄关
04 平面图实训
05 客厅
06 顶面图实训
07 卧室
08 中式风格设计
09 欧式风格设计
10 地中海风格设计
11 室内手绘方案表现
12 办公方案实训
13 餐厅设计

11.3.2 标注尺寸

尺寸标注一般用细线表示，在画家具及标注尺寸的过程中可以使用直尺，只是时间上要受一些影响，如果用直尺则全部都用直尺画，如过用手绘则全部手绘，不然画面表达会不统一。图11-17所示是借助直尺画出的结果。

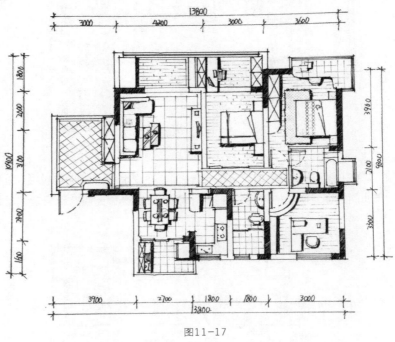

图11-17

11.3.3 添加材质颜色

（1）先使用马克笔画出地面材质，注意用笔的轻重缓急，不能平铺，靠近投影部分用笔可以略重，中间部分可以用笔轻一些，如图11-18所示。

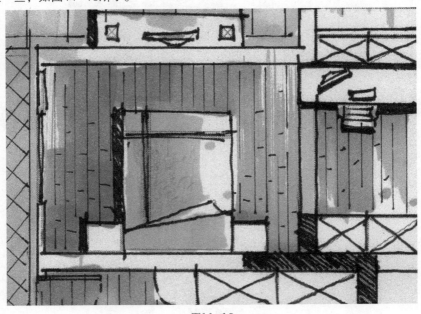

图11-18

198

（2）使用马克笔画出材质之后，如图11-19所示。

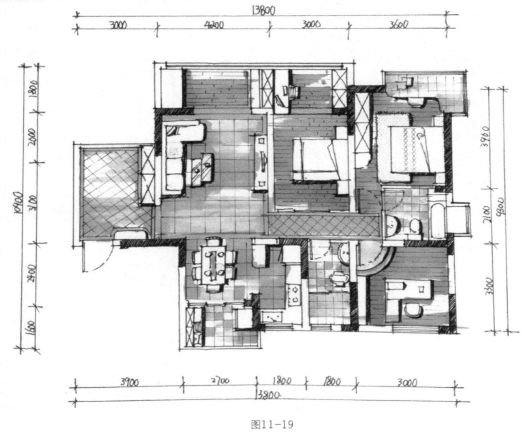

图11-19

01 绘图技巧
02 室内设计 陶瓷规范
03 室内设计 隔断
04 平面图 空间
05 立面图 空间
06 顶面图 空间
07 室内设计 流程
08 中式风格 设计
09 欧式风格 设计
10 现代风格 路线设计
11 室内手绘 方案表现
12 彩色方案 室内空间
13 彩色平面设计

TIPS
　　注意不同的材质，根据色彩明暗的对比，要选择不同的马克笔颜色，如该材质色彩比较暗，则应选择比较暗的马克笔颜色来表现。图11-20中，标注2是书房，标注1是卫生间，因为木地板的颜色比较深，而卫生间的颜色比较浅，所以，在表现时也要注意用色本身的对比关系。
　　在用马克笔画地面时不要完全平铺，可以适当用一些点，这样画面会显得"活"一些。

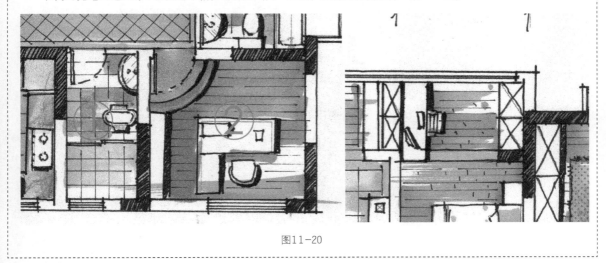

图11-20

（3）地面材质完成后，添加一些家具，如图11-21所示。

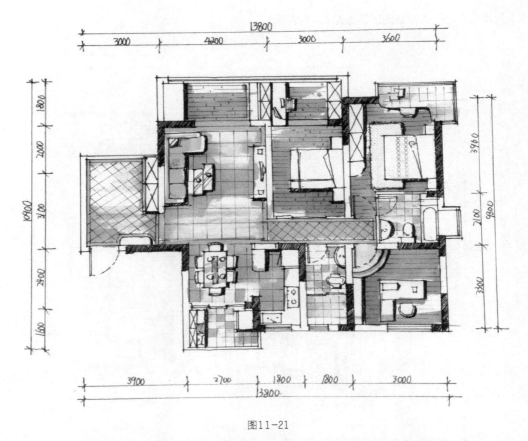

图11-21

（4）整个着色要简单一些，色彩不要铺满，要有所画有所不画，这样看起来才有光感，如图11-22所示。

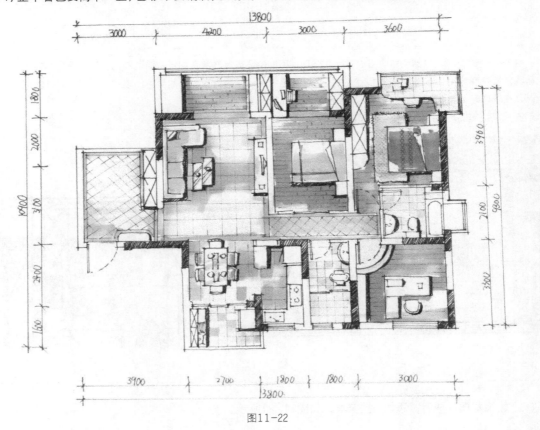

图11-22

01 剖析技巧
02 室内设计制图规范
03 室内物理量
04 平面图实例
05 立面图实例
06 顶面图实例
07 室内设计项目
08 中式风格设计
09 欧式风格设计
10 地中海与风格设计
11 室内手绘方案表现
12 彩色方案写实彩绘
13 软装设计

TIPS

通过重复使用马克笔可以使画面呈现出自然的深浅变化，如图11-23所示。

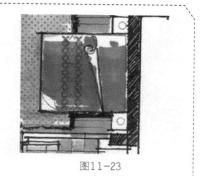

图11-23

（5）为了增强画面的表现力，可以用彩色铅笔对厨房的彩色地砖细部进行刻画，如图11-24所示。最终结果如图11-25所示。

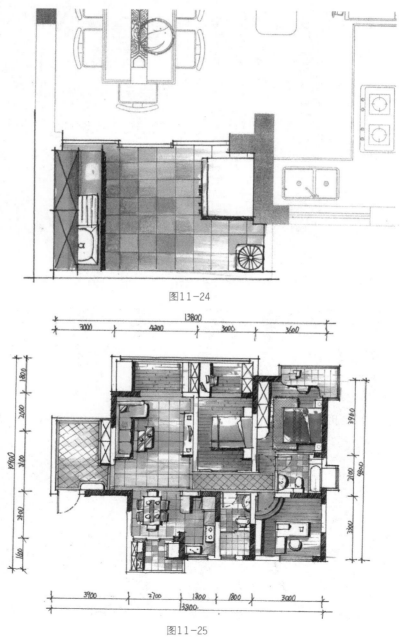

图11-24

图11-25

下面介绍彩色铅笔的使用技巧。

为了增加材质的质感，可以用彩色铅笔画出一些肌理，在画材质细节时，彩色铅笔比马克笔更方便，因为彩色铅笔可粗可细，可用线、面、点等各种方法增加画面的表现力，使细节更为丰富，如图11-26所示，在地面马克笔的基础上用彩色铅笔画出材质的纹理。

图11-27所示的餐厅局部图，餐椅、地面及灶台面都是用彩色铅笔画的。在画餐椅时采用渐变的手法，在画灶台时用不规则的线条画出石材的质感。

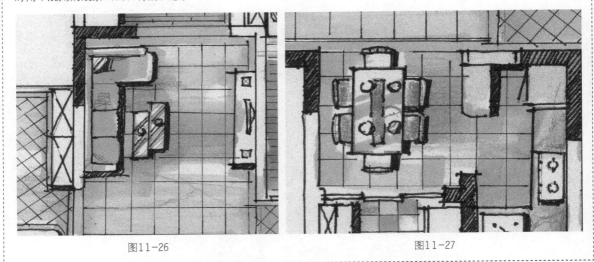

图11-26　　　　　　　　　　　　　　　　　　　图11-27

11.4　室内立面图手绘表现

室内设计图包括平面图、立面图、剖面图及节点详图，在室内设计制图中立面图是表示室内立面造型材质的表达，通过手绘表现可以更快速、更有效、更直观地表达出设计意图。

11.4.1　绘制线稿

（1）在CAD中调出需要进行渲染的立面图纸。

（2）去掉填充，然后用极细线或灰色打印出图纸，如图11-28所示。

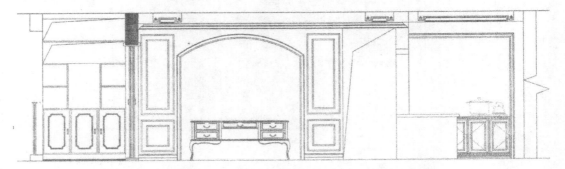

图11-28

（3）将打印图纸的立面外轮廓线用针管笔或签字笔覆盖画一次，注意选择较粗的笔绘制，一般为0.5左右，如图11-29所示。

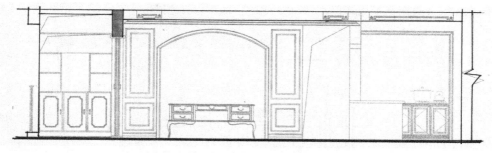

图11-29

TIPS

绘制地面线条要比其他外轮廓线粗两倍。

（4）将立面内部装饰的外轮廓用单线绘制出来，如酒柜、电视墙造型和厨房立面等，注意用0.3左右粗细的针管笔进行绘制，如图11-30所示。

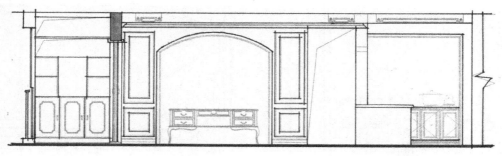

图11-30

（5）画出内部装饰线里面的线条，注意选用0.1的针管笔绘制，如图11-31所示。

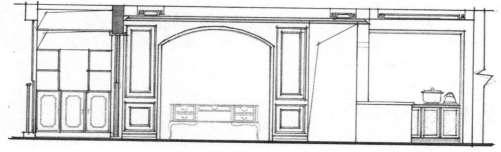

图11-31

（6）画出家具及墙面材质部分，注意墙面砖的比例，选用0.1大小的针管笔，如图11-32所示。

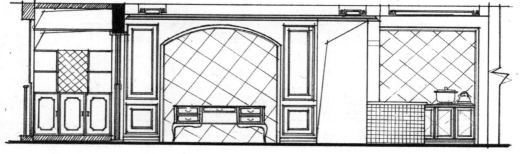

图11-32

（7）画出墙体细节部分，为了区别普通墙体与承重墙，把承重墙部分涂黑，其他墙体用小排线表示，如图11-33所示。

（8）将顶面部分和地台部分用小排线绘制，完成后如图11-34所示。

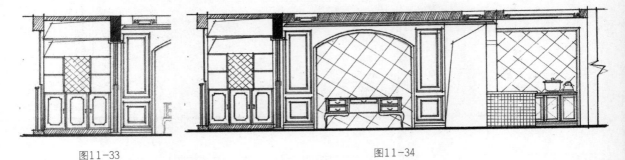

图11-33   图11-34

（9）将投影部分绘制出来，如图11-35和图11-36所示。

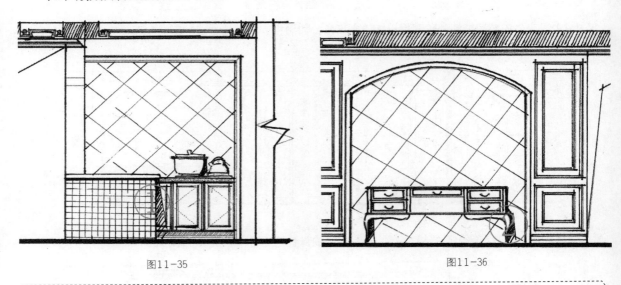

图11-35   图11-36

11.4.2 标注尺寸

绘制标注尺寸线及引线标注主要材料，如图11-37所示。

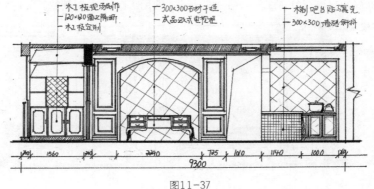

图11-37

204

11.4.3 添加材质颜色

（1）开始上色，首先用较浅的暖红色并用排笔的方式铺墙面石材部分，如图11-38所示。

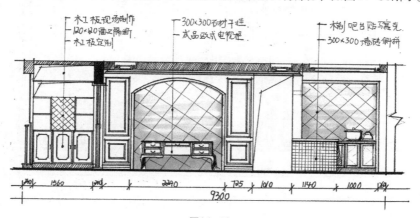

图11-38

紧邻家具部分颜色较重，上色时注意用力轻重，由下至上逐渐变浅。

由于灯光的作用，越接近吊顶部分越浅，可以适当做留白处理，显得画面不闷。

（2）用蓝色均匀铺满家具部分，注意色调统一，冷暖对比，如图11-39所示。

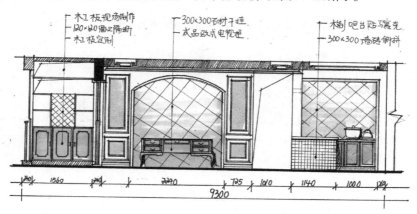

图11-39

（3）由于整个画面处于暖色调，所以，用暖灰色把墙体部分均匀铺面，注意由下至上颜色深浅依次递减，如图11-40所示。

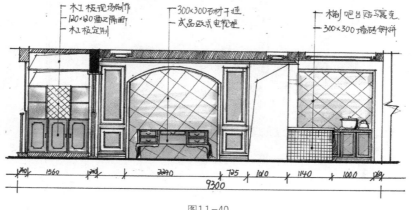

图11-40

（4）等马克笔颜色稍干，继续在上面用深一个层次的暖灰色加深墙体下面部分，如图11-41所示。

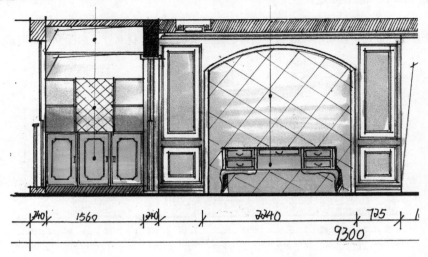

图11-41

（5）马克笔整体效果完成后，开始用彩铅描绘细节。选用蓝色彩铅，把图面上蓝色马克笔上色部分用彩铅过渡，如图11-42所示。

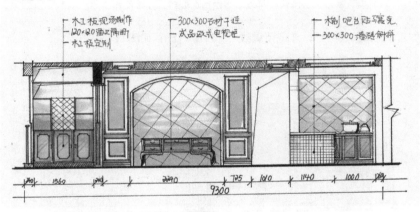

图11-42

彩铅加深部分多在家具底部边缘及物体轮廓线处，如图11-43中①所示。

为了增加光感，应适当在柜门上加两条斜线，如图11-43中②所示。

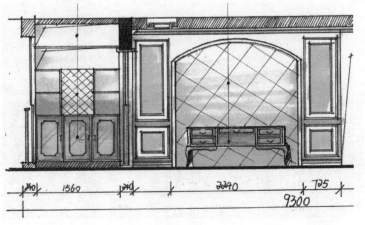

图11-43

（6）用暖灰色刻画酒柜，增加隔板的立体感。选用浅一点的冷灰色把中间的酒架格子适当平涂一下，如图11-44所示。

（7）用黑色针管笔加深酒架的厚度，让它产生立体感，如图11-45所示。

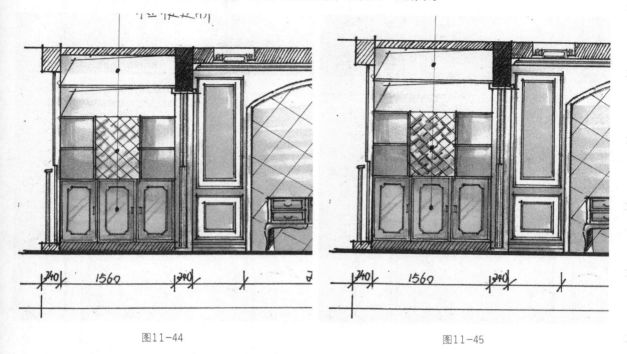

图11-44   图11-45

（8）处理电视墙时，用彩铅表达出壁纸的感觉，注意虚实，用打点的方式增加壁纸的颗粒感，如图11-46所示。

（9）用同一只马克笔加深家具遮挡部分，并用打点的方式增加墙面石材的体积感，如图11-47所示。

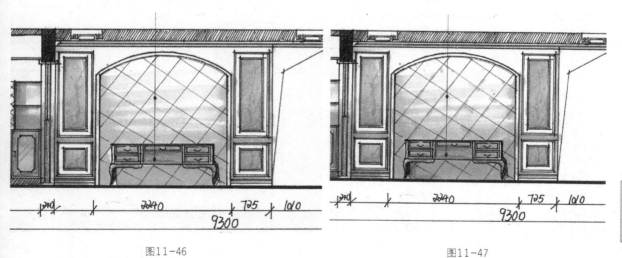

图11-46   图11-47

（10）用彩色铅笔刻画细节，如家具的投影加深、石材的纹理表现，如图11-48所示。

（11）厨房部分墙面砖与电视墙画法一致，如图11-49所示。

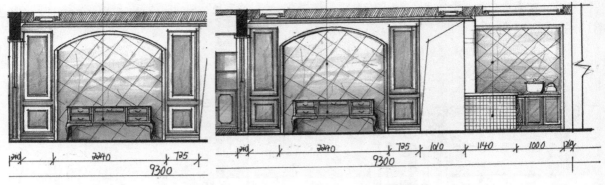

图11-48

图11-49

（12）厨房吧台处，马赛克砖的处理。先用冷灰色在上面零星涂抹小格子，如图11-50所示。

（13）用同样的方法，选用几只有颜色的马克笔进行绘制，如图11-51所示。

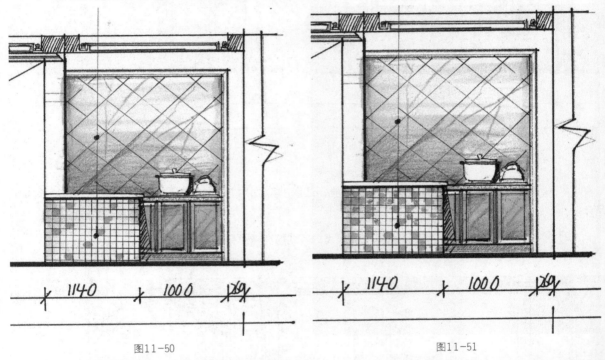

图11-50

图11-51

（14）用暖灰色根据光影关系把马赛克的颜色覆盖一次，降低其明度和纯度，如图11-52所示。最终效果如图11-53所示。

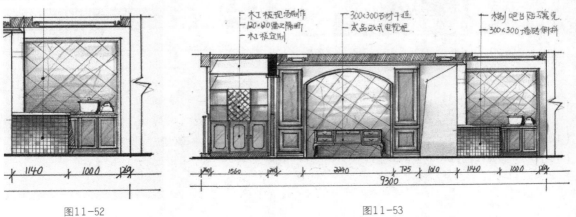

图11-52

图11-53

　　一幅完整的立面手绘表现图，除了包含立面装饰外，还包含地面、吊顶的结构、标注，以及材料注释，这些在墨线阶段就应该表现出来。

　　上色时通常使用马克笔大面积色块表现整体效果，如整体色调；彩色铅笔则刻画细节，比如材料的质感。

　　注意留白处理，为了增加画面的艺术感，在为立面上色时通常是由地面到顶面做渐变处理，到顶面部分时就选择适当留白处理。

11.5　室内天棚图手绘表现

相对室内平面手绘来讲，室内天棚的手绘表现要简单得多，主要应把握好天棚的材质及模拟灯光的渐变。

11.5.1　绘制线稿

（1）在CAD中打印出设计好的吊顶图纸。

（2）和平面图纸一样先绘制出墙体结构线，注意使用0.5粗细的针管笔，如图11-54所示。

（3）把承重墙用黑色的针管笔或者马克笔表示出来，用0.3的针管笔把窗线和门线表示出来，如图11-55所示。

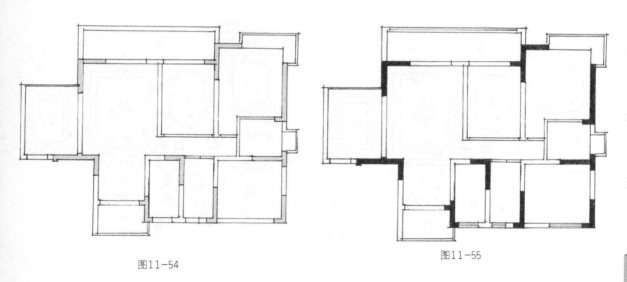

图11-54　　　　　　　　　　　　　　　　　　图11-55

（4）把墙面装饰线绘制出来，注意用0.1的针管笔绘制，在绘制时应注意石膏线条的层次，结果如图11-56所示。

（5）画出吊顶材料、灯具，如图11-57所示。

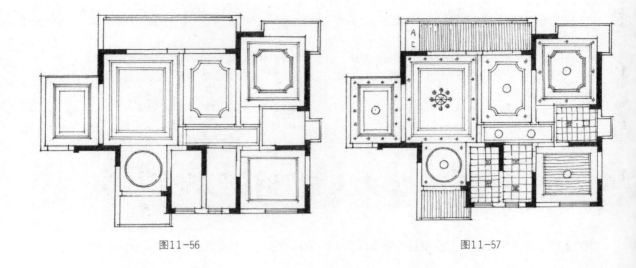

图11-56 图11-57

11.5.2 标注尺寸

（1）画出标注尺寸，注意尺寸线上的数字要保持方向一致，如图11-58所示。

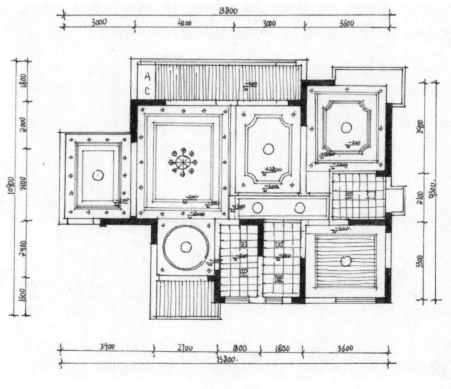

图11-58

（2）画出标高，如图11-59所示。

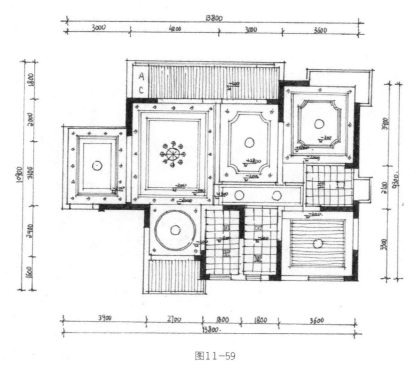

图11-59

11.5.3 添加材质颜色

（1）用马克笔画出木质吊顶的颜色，注意要均匀平涂，如图11-60所示。

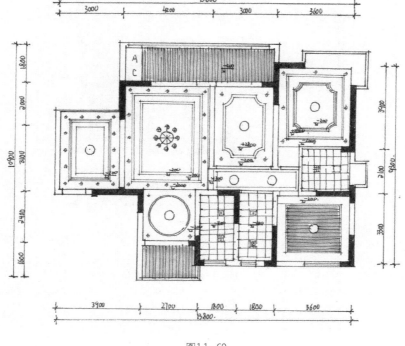

图11-60

（2）画出厨房和卫生间的铝扣板吊顶，注意可用一支笔表现不同深浅层次，如图11-61所示。

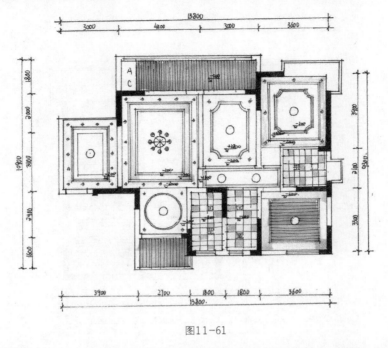

图11-61

（3）用黄色彩色铅笔淡淡地表示出灯光部分，注意这部分也可省略不画，如图11-62所示。

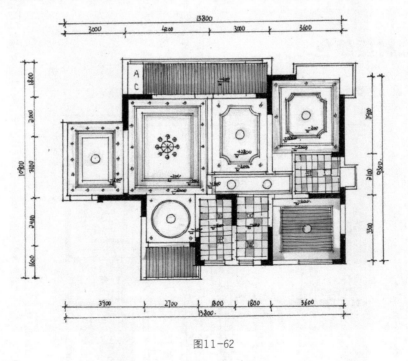

图11-62

TIPS

绘制天棚吊顶时，要把吊顶造型、材质、标高表示清楚，上色部分可简单上色。

12

彩色方案图绘制

为了把室内设计的户型效果直观地展示给客户，除了常用的
3ds Max效果图之外，CorelDRAW二维彩图是最有效的展示
方式。本章将细致讲解CorelDRAW X4的导入、保存、填充和
绘制图形等知识点，同时列举3个实际操作案例（室内平面图
实例、室内立面图实例和室内顶棚图实例）来讲解彩色方案图
的绘制方法。

要点：导入·设定·造型·绘制

12.1 CAD文件导入方式及设定

在CorelDRAW 二维彩图绘制过程中，CAD文件的导入至关重要，它是户型尺寸、家居布置等设计的标准化参照。本节重点讲解文件的导入及设定方式，为后期绘制CorelDRAW 二维彩图奠定基础。

12.1.1 选定文件

选用一套在工作中遇到的户型图作为讲解案例，此案例涵盖户型原始结构图、布局图、水电图及墙面立体图等。在AutoCAD 2007软件中打开户型文件，见"第12章/12.1/诺丁阳光.dwg"素材文件，如图12-1~图12-3所示。

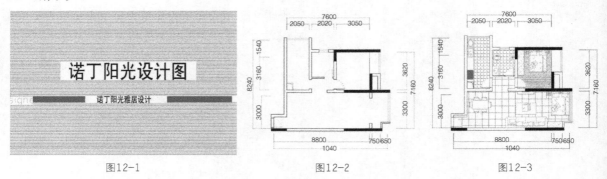

图12-1　　　　　　　图12-2　　　　　　　图12-3

12.1.2 选择结构图/布置图

在打开的AutoCAD软件中选择户型结构图、家居布置图，如图12-4和图12-5所示。

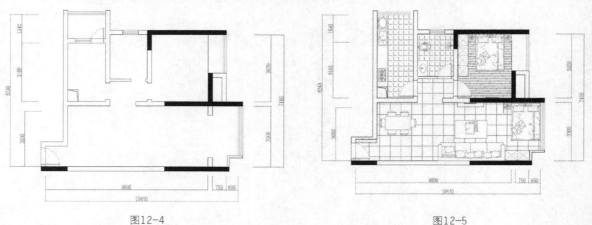

图12-4　　　　　　　　　　　　图12-5

214

12.1.3 输出户型图

把选择好的户型图从AutoCAD中导出相应的文件格式，此文件格式能在CorelDRAW X4中编辑、使用和修改。

在AutoCAD软件中执行"文件>输出"菜单命令，在弹出的对话框中设置输出文件类型为"图元文件（*.wmf）"格式，如图12-6所示。

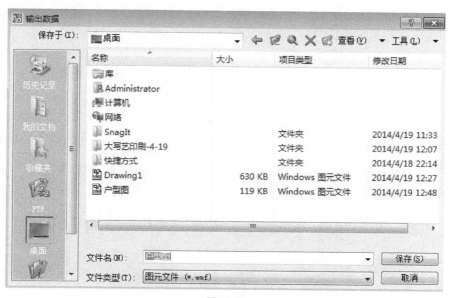

图12-6

12.1.4 导入CAD文件

导入CAD文件的操作步骤如下。

第1步：双击CorelDRAW X4软件图标 ，启动软件。

第2步：打开软件后，单击左上角的"新建"按钮 ，如图12-7所示。

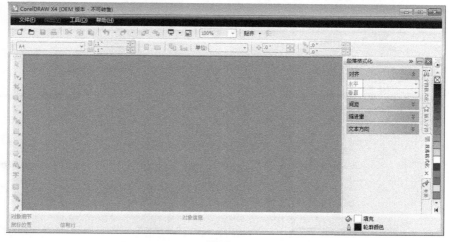

图12-7

第3步：新建文件后，软件面板显示如图12-8所示。

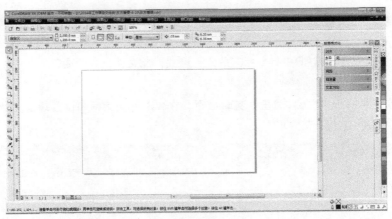

图12-8

第4步：导入CAD文件到CorelDRAW X4中。在 CorelDRAW X4中执行"文件>导入"菜单命令，在弹出的对话框中选择"户型图.wmf"图元文件，如图12-9所示。导入到CorelDRAW X4软件中的图形显示如图12-10和图12-11所示。

图12-9

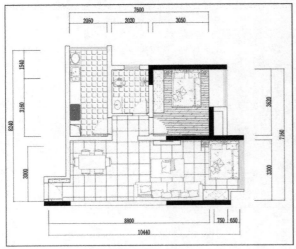

图12-10

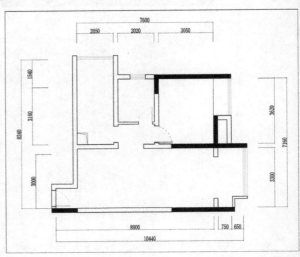

图12-11

在CorelDRAW X4软件的使用过程中，为了提高操作的速度，设计师常常要记住软件操作的快捷键。在本章中，运用的快捷键如下。

Ctrl+N：新建文件。

Ctrl+S：保存文件。

Ctrl+E：导出图片。

Ctrl+I：导入图片。

12.2　全局比例设定

室内设计工程图纸所显示的内容不可能是实际尺寸，它是按一定的比例关系或缩小或放大来绘制的。同样，在CorelDRAW 彩色方案图绘制中，CorelDRAW X4软件中也不可能是按照实际大小的尺寸操作。比例是图形与实物相对应的长度尺寸之比。例如，1:200表示图形上任意一段长度相当于实物相对应部分长度的1/200。比例的选用可根据实际情况选取。

常用比例有1:1、1:10、 1:50、1:100、1:200、1:500。

在CorelDRAW X4软件操作过程中，一般比例的设置方式如下。

第1步：将光标放在文件标尺上，单击鼠标右键，弹出如图12-12所示的快捷菜单。

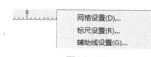

图12-12

第2步：选择"标尺设置"命令，然后在弹出的如图12-13所示的"选项"对话框中单击"编辑刻度"按钮，接着在弹出的"绘制比例"对话框中设置"实际距离"为100，最后单击"确定"按钮退出对话框，如图12-14所示。

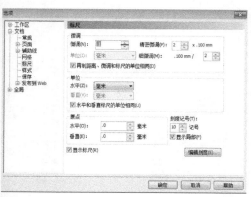

图12-13

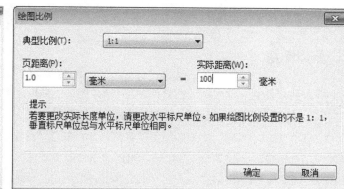

图12-14

12.3　CorelDRAW室内结构造型

在前面两小节中详细阐述了文件导入、保存等相关知识点，本节将分门别类地讲解彩绘图中墙体、门窗等实体的绘制。

通过对彩色方案图分类的绘制，使读者能更加熟练地掌握CorelDRAW X4软件中的各种工具和技巧，软件工具的经常使用，能让读者在今后的工作中运用自如，让工作更方便快捷。

12.3.1 墙体

墙体绘制是CorelDRAW 彩色方案图绘制中的第一步，将CAD图纸导入到CorelDRAW X4软件中，可以看到墙体有两种类型。一种是空白，即非承重墙；另一种是黑色，即承重墙，如图12-15所示。

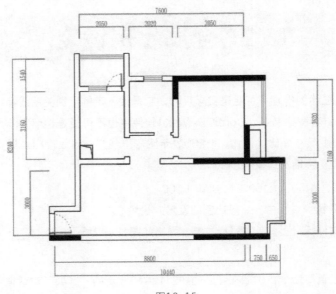

图12-15

针对墙体的绘制，我们要学习贴齐命令、矩形工具、焊接矩形、填色等知识点。

下面将按操作流程具体讲解。

❶ 新建图层

导入到软件的户型图默认在软件图层1中，为了后期所绘制的对象能快速选择，针对不同的对象要设置不同的图层。

执行"窗口>泊坞窗>对象编辑器"菜单命令，弹出"对象管理器"泊坞窗窗口，如图12-16所示。然后单击"对象管理器"按钮，并选择"新建图层"命令，创建"图层2"图层，接着在"图层2"图层上修改名称为"墙体"，如图12-17所示。

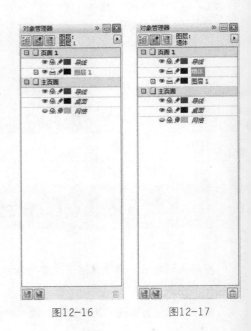

图12-16   图12-17

01 涂料设计 涂料墙面
02 室内设计 制板效果
03 室内设计 庭院
04 平面图 实例
05 立面图 实例
06 顶面图 实例
07 家具 设计
08 中式风格 设计
09 欧式风格 设计
10 地中海风 格设计
11 室内手绘 方案表现
12 彩色图例
13 软件设计

❷ 在图层中绘制墙体

绘制墙体的具体操作步骤如下。

第1步：在"墙体"图层中绘制墙体造型。单击工具面板中的"矩形工具"按钮▢，开启"视图>贴齐对象"菜单命令 ✓ 贴齐对象(J)   Alt+Z ，根据红色箭头指示开始绘制墙体，如图12-18所示。

第2步：在"墙体"图层中，将白色墙体先用矩形依次勾画，把所有白色墙体用矩形方式绘制完整，如图12-19所示。

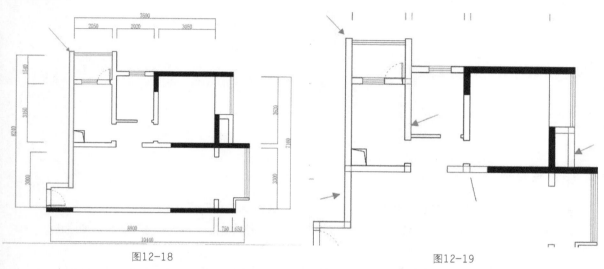

图12-18   图12-19

第3步：关闭"对象管理器"泊坞窗中的"图层1"（👁🖨✏▢为关闭图层状态）图层，如图12-20所示。显示在软件窗口的图像如图12-21所示。

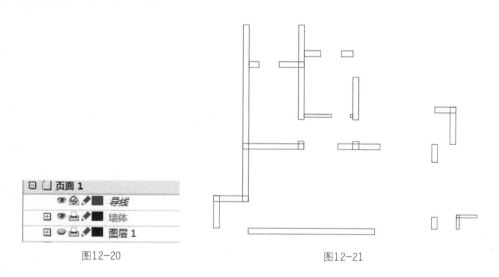

图12-20   图12-21

❸ 焊接矩形

如图12-21所示，矩形对象全部为单一对象，为了便于画面的整体移动和统一上色，需要全选矩形进行焊接，使之形成一个单独对象。具体操作步骤如下。

第1步：使用CorelDRAW X4的"挑选工具"▢，全选矩形。此时，属性栏如图12-22所示，即两两对象的处理方式包括"结合"▢、"群组"✳、"焊接"▢、"相减"▢、"相交"▢。

第2步：单击"焊接工具"▢，会形成如图12-23所示的图形。

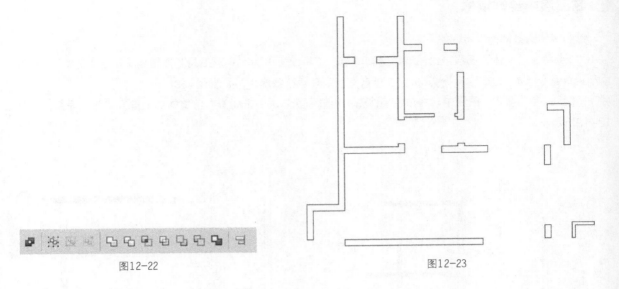

图12-22

图12-23

❹ 绘制承重墙

承重墙因为要填充黑色，所以，要单独分层绘制，具体操作步骤如下。

第1步：打开"对象管理器"泊坞窗中的"图层1"（ 图标显示为关闭图层状态， 为开启图层状态）图层。

第2步：用"矩形工具" 在"墙体"图层上绘制黑色承重墙部分，方法同上，结果如图12-24所示。

第3步：使用"挑选工具" 选择好承重墙部分矩形，如图12-25所示。

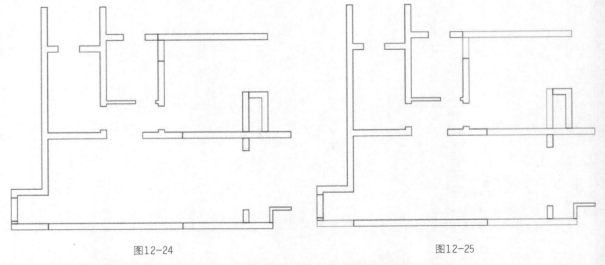

图12-24

图12-25

第4步：选择好承重墙所属矩形后，属性栏如图12-26所示，即两两对象的处理方式。

图12-26

第5步：单击"焊接工具" ，会形成如图12-27所示的图形。

第6步：选择红色部分，即承重墙部分，单击调色板中的黑色■（C:0，M:0，Y:0，K:100），会形成如图12-28所示的效果。

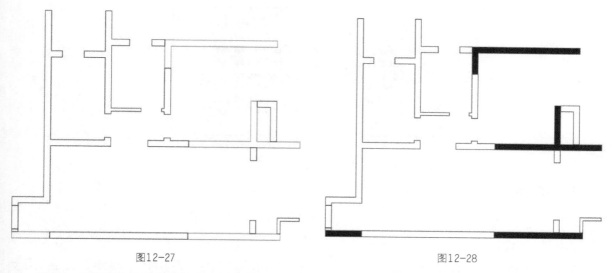

图12-27   图12-28

第7步：选择黑色承重墙部分图形，右键单击调色板顶部，去掉轮廓，如图12-29所示。

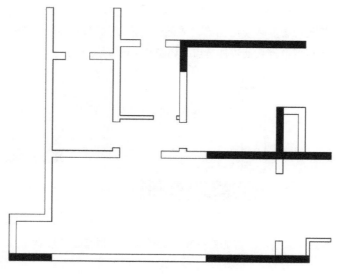

图12-29

TIPS

在CorelDRAW X4中建立新的图层，主要目的是方便图形的管理。如果内容比较多，每次绘制都在一个图层上，难免在画面选择和显示方面很混乱，所以，为了更好地显示、隐藏、选择内容，在二维彩图绘制的过程中，要学会合理使用"窗口>泊坞窗>对象编辑器"命令中的图层关系。

12.3.2 门

门的绘制，需要用到轮廓笔、圆形弧线等知识点。

❶ 新建图层

执行"窗口>泊坞窗>对象编辑器"菜单命令，弹出"对象管理器"泊坞窗，单击"对象管理器"按钮回，选择"新建图层"命令，创建"图层2"图层，如图12-30所示。接着在"图层2"图层上单击鼠标右键，修改名称为"门"，如图12-31所示。

图12-30

图12-31

❷ 绘制门槛

门槛如图12-32所示。

具体操作步骤如下。

第1步：根据CAD图纸，单击"矩形工具" □，开启"视图>贴齐对象"菜单命令，根据红色箭头的指示开始绘制墙体，如图12-33所示。

第2步：根据CAD图的弧度画一个圆形，如图12-34所示。

第3步：针对圆形，需要把圆形转换成曲线，才能进行形状的修改。执行"排列>转换为曲线"菜单命令，把圆形转成曲线，在靠近绿色箭头处添加节点，如图12-35所示。

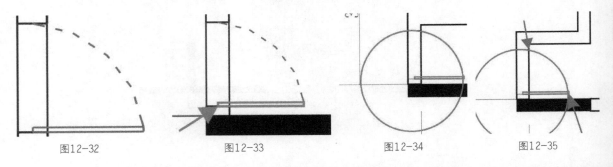

| 图12-32 | 图12-33 | 图12-34 | 图12-35 |

第4步：断开节点并删除多余线段。首先选中转曲的圆形，然后单击"形状工具" ↖，并选择转曲圆形最左边的节点，如图12-36所示。

第5步：选中属性栏中的"断开节点"按钮 ↟↟，然后直接删除左边节点，如图12-37所示。

第6步：依次删除多余节点，直至如图12-38所示为止。

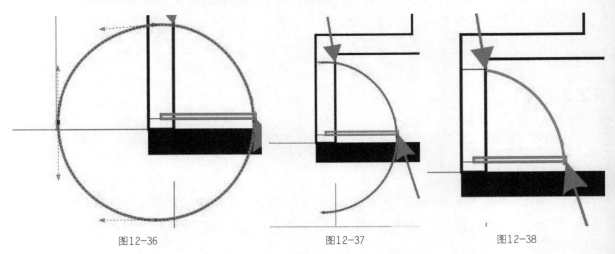

| 图12-36 | 图12-37 | 图12-38 |

❸ 弧线转成虚线

第1步：选中画面中的弧线，单击"轮廓笔"工具 ✒️ 或按F12键，如图12-39所示。

第2步：选择虚线样式，效果如图12-40所示。

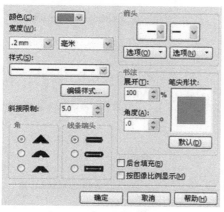

图12-39　　　　　　　　　　　　　图12-40

在CorelDRAW 二维彩图的绘制过程中，为了加快操作的速度，设计师常常要记住软件的快捷键及部分实用技巧。

F2：选择性放大。

F3：缩小。

F4：全部对象显示。

F5：手绘。

F6：矩形。

F7：椭圆。

F8：文字输入。

F9：全屏。

F10：形状改变。

F11：渐变填充。

F12：轮廓图。

复制对象的方法有以下3种。

第1种：按Ctrl+C组合键复制；按Ctrl+V组合键粘贴。

第2种：在小键盘中直接按一次"+"号

第3种：选择CorelDRAW软件对象，右键选中，拖到合适的位置放手，在显示的菜单栏中选择"复制"选项。

12.3.3 窗户

在彩色方案图绘制中，窗户的绘制相对简单，主要运用矩形工具、对齐方式、轮廓颜色改变等知识点。具体操作步骤如下。

第1步：执行"窗口>泊坞窗>对象编辑器"菜单命令，在"对象管理器"泊坞窗中新建"窗户"图层，如图12-41所示。

第2步：显示"图层1"图层，此图层所显示的是导入的户型图和家居布局图，如图12-42所示。

图12-41

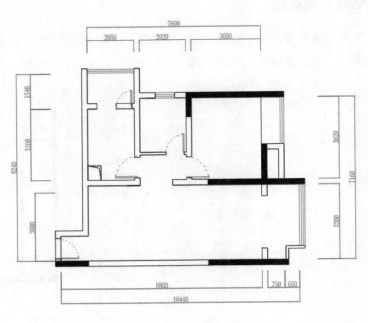

图12-42

第3步：根据CAD图纸，单击"矩形工具"按钮▣，并开启"视图>贴齐对象"菜单命令，然后在"窗户"图层中根据红色箭头指示开始绘制窗户，如图12-43所示。

第4步：根据户型图图纸，依次用矩形绘制窗户图形。关闭"图层1"图层，图形显示如图12-44所示。

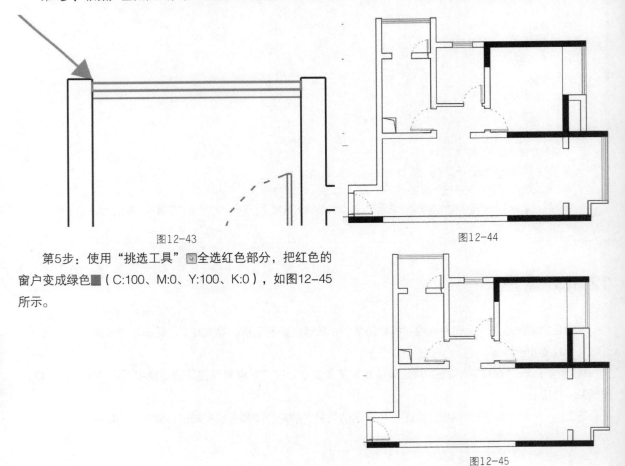

图12-43

图12-44

第5步：使用"挑选工具"▣全选红色部分，把红色的窗户变成绿色■（C:100、M:0、Y:100、K:0），如图12-45所示。

图12-45

12.4　CorelDRAW标注线方法

针对CorelDRAW 彩色方案图绘制的标注线问题，首先要清楚的是CAD图纸标注的准确性和图纸的比例关系，同时也讲求画面尺寸比例的协调。

将CAD图纸导入CorelDRAW X4软件中，如图12-46所示。

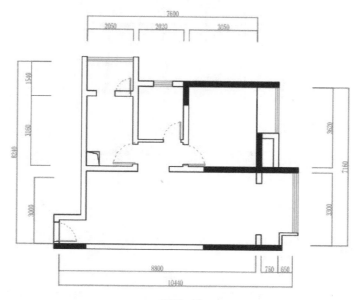

图12-46

深绿色标注线为CAD图纸中所标注的尺寸。那么，怎么在CorelDRAW X4软件中绘制标注呢？接下来便为大家进行讲解。

12.4.1　新建图层

执行"窗口>泊坞窗>对象编辑器"菜单命令，在"对象管理器"泊坞窗中新建"标注"图层，如图12-47所示。

图12-47

12.4.2　丈量尺寸

按照"从左向右""从上向下"的原则，依次丈量尺寸。选择"度量"工具 ，再选择属性栏上的"水平或垂直度量"按钮，如图12-48所示。此按钮既可水平丈量尺寸，也可以垂直丈量尺寸。

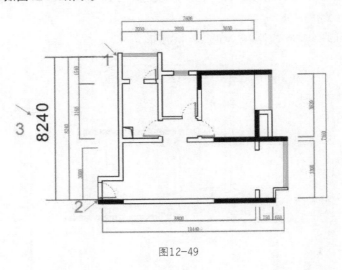

图12-48

先单击数字1红色箭头处，再单击数字2红色箭头处，最后将鼠标移动到合适的位置（数字3处）单击，尺寸标注数字自动显示，如图12-49所示。

图12-49

12.4.3 标注调整

标注调整过程中，先以丈量一个简单的矩形为例进行讲解。在完全理解和掌握了丈量知识后，再运用到二维彩图的绘制过程中去。

❶ 度量工具字号大小的改变

如图12-50所示，字号比较大。如果需要把字号调小，首先选中数值，如图12-51所示，再选择属性栏字体更换栏目，如图12-52所示，将24pt改小即可。所改的数值根据画面的需要来修改，如在A4纸中，9pt字号为合适尺寸，9pt字号为2.9mm左右，如图12-52所示。

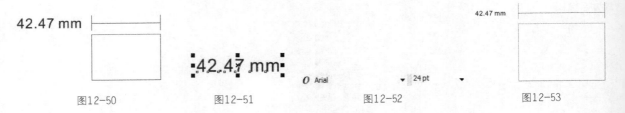

| 图12-50 | 图12-51 | 图12-52 | 图12-53 |

❷ 度量工具数值精度的设置

在CAD户型图纸中，度量单位都以整数为单位，而在CorelDRAW软件中所绘制的对象上面有两位小数，设置方式如下。

第1步：选中所丈量的度量数值，如图12-54所示。

第2步：度量工具的属性栏如图12-55所示，选中"度量精度" 工具，调整为0。

第3步：调整后的效果显示如图12-56所示。

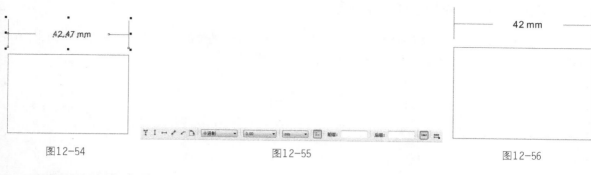

图12-54　　　　　　　　　　　　　　　　　图12-55　　　　　　　　　　　　　　　图12-56

❸ 度量数值后缀的隐藏

在CorelDRAW 彩色方案图效果图中，没有度量数值后缀mm单位，但是在所画的度量数值中，会出现如图12-57所示的后缀，设置方式如下。

第1步：选中所丈量的度量数值，如图12-58所示。

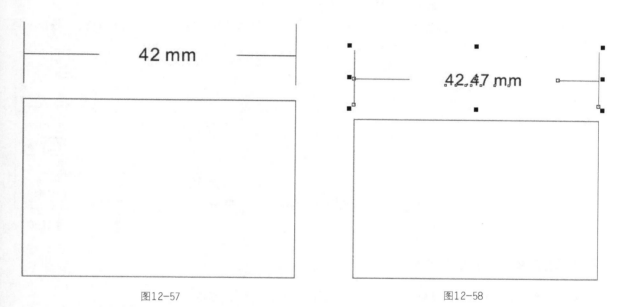

图12-57　　　　　　　　　　　　　　　　　　　　图12-58

第2步：选择度量工具的属性栏，如图12-59所示，单击"显示尺度单位"工具▣。调整后的效果显示如图12-60所示。

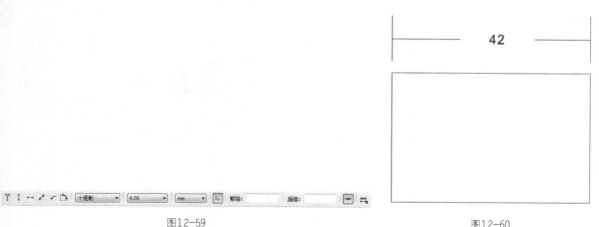

图12-59　　　　　　　　　　　　　　　　　　　　图12-60

④ **度量工具数值单位显示位置的设置**

在CorelDRAW 彩色方案效果图中，根据不同的CAD图纸，标注的位置有的在线外、有的在线内、有的在线中，如图12-61~图12-63所示，调整的方法如下。

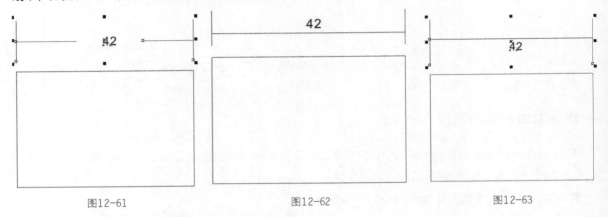

图12-61　　　　　　　　　图12-62　　　　　　　　　图12-63

第1步：选中所丈量的度量数值，如图12-64所示。

第2步：选择度量工具的属性栏，如图12-65所示，单击"文本位置下拉式对话框"工具 ，根据不同的位置，单击不同的显示按钮，如图12-66所示。

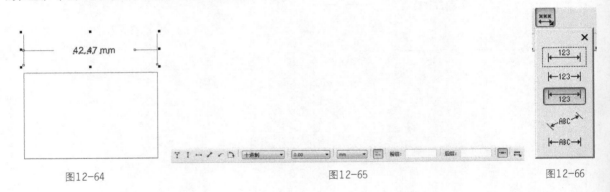

图12-64　　　　　　　　　　　　　　　　　图12-65　　　　　　　　　　　　　图12-66

⑤ **度量工具数值的单独改变**

如果度量工具上的数值不是自己想要的数字，可以单独进行修改，修改方法如下。

第1步：选中所丈量的度量数值，如图12-67所示。

第2步：执行"排列>打散3元素的复合对象"菜单命令，打散复合对象，再选中文字，直接改变数值，如图12-68所示。

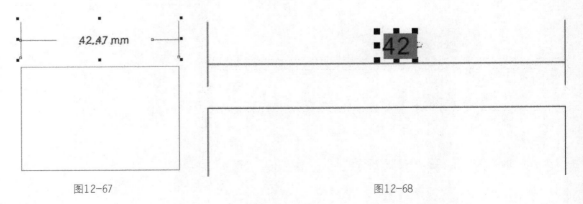

图12-67　　　　　　　　　　　　　　　　图12-68

第3步：根据以上对矩形的度量尺寸进行讲解，把度量工具的使用方法用在户型图的尺寸丈量中去，最后绘制出的效果如图12-69所示。

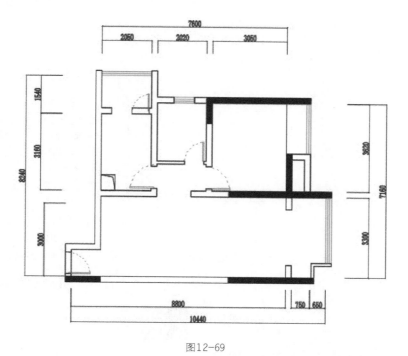

图12-69

12.5 填充材质

本节主要对填充材质方面的知识进行细致讲解，首先要理解和掌握填充类型；其次要对材质素材进行收集和认识。

12.5.1 色块填充

色块填充是CorelDRAW X4软件中填色的常用方式。

针对色块填充，首先要选中闭合对象，如图12-70所示。

单击软件右边调色板中的颜色，比如需要填充黑色，选中对象，单击黑色■（C:0、M:0、Y:0、K:100），效果如图12-71所示。

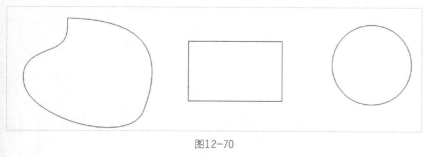

图12-70

图12-71

01 装修技巧
02 室内设计 装饰规范
03 室内设计 量房
04 平面图 实训
05 立面图 实训
06 效果图 实训
07 室内设计 预算
08 中式风格 设计
09 欧式风格 设计
10 地中海风格 设计
11 室内手绘 方案表现
12 彩色方案 图绘制
13 效果图设计

填色必须选择闭合图形。

色块填充在软件运用中还有另外两种方法，操作步骤分别如下。

第1种方法：首先选中闭合对象 ，如图12-72所示。

然后单击工具箱中的"填充"工具，弹出的对话框如图12-73所示。

图12-72　　　　　　　　　　　　　　　　　　　图12-73

接着选择"均匀填充"，弹出"均色填充"对话框，如图12-74所示；最后在"组件"选项组中调整CMYK值，如图12-75所示。

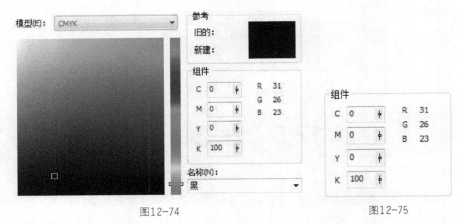

图12-74　　　　　　　　　　　　　　图12-75

填充后的效果如图12-76所示。

第2种方法：首先选中闭合对象；然后双击软件右下角的填充图标，如图12-77所示；最后像第1种方法一样设置CMYK色值即可。

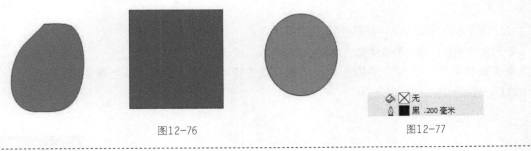

图12-76　　　　　　　　　　　　　　图12-77

12.5.2 轮廓填充

轮廓填充是对路径的颜色填充，针对路径的颜色填充，只能是单色填充，不能用渐变填充。因为路径属于线型而不属于图形形状。

轮廓填充，可以针对闭合对象，如圆形、方形等；也可以针对未闭合对象，如曲线、直线等，如图12-78所示。

轮廓填充直接用鼠标右键单击右边调色板中的颜色 ⬜✕⬛ ₂₅₅毫米 即可，如需要填充黑色，选中对象，使用鼠标右键单击黑色■，效果如图12-79所示。

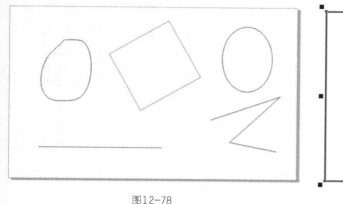

图12-78

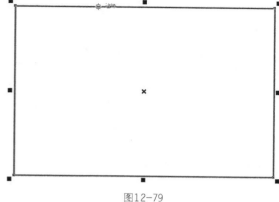

图12-79

TIPS

在轮廓填充方面，除了以上方法，另外还有两种方法。

第1种方法：选中闭合对象或未闭合对象，如图12-80所示。

然后单击工具箱中的"轮廓"工具，弹出如图12-81所示的面板。

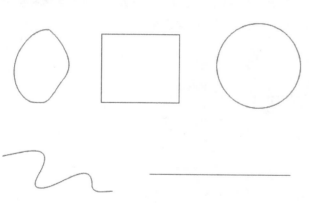

图12-80

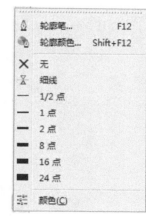

图12-81

选择"轮廓笔"命令，弹出"轮廓笔"对话框，如图12-82所示。调整设计需要的颜色，如图12-83所示。

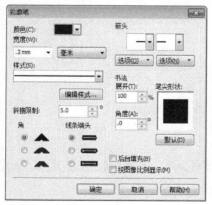

图12-82

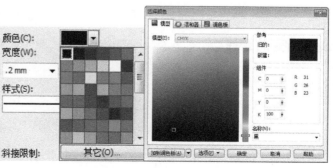

图12-83

231

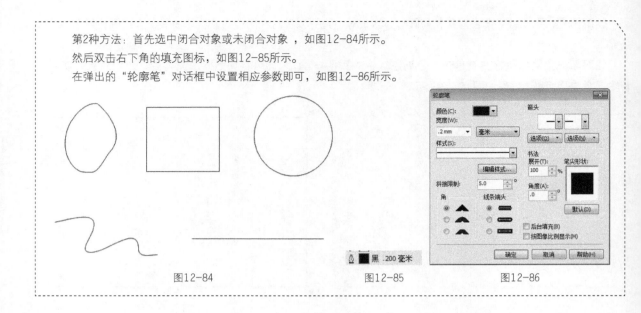

第2种方法：首先选中闭合对象或未闭合对象，如图12-84所示。

然后双击右下角的填充图标，如图12-85所示。

在弹出的"轮廓笔"对话框中设置相应参数即可，如图12-86所示。

图12-84   图12-85   图12-86

12.5.3 渐变填充

渐变填充在实际运用中用处很多，大部分是运用在CorelDRAW彩色方案图绘制中的家居图形上，如图12-87所示。渐变填充分为线性渐变、射线渐变、圆锥渐变和方角渐变。

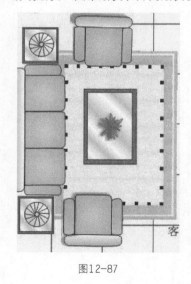

图12-87

① **线性渐变的操作**

具体操作步骤如下。

第1步：选择闭合对象，如图12-88所示。

第2步：根据对象的需要选择渐变形式，以图12-89所示的玻璃桌为例。选择"填充"工具 ◇，弹出如图12-90所示的面板。

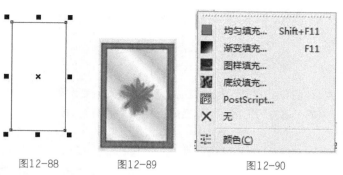

图12-88　　　　　　　图12-89　　　　　　　　　　图12-90

第3步：选择"渐变填充"命令，弹出"渐变填充"对话框，如图12-91所示；在弹出的对话框中选择"类型"为"线性"，如图12-92所示。

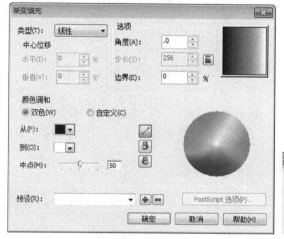

图12-91　　　　　　　　　　　　　　　　　　　图12-92

第4步：改变颜色调和数值，"颜色调和"分为"双色"和"自定义"，如图12-93所示。"双色"只有两种颜色，"自定义"可以调整多种颜色，调整结果如图12-94所示。

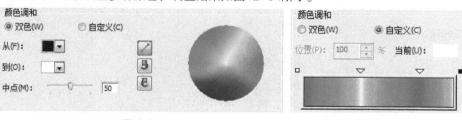

图12-93　　　　　　　　　　　　　　图12-94

图12-94中上部白色的三角形点，是颜色的支撑点，单击两次就会产生，产生了白色三角形方框之后，再单击右侧的颜色框，选择颜色。

图12-95所示为软件默认的垂直0°线性渐变，而我们需要的是倾斜式渐变。在"渐变填充"对话框中将"角度"调整为45°即可，如图12-96所示。

图12-95　　　　　　　　　　　　　　图12-96

第5步：颜色调整好后，单击"确定"按钮，完成渐变填充操作。

❷ 射线渐变的操作

具体操作步骤如下。

第1步：选择闭合对象，如图12-97所示，以图12-98所示的沙发渐变为例，讲解射线渐变的运用方式。

第2步：单击工具箱中的"填充"工具 ，弹出如图12-99所示的面板。

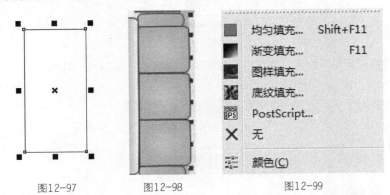

图12-97   图12-98   图12-99

第3步：选择"渐变填充"命令，弹出"渐变填充"对话框，设置"类型"为"射线"，如图12-100所示。

第4步：设置"颜色调和"为"双色"，将"从（F）"调整为红色，"到（O）"调整为白色，如图12-101所示。

第5步：颜色调整好后，单击"确定"按钮，最后效果如图12-102所示。

图12-100   图12-101   图12-102

❸ 圆锥渐变的操作

圆锥渐变在实际的工作中比较少见，操作方法如下。

第1步：选择闭合对象，如图12-103所示。

第2步：单击工具箱中的"填充"工具 ，弹出如图12-104所示的面板。

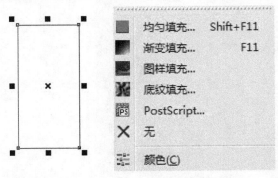

图12-103   图12-104

第3步：选择"渐变填充"命令，弹出"渐变填充"对话框，设置"类型"为"圆锥"，如图12-105所示。

第4步：设置"颜色调和"为"双色"，将"从（F）"调整为红色，"到（O）"调整为白色，如图12-106所示。

第5步：将颜色调整到设计需要的颜色后，单击"确定"按钮，圆锥渐变效果如图12-107所示。

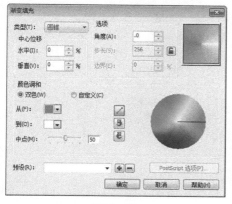
图12-105

图12-106　　　　　图12-107

❹ 方角渐变的操作

具体操作步骤如下。

第1步：选择闭合对象，如图12-108所示。

第2步：单击工具箱中的"填充"工具 ◇，弹出如图12-109所示的面板。

第3步：选择"渐变填充"命令，弹出"渐变填充"对话框，设置"类型"为"方角"，如图12-110所示。

图12-108　　　　　图12-109

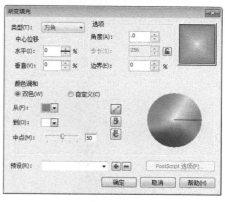
图12-110

第4步：设置"颜色调和"为"双色"，将"从（F）"调整为红色，"到（O）"调整为白色，如图12-111所示。

第5步：如果需要改变方角渐变的位置，调整中心位移，如图12-112所示。

第6步：颜色、位置调整好后，单击"确定"按钮，方角渐变效果如图12-113所示。

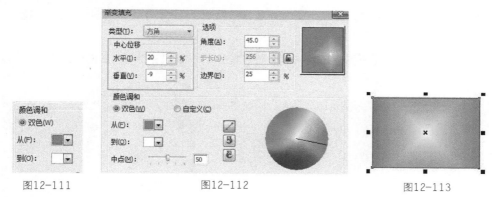
图12-111　　　　　　图12-112　　　　　　图12-113

本小节有两个小知识点必须掌握。

第1点：填充渐变色必须是闭合图形，如果是没有闭合的图像，不能填充颜色或图案。

第2点：如果所画对象没有闭合，可以首先选择没有闭合的路径，然后执行"排列>闭合路径"菜单下的相关命令，如图12-114所示。

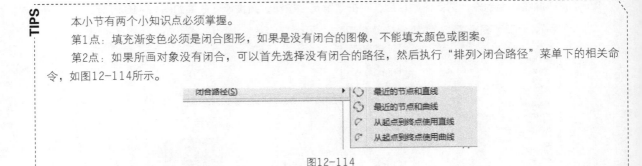

图12-114

12.5.4 底纹填充

底纹填充是充分运用CorelDRAW X4软件中的底纹图案来进行填充，在CorelDRAW X4软件中底纹图样非常丰富，如图12-115所示。

具体操作步骤如下。

第1步：选择好闭合图形，如图12-116所示。

第2步：单击工具箱中的"交互式填充工具"按钮 ，在"交互式图样填充"属性栏的"填充类型"下拉列表中选择"底纹填充"选项 底纹填充 ，接着单击"样品"下拉列表，弹出多种样品图案供设计选择。底纹填充效果如图12-117所示。

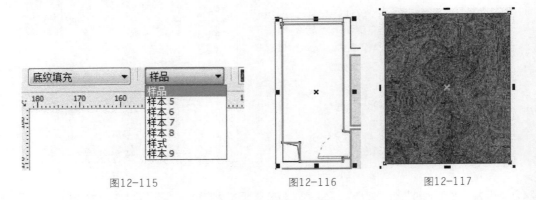

图12-115   图12-116   图12-117

12.5.5 材质图样填充

材质图样填充是CorelDRAW 彩色方案图绘制中最常用的填充方式，下面用案例的形式讲解材质图样填充方式。

根据CAD家居布置图/地板填充图，在CorelDRAW X4软件中分别填充矩形材质图样，如图12-118所示。

具体操作步骤如下。

第1步：绘制封闭图形对象，方便填颜色。在"对象管理器"泊坞窗口中创建"填色"图层，然后单击工具箱中的"贝塞尔工具"按钮 ，沿着某一房间创建一个封闭的对象，如图12-119所示。

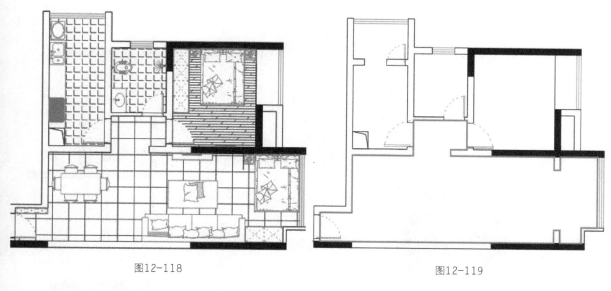

图12-118   图12-119

第2步：单击工具箱中的"交互式填充工具"按钮 🎨，然后在"交互式图样填充"属性栏的"填充类型"下拉列表中选择"位图图样"选项。接着在右边的下拉列表中单击如图12-120所示的"其它"按钮，弹出"导入"对话框，导入光盘中的"第12章/12.5/地板-1.jpg"图片，填充效果如图12-121所示。最后将属性栏中的"编辑图样平铺"参数调整到合适的尺寸。

图12-120   图12-121

第3步：主卧木地板房间填充。单击工具箱中的"交互式填充工具"按钮 🎨，然后在"交互式图样填充"属性栏的"填充类型"下拉列表中选择"位图图样"选项，接着在右边的下拉列表中单击图12-122所示中的"其它"按钮，弹出"导入"对话框，导入光盘中的"第12章/12.5/木地板.jpg"图片，将其填充到图12-123所示区域。最后将属性栏中的"编辑图样平铺"参数调整到合适的尺寸，此参数要根据地砖的大小进行调整。

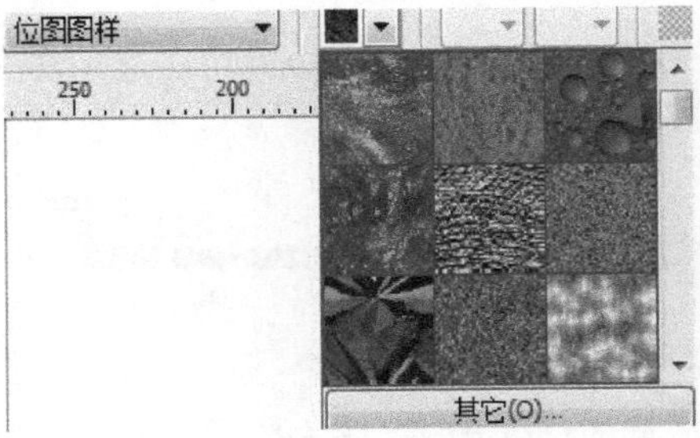

图12-122

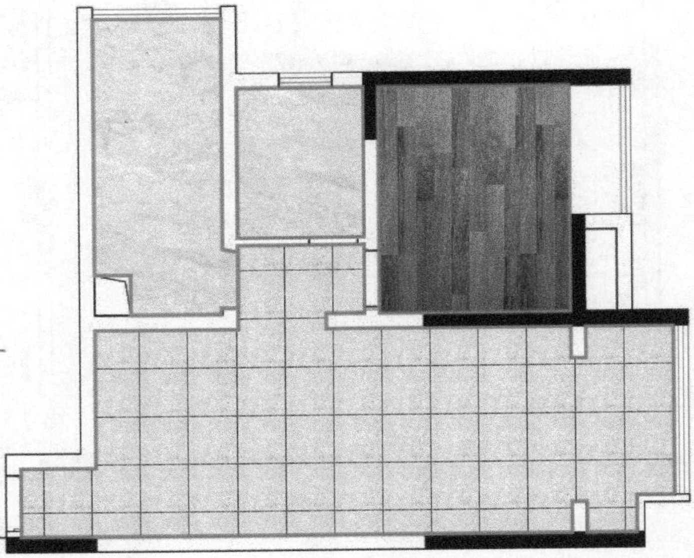

图12-123

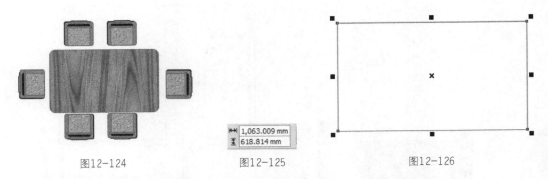

材质填充，还有两种方法我们必须了解和掌握。下面就以图12-124所示的圆桌为例进行详细讲解。

可以看出圆桌的图样材质是木纹，填充木纹材质的方法有两种。

第1种方法：首先绘制一个与设计尺寸一致的长方形，调整长方形尺寸，如图12-125所示，矩形效果如图12-126所示。

图12-124　　　　　　图12-125　　　　　　图12-126

然后改变矩形图形的圆角。选中矩形对象，设置角度为18°，如图12-127所示。

接着单击工具箱中的"填充"工具，在弹出的菜单中选择"图样填充"命令，弹出"图样填充"对话框，如图12-128所示。选择"位图"单选按钮，右边的下拉列表中会显示很多不同的位图图片，如图12-129所示。

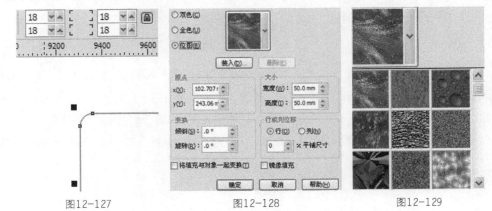

图12-127　　　　　　图12-128　　　　　　图12-129

最后选择合适的木纹，如图12-130所示，设置"大小"并调整到合适的位置。单击"确定"按钮，效果如图12-131所示。

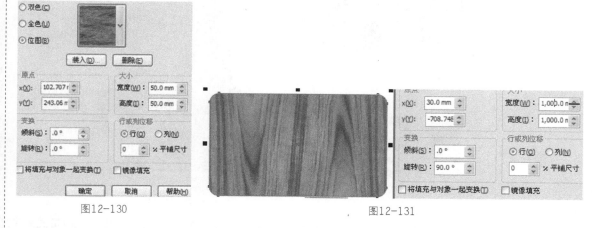

图12-130　　　　　　　　　　　　　　　　　　图12-131

第2种方法：首先绘制一个与设计尺寸一致的长方形，并改变矩形图形的圆角，如图12-132所示。

然后执行"文件>导入"菜单命令，导入素材图片"第12章/12.5/家具桌面底纹.jpg"图片。

接着使用鼠标右键选中图片，同时按住右键拖动图片，在圆角矩形上方放开鼠标右键，如图12-133所示。

最后选择"图框精确剪裁内部"命令，效果如图12-134所示。

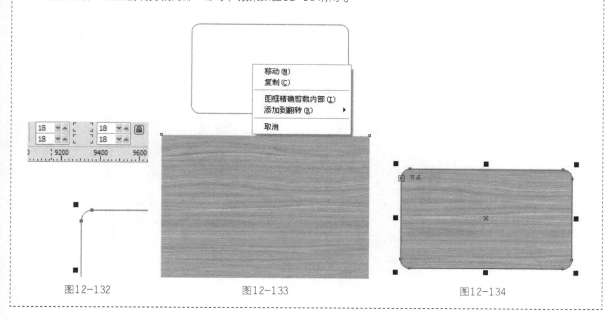

图12-132　　　　　　　　　图12-133　　　　　　　　　图12-134

12.6　导入室内家具模型

在 CorelDRAW 彩色方案图的绘制过程中，要得到家具模型，需掌握室内家具模型的导入、保存、填充材质、移动方式等知识。

在导入室内家具模型时，模型状态既可以是位图图片，也可以是矢量路径图，如图12-135和图12-136所示。

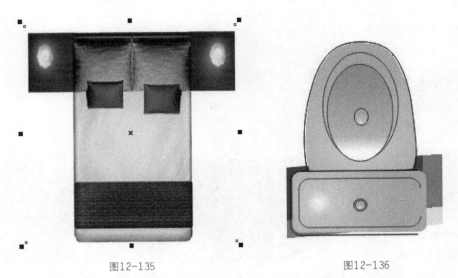

图12-135   图12-136

在本次CorelDRAW 彩色方案图绘制课程中，笔者为大家准备了相关素材，涵盖jpg图片、cdr格式文件、打开或导入CorelDRAW素材文件，根据需要复制室内家具模型。

12.6.1 导入模型

执行"文件>导入"菜单命令，导入光盘中的"第12章/12.6/CorelDRAW 彩色方案图家具.jpg"素材文件。导入后的界面如图12-137所示。

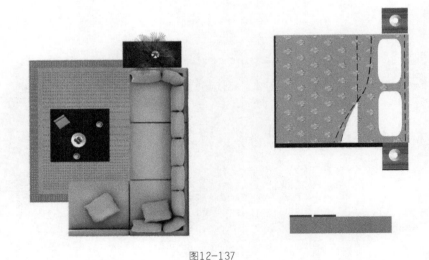

图12-137

12.6.2 打开模型

在CorelDRAW X4中，针对不同的格式要采取不同的方式，如果是图片、照片等jpg格式，必须选用"导入"方式；如果是素材源文件，即扩展名为.cdr格式的文件，必须选用"打开"方式。

执行"文件>打开"菜单命令，打开光盘中的"第12章/12.6/家具素材–填充素材–8.jpg"图片，如图12–138所示。

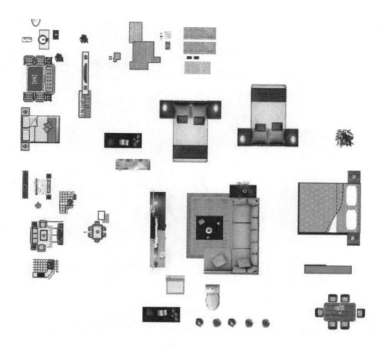

图12-138

12.7 室内平面图实例表现

在前面的课程中，细致讲解了在CorelDRAW 彩色方案图绘制中所遇到的知识，通过对这些知识点的学习，在软件运用方面更加得心应手。下面结合所学知识绘制室内平面图。

室内平面图实例表现效果如图12-139所示。

图12-139

01 改变纹样

02 室内设计
制图规范

03 室内设计
户型

04 平面图
实训

05 立面图
实训

06 剖面图
实训

07 室内设计
节点

08 中式风格
设计

09 民式风格
设计

10 地中海风
格设计

11 室内手绘
方案表现

12 彩色方案
图绘制

13 软件设计

12.7.1 输出文件

（1）打开选定好的户型图，见"第12章/12.7/雅居装饰图.dwg"文件，如图12-140所示。

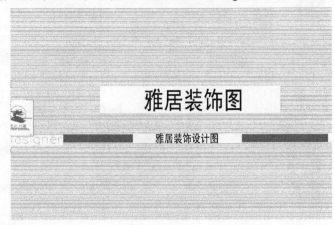

图12-140

（2）在打开的AutoCAD中选择户型结构图和家居布置图，如图12-141和图12-142所示。

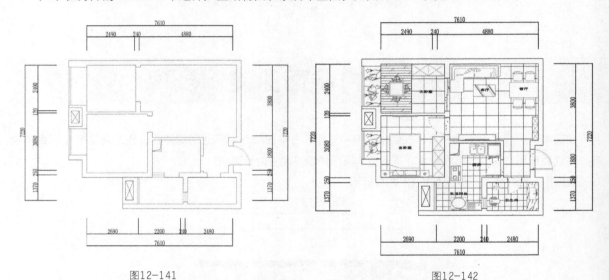

图12-141　　　　　　　　　　　　　　　　　　　图12-142

（3）在AutoCAD打开的文件中执行"文件>输出"菜单命令，在弹出的"输出数据"对话框中设置输出的文件类型为"图元文件（*.wmf）"格式，如图12-143所示。

图12-143

12.7.2 导入CAD文件

（1）在CorelDRAW X4中新建一个空白文件。

（2）调整室内平面布局图比例关系。将光标放在文件标尺上单击鼠标右键，弹出如图12-144所示的快捷菜单。

图12-144

（3）在快捷菜单中选择"标尺设置"命令，然后在弹出的"选项"对话框中单击"编辑刻度"按钮，如图12-145所示。接着在弹出的"绘图比例"对话框中设置"实际距离"为100mm，如图12-146所示。最后单击"确定"按钮退出对话框。

图12-145

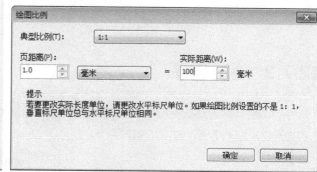

图12-146

（4）在CorelDRAW X4中执行"文件>保存"菜单命令，在弹出的对话框中设置保存的路径和文件的名称，如图12-147所示。

图12-147

（5）将CAD图导入到CorelDRAW X4中。执行"文件>导入"菜单命令，导入户型图图元文件，如图12-148所示。导入显示如图12-149所示。

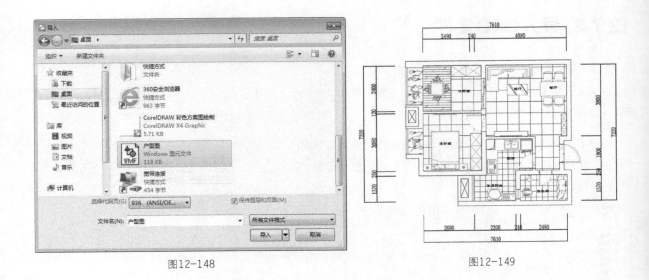

图12-148   图12-149

12.7.3 绘制墙体

将CAD图纸导入到CorelDRAW X4软件中后，可以看到墙体有两种类型，一种是空白，即非承重墙；另一种是黑色，即承重墙，如图12-150所示。

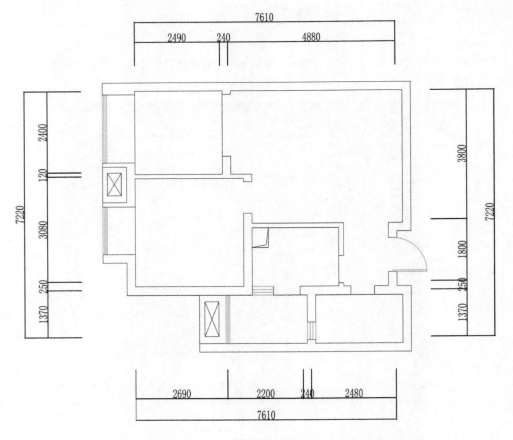

图12-150

针对墙体的绘制，我们要学习贴齐对象、矩形工具、焊接矩形和填色等知识点。

① 新建图层

画面中所显示的户型图是在"图层1"图层中的，为了后期的绘制中在物体对象选择方面有所区别，针对不同的对象要设置不同的图层。

执行"窗口>泊坞窗>对象编辑器"菜单命令，弹出"对象管理器"泊坞窗窗口，然后新建一个"墙体"图层，如图12-151所示。

② 绘制墙体

（1）单击"矩形工具"按钮口，并执行"视图>贴齐对象"菜单命令，在红色箭头指示处开始绘制墙体，如图12-152所示。

（2）在"墙体"图层中，把白色墙体先用矩形依次勾画完成，如图12-153所示。

图12-151

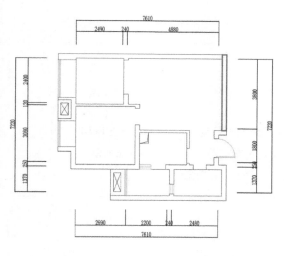

图12-152

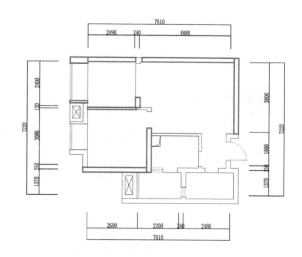

图12-153

（3）关闭"对象管理器"泊坞窗中的"图层1"图层，如图12-154所示（ 为关闭图层状态），显示在软件窗口的图像如图12-155所示。

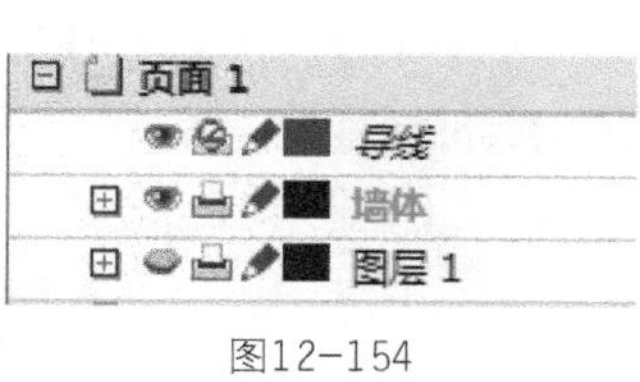

图12-154

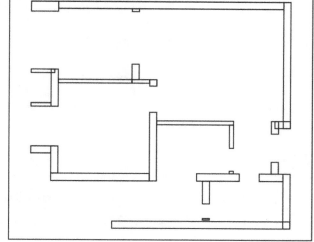

图12-155

❸ 焊接矩形

如图12-155所示，矩形对象全部为单一对象，需要使之形成一个对象。

（1）使用CorelDRAW X4中的"挑选"工具全选矩形，属性栏此时会显示如图12-156所示的工具。

（2）单击"焊接"工具，会形成如图12-157所示的图形。

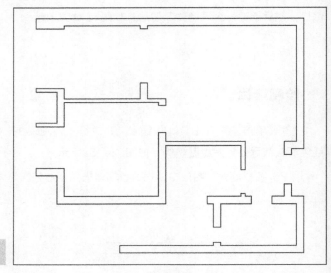

图12-156　　　　　　　　　　　　图12-157

❹ 绘制承重墙

（1）打开"对象管理器"泊坞窗口中的"图层1"图层（ 为关闭图层状态， 为开启图层状态）。

（2）使用"矩形"工具，在"墙体"图层中绘制黑色承重墙部分，如图12-158所示。

（3）使用"挑选"工具，选择承重墙部分的矩形，如图12-159所示。

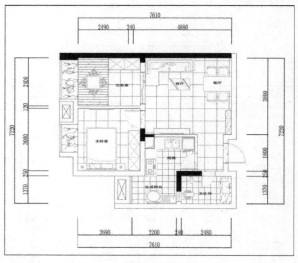

图12-158　　　　　　　　　　　　图12-159

（4）选择承重墙所属矩形后，属性栏会显示如图12-160所示的工具。

（5）单击"焊接"工具，会形成如图12-161所示的图形。

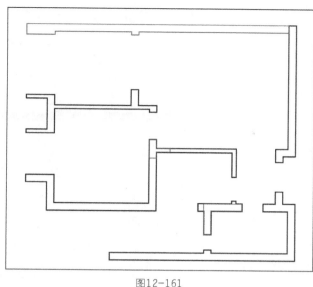

图12-160

图12-161

（6）选择红色部分，即承重墙部分，单击调色板中的黑色■（C:0，M:0，Y:0，K:100），此时效果如图12-162所示。

（7）选择黑色承重墙部分，右键单击调色板顶部，去掉轮廓，如图12-163所示。

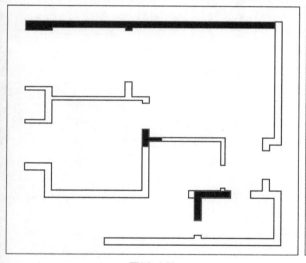

图12-162

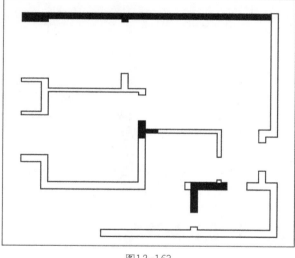

图12-163

12.7.4 绘制门

针对门的绘制，需要用到轮廓笔、圆形弧线等知识点。

（1）执行"窗口>泊坞窗>对象编辑器"菜单命令，弹出"对象管理器"泊坞窗窗口，然后新建一个"门"图层，如图12-164所示。

图12-164

247

（2）依次把户型图中的门勾画完整，得到的效果如图12-165所示。

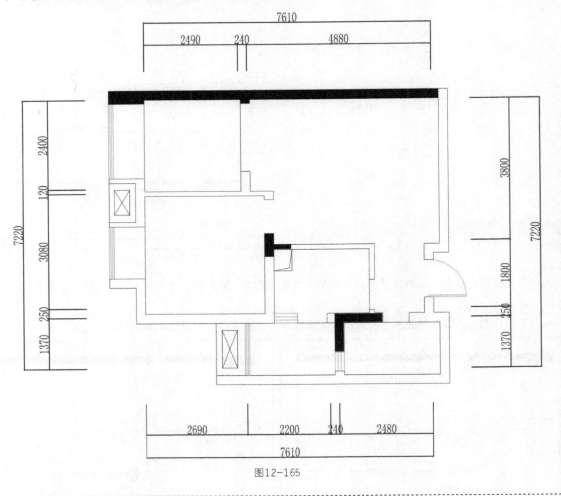

图12-165

TIPS

门槛的绘制方法可以参考12.3.2节中的相关内容，此处不再赘述。

12.7.5 绘制窗户

（1）新建图层。执行"窗口>泊坞窗>对象编辑器"菜单命令，弹出
"对象管理器"泊坞窗窗口，然后新建一个"窗户"图层，如图12-166
所示。

图12-166

（2）显示"图层1"图层（"图层1"图层是最开始导入的户型图和家居布局图），如图12-167所示。
（3）根据CAD图纸，单击"矩形工具"按钮，然后执行"视图>贴齐对象"菜单命令，接着在"窗
户"图层中根据红色箭头指示处开始绘制窗户，如图12-168所示。

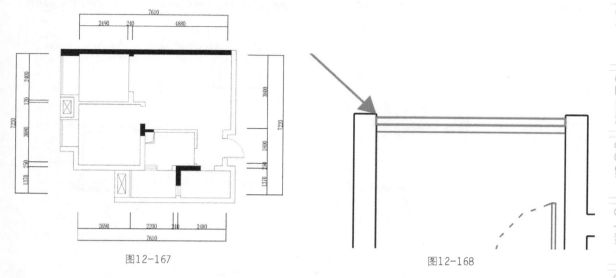

图12-167   图12-168

（4）根据户型图图纸，依次用矩形绘制完窗户图形。关闭"图层1"图层，图形显示如图12-169所示。

（5）用"挑选"工具，全选红色部分，然后把红色的窗户变成绿色。右键单击调色板绿色，如图12-170所示。

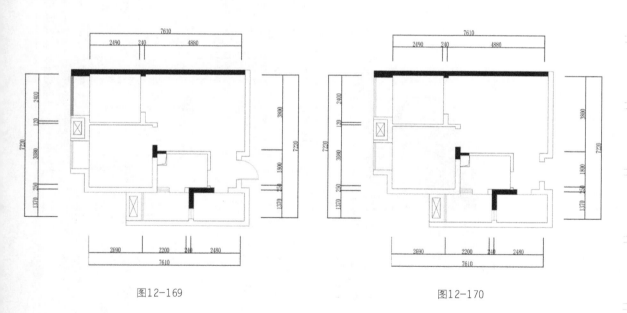

图12-169   图12-170

12.7.6 材质填充

根据CAD家居布置图与地面进行填充，如图12-171所示。操作方法是在CorelDRAW X4中使用矩形材质图样进行填充。

（1）在"对象管理器"泊坞窗口中新建一个"填色图层"，然后使用工具箱中的"贝塞尔"工具沿着不同房间或不同的地板造型分别创建封闭的对象，如图12-172所示。

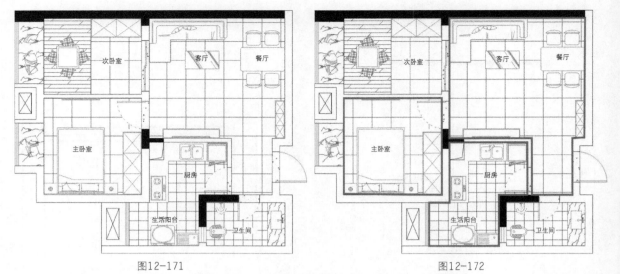

图12-171   图12-172

（2）填充地板。单击工具箱中的"交互式填充"工具 ，然后选择"位图图样"选项，在右边的下拉列表中单击"其它"按钮，如图12-176所示，弹出"导入"对话框，接着导入"第12章/12.7/地板-1.jpg"图片，将其填充到图12-174所示的位置，最后在属性栏中将"编辑图样平铺"参数调整到合适的尺寸。

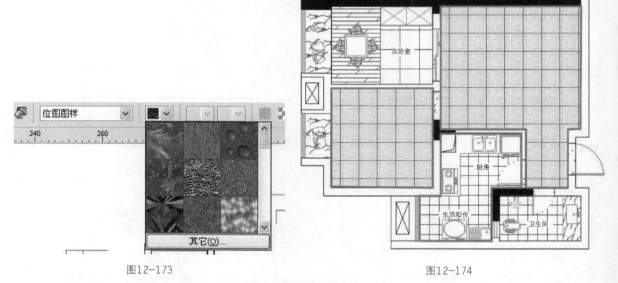

图12-173   图12-174

（3）依次填充闭合对象，方法同上，如图12-175所示。

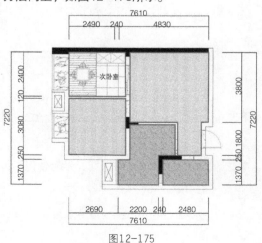

图12-175

（4）填充主卧室中的木地板。单击工具箱中的"交互式填充"工具 ，在"交互式图样填充"属性栏中导入"第12章/12.7/木地板.jpg"图片，作为位图图样填充到图12-176中，并将其调整到合适的尺寸。

（5）复制CAD素材中的石材花纹，如图12-177所示。

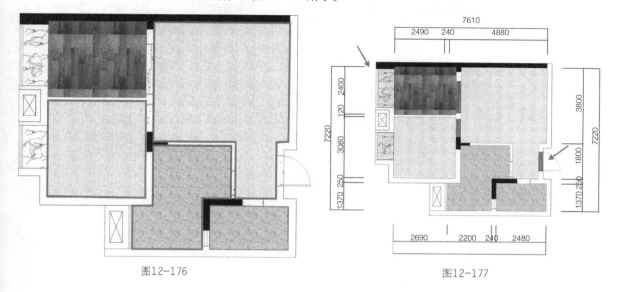

图12-176　　　　　　　　　　　　　　　　图12-177

12.7.7　导入室内家具模型

在CorelDRAW彩色方案图的绘制过程中，常用到家具模型。

（1）执行"文件>导入"菜单命令，导入"第12章/12.7/家具素材-填充素材-8.cdr"文件，如图12-178所示。

（2）根据原有CAD图纸的家具摆放，调整好家具模型，依次把家具素材摆放在画面中，如图12-179~图12-181所示。

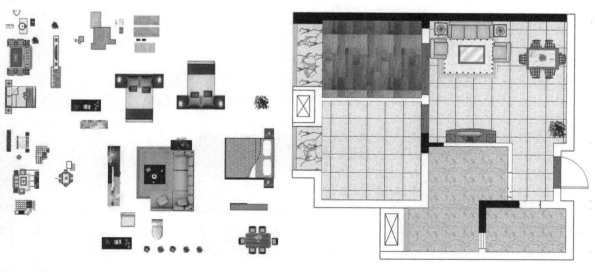

图12-178　　　　　　　　　　　　　　　　图12-179

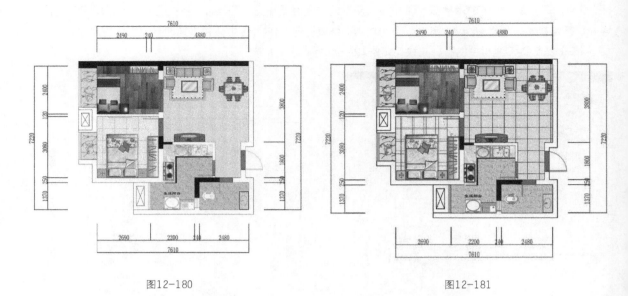

图12-180

图12-181

（3）根据装饰的需要，在不同的角落摆放好绿色植物，如图12-182所示。

（4）最终效果图如图12-183所示。

图12-182

图12-183

12.8 室内立面图实例表现

经过前面章节的学习，我们对在CorelDRAW X4中绘制图形、颜色填充、复制、保存、填色等方面的知识有了全面的认识和掌握。为了更好地把设计方案展示给客户，让设计效果宣传得更加显著，下面介绍一个室内立面实例表现案例。在本案例中能学习到更多的知识点，同时更加熟练操作技巧。

室内立面图实例讲解，以此户型图中的电视墙为例，运用前面所讲的知识来绘制此墙，效果如图12-184所示。

图12-184

12.8.1 输出文件

（1）在AutoCAD 2007中打开选定的户型图，见"第12章/12.8/诺丁阳光.dwg"文件，然后选择电视墙立面图，如图12-185所示。

（2）在CAD软件中输出用于在CorelDRAW X4中编辑的文件，在AutoCAD中执行"文件>输出"菜单命令，然后设置输出文件类型为"图元文件（*. wmf）"格式，如图12-186所示。该输出文件用于在CorelDRAW X4中编辑。

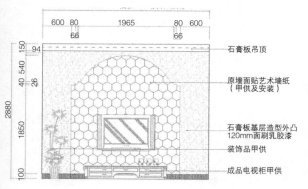

图12-185

图12-186

12.8.2 导入CAD文件

（1）启动CorelDRAW X4软件，并新建一个空白文件。

（2）调整室内平面布局图比例关系。将光标放在文件标尺上，单击鼠标右键，弹出如图12-187所示的快捷菜单。

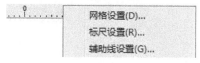

图12-187

（3）选择"标尺设置"命令，然后在弹出的"选项"对话框中单击"编辑刻度"按钮，如图12-188所示。接着弹出"绘图比例"对话框，设置"实际距离"为100毫米，如图12-189所示。最后单击"确定"按钮，退出对话框。

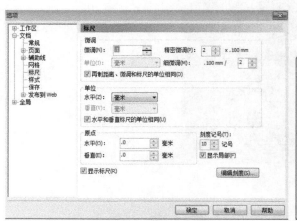

图12-188

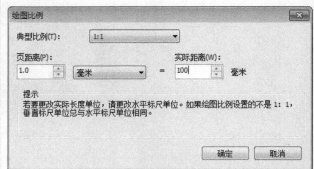

图12-189

（4）在CorelDRAW X4中执行"文件>导入"菜单命令，选择素材文件户型图图元文件，如图12-190所示。导入到CorelDRAW X4中的图形显示如图12-191所示。

图12-190

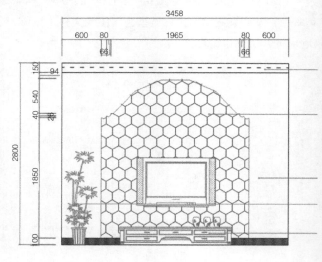

图12-191

12.8.3 根据CAD设计需要填充材质

（1）绘制封闭的图形对象，便于填颜色和填图样。因为本案例中对象比较少，所以，不用"对象管理器"来管理画面，单击"贝塞尔工具"按钮 ，沿着不同造型分别创建一个封闭的对象，如图12-192所示。

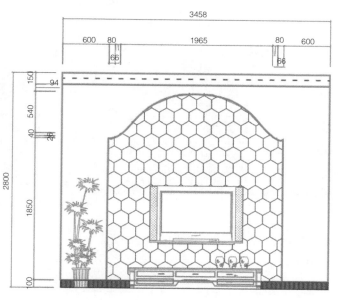

图12-192

（2）选择闭合对象，单击工具箱中的"交互式填充工具"按钮 。。然后在其属性栏的"填充类型"下拉列表中选择"位图图样"选项，接着在右边的下拉列表中单击"其它"按钮，如图12-193所示，弹出"导入"对话框，导入"第12章/12.8/墙纸.jpg"图片，并把属性栏中的"编辑图样平铺"参数调整到合适的尺寸，填充效果如图12-194所示。

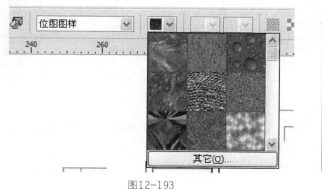

图12-193

图12-194

（3）相减墙体。选中B墙体，然后按住Shift键，接着用鼠标选择A墙体，执行"相减"命令，如图12-195所示。

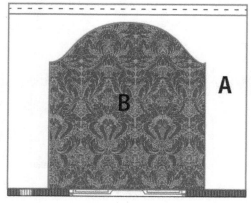

图12-195

（4）选择A墙，运用工具箱中的"阴影"工具，将A墙体向中心拉一个阴影，效果如图12-196所示。但是这样操作后，会出现一个问题，阴影会超出墙体边界，如图12-197所示。

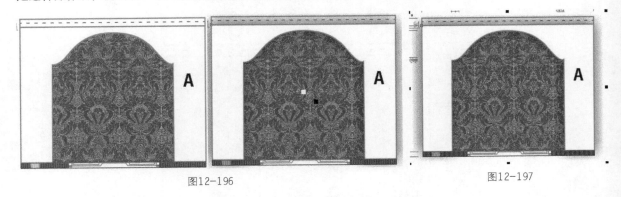

图12-196   图12-197

（5）执行"排列>打散阴影群组"菜单命令，如图12-198所示。

（6）移动阴影图形，如图12-199所示。

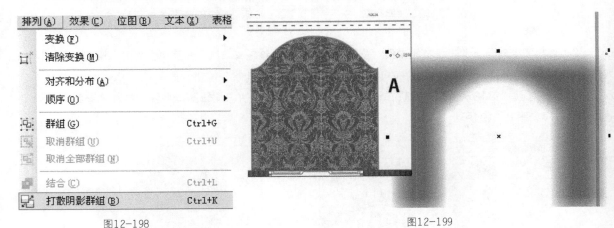

图12-198   图12-199

（7）选择阴影图形，执行"排列>转换为曲线"菜单命令，然后使用工具箱中的"形状工具" ，向内调节节点，让阴影图像变小，调整阴影效果如图12-200所示。

（8）把调整好的阴影放置于A墙体之下。首先选择阴影，并按住Shift键，然后选择墙体A，并执行"排列>对齐和分布>水平居中对齐"菜单命令，效果如图12-201所示。

（9）导入电视机、植物、电视柜素材（见"第12章/12.8/电视机.jpg、电视柜.psd、植物.psd"素材文件），然后选择A墙，为其填充米黄色（C:0，M:0，Y:10，K:0），效果如图12-202所示。

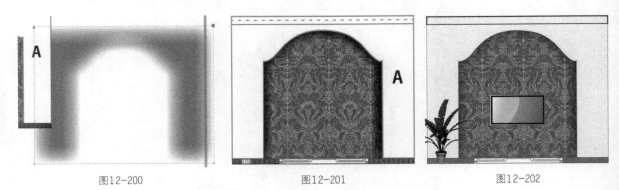

图12-200   图12-201   图12-202

12.8.4 制作筒灯光线

（1）根据设计图，在筒灯的位置处勾画如图12-203所示的图样，填充为白色。

（2）去掉轮廓线，然后单击工具箱中的"交互式透明"工具 ，并选择"线性"选项，如图12-204所示。加光线后的效果如图12-205所示。

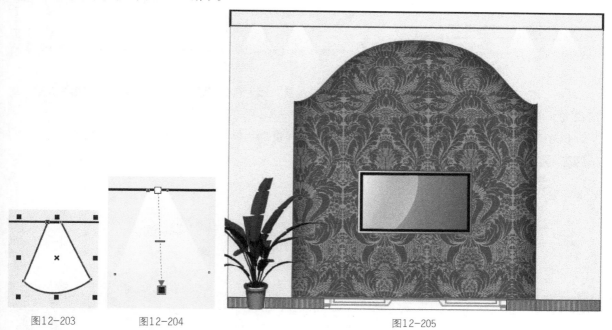

图12-203　　　图12-204　　　　　　　　　图12-205

12.8.5 绘制电视柜

使用AutoCAD绘制电视柜，如图12-206所示。

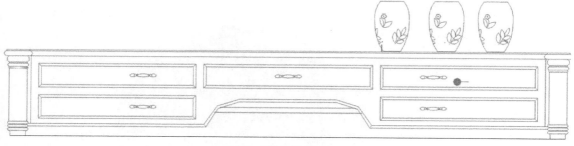

图12-206

（1）使用工具箱中的"矩形工具" ，依次绘制矩形，如图12-207所示。

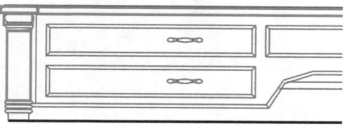

图12-207

（2）根据画面，调整矩形成圆角矩形。选中对象，在属性栏中将圆角值调整为60，如图12-208所示。

（3）依次调整好各组矩形，如图12-209所示。

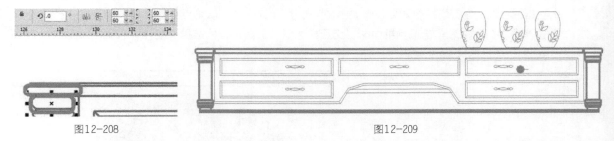

图12-208   图12-209

（4）填充颜色渐变，单击工具箱中的"油漆桶"工具，然后选择"渐变填充"，接着调整相关参数，如图12-210所示。

（5）用刚才的方法继续填充渐变，调整渐变选项的角度为-45°，最后效果如图12-211所示。

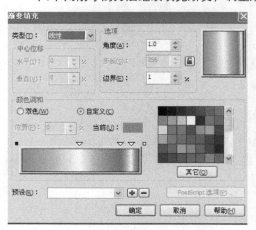

图12-210   图12-211

（6）去掉红色轮廓边，室内立面图的表现就完成了，如图12-212所示。

图12-212

下面介绍一下电视的绘制方法。

根据电视尺寸绘制矩形，如图12-213所示。

选择工具箱中的"交互式轮廓工具" ，设置其属性，如图12-214所示，效果如图12-215所示。

图12-213　　　　　　　　　　　图12-214　　　　　　　　　　　图12-215

执行"排列>打散轮廓图群组"菜单命令，打散轮廓图群组，如图12-216所示。然后执行"取消群组"命令，这样3个矩形就可以分解为独立的图形。

用"选择工具"选择最中间的矩形，填充渐变，具体设置如图12-217所示。

图12-216

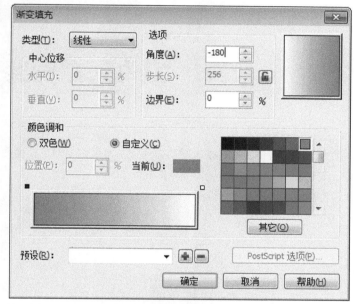

图12-217

选择中间的矩形，填充为黑色，如图12-218所示。

绘制一个圆，如图12-219所示。

选择圆形，然后按住Shift键，再选中最中间的矩形，接着单击属性栏中的"相交"按钮 执行行相交操作，如图12-220所示。

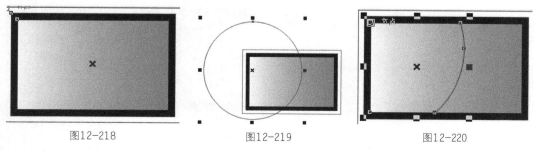

图12-218　　　　　　　　图12-219　　　　　　　　图12-220

改变相交图形的渐变颜色，设置参数如图12-221所示，效果如图12-222所示。

去掉轮廓，最终效果如图12-223所示。

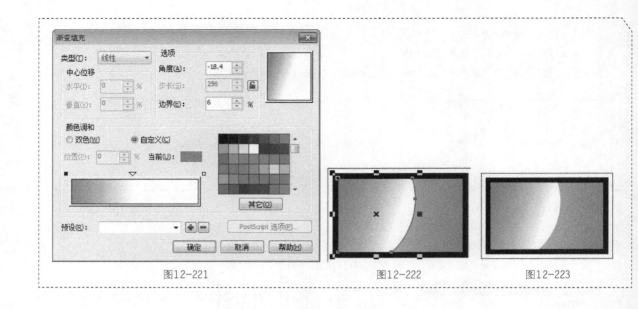

图12-221   图12-222   图12-223

12.9 室内顶棚图实例表现

本节介绍一个案例：室内顶棚图实力表现。本案例相对于前面两个案例更简单、更便于操作，只是在图层管理、贝塞尔工具使用方面运用得更多。

室内顶棚图实例表现效果如图12-224所示。

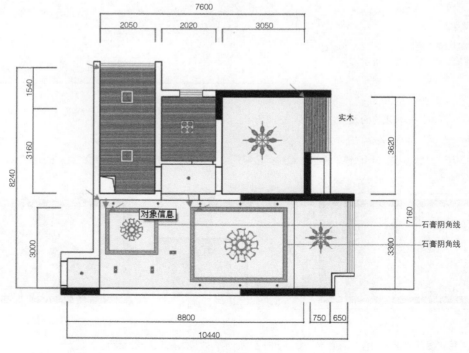

图12-224

12.9.1 输出文件

（1）在AutoCAD软件中打开选定好的户型图，见"第12章/12.9/诺丁阳光.dwg"文件，并在打开的文件中选择室内顶棚图，如图12-225所示。

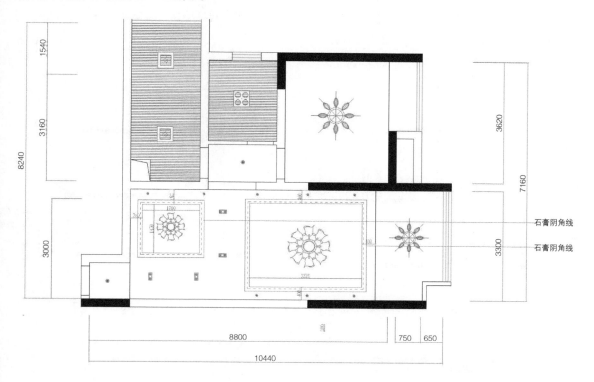

图12-225

（2）在AutoCAD软件中输出能在CorelDRAW X4中能编辑、使用、修改的文件，执行"文件>输出"菜单命令，然后设置输出文件类型为"图元文件（*.wmf）"格式，并进行保存，如图12-226所示。

图12-226

12.9.2 导入CAD文件

（1）启动CorelDRAW X4并新建一个空白文件。

（2）在 CorelDRAW X4中执行"文件>导入"菜单命令，选择素材文件中的户型图图元文件。

（3）在素材文件中选择对应的户型图，此图为封闭的路径图，包括墙体、门窗等，如图12-227所示。结合之前导入软件的顶棚图，效果如图12-228所示。

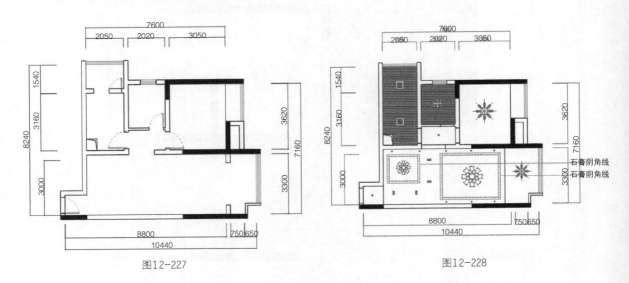

图12-227   图12-228

12.9.3 颜色及材质填充

（1）沿着箭头处绘制矩形，单击工具箱中的"矩形工具" 创建矩形，然后填充颜色为（C:0，M:0，Y:10，K:0），轮廓线颜色为（C:0，M:0，Y:0，K10），如图12-229所示。

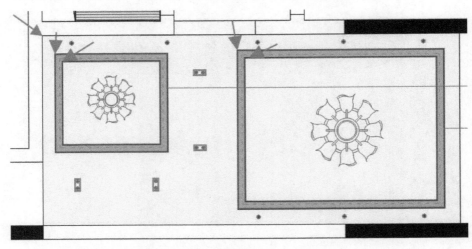

图12-229

（2）使用同样的方法绘制其他天棚区域，填充颜色为淡蓝色（C:10，M:0，Y:0，K0），然后去掉黑色轮廓线，如图12-230所示。

01 设计技巧
02 室内设计师要阶段
03 室内设计室房
04 平面图实测
05 立面图实测
06 顶面图实测
07 室内设计预算
08 中式风格设计
09 欧式风格设计
10 地中海风格设计
11 室内手绘方案表现
12 四色方案图实例
13 软装设计

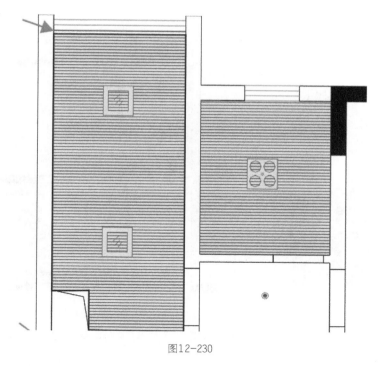

图12-230

（3）在图12-231所示的箭头处绘制矩形，并进行材质填充。

图12-231

（4）选中卧室窗台的矩形，如图12-231所示，进行实木材质填充。首先单击工具箱中的"交互式填充工具"按钮，然后在其属性栏的"填充类型"下拉列表中选择"位图图样"选项，接着在右边的下拉列表中单击"其它"按钮，如图12-232所示。弹出"导入"对话框，导入"第12章/12.9/实木.jpg"图片，并把属性栏中的"编辑图样平铺"参数调整到合适的尺寸，填充效果如图12-233所示。

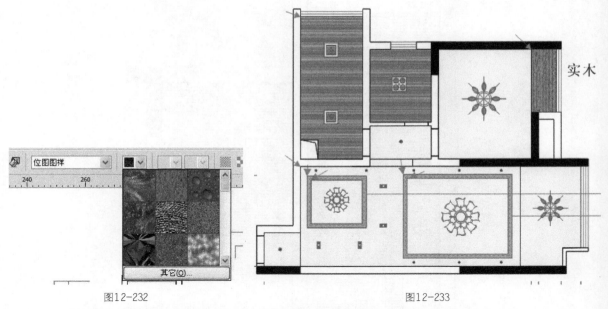

图12-232

图12-233

（5）室内顶棚最终完成效果如图12-234所示（见"第12章/12.9/顶棚图-8.cdr"文件）。

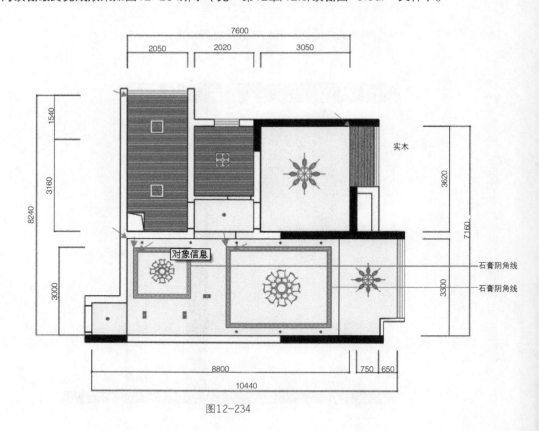

图12-234

13

软装设计

这个"软"可以从两个层面去理解：第1个层面是可移动的、便于更换的装饰物品（如窗帘、沙发、壁挂、地毯、床上用品、灯具、玻璃制品，以及家具等多种摆设、陈设品之类）；第2个层面是指精神层面和审美层面。所以，学习软装设计既容易，又很难，容易的是技术、技能层面，难的是没有固定的模式，只有方向。

要点：审美·处理·元素·特点·设计·市场

13.1　软装配饰设计的概念

软装配饰也称为陈设艺术，在商业空间与居住空间中所有可移动的元素统称为软装。软装的元素包括家具、装饰画、陶瓷、花艺绿植、地毯、窗帘布艺、铁艺、灯饰和其他装饰摆件等，范畴包括家庭住宅和商业空间。

软装配饰设计就是根据客户审美倾向和特定的居室设计风格，通过对软装产品进行整合、选择，使整个空间和谐温馨、漂亮的过程。

13.2　软装配饰的作用

"软装饰"主要是依据居室空间的大小、风格、顾客生活习惯等情况，通过对软装饰品、家具等的选择，凸显空间的个性品位，从而呈现丰富而统一的视觉盛宴。相对于基础装修的一次性特点，软装可更新、替换不同的元素，如不同季节可以更换不同的色系，以及不同风格的窗帘、沙发套、床罩、挂毯、挂画和绿植等元素。

13.2.1　改善空间的形态

因为城市人口的急剧增加，现在建筑都向纵向、高度发展，其造型更倾向于简化。现代建筑与室内空间的线条都显得过于生硬，同时单调而缺乏人文。通过软装配饰能有效地完善与改变空间的形态。例如，通过形态各异的装饰品既能美化空间又能打破空间的单调与乏味，通过植物能给空间带来盎然的生机，如图13-1和图13-2所示。

图13-1

图13-2

13.2.2 调节空间的色彩关系

合理、和谐的色彩关系是空间美学中的关键要素之一，如果说基础装修决定了色彩的基调，那么软装就是在此基础上进一步丰富，使室内空间焕发出迷人的色彩。在室内空间中除了基础装饰的色彩之外，软装甚至要占到整个室内空间色彩的40%或更多，软装的色彩安排甚至会影响到整个色彩的方向，如图13-3和图13-4所示。

图13-3

图13-4

13.2.3 柔化空间

现代的建筑空间与装饰材料中大量用到金属、玻璃和抛光石材等亮光材质，使整个空间显得冰冷而缺乏生气，同时也产生大量的光污染。通过选择与空间风格相适应的织物如地毯、窗帘、布幔及适合室内盆栽的植物，可以使空间变得柔软而舒适，如图13-5和图13-6所示。

01 软件基础
02 室内设计制图规范
03 室内设计空间
04 平面图实例
05 立面图实例
06 项目实例
07 室内设计综述
08 中式风格设计
09 欧式风格设计
10 现代风格设计
11 室内手绘方案实例
12 软装色彩搭配实例
13 软装设计

图13-5

图13-6

13.2.4 强化空间风格

在室内空间的风格中，硬装只是一个基础，而更多的是需要通过合理的搭配使空间风格得以强化。不同风格的室内设计在家具、装饰品、织物等的选择上必须与之相适应，才能使整个空间在风格上达成一致，从而使室内空间更有品位，如图13-7和图13-8所示。

图13-7

图13-8

13.3　软装配饰设计的美学原则

　　美学是具有共性的，视觉艺术（如平面设计、室内设计、景观设计、陈设艺术设计等）、听觉艺术（如音乐）及其他门类的艺术，在美学上具有共通性，如视觉艺术中色彩的和谐统一，在音乐中其和声色彩与和声有序流动在美学的核心上是完全一致的，只有了解并掌握美学原则才能够创造出美的体验。

13.3.1　色彩的统一与对比

❶　色彩统一

　　所谓色彩的统一，即要求整个室内空间的色彩要求有一个统一的趋向，或必须通过相近的色彩形成一种色调关系。2:8定律在色彩美学中同样适用，即在进行色彩搭配处理时，尽可能让80%的色彩是同类色，如

13 软装设计

图13-9所示，整个色彩是以红色为主，空间中家具、窗帘、立面材质和地面等都带有红色元素。当然过度统一会使空间变得单一而缺少生机，这里我们就要适当地把握色彩的变化。色彩的变化笔者主张以明度变化为主，通过明暗不同的同类色组合，使空间既统一又富有变化。

使用对比色时，一定要注意对比色在空间中的面积一定是少面积的，在空间中起着点缀的作用，同时对比色应降低其纯度，或带有整个空间的主要色彩倾向。图13-10所示的室内空间，在风格与色彩上都是高度统一的，整个空间呈现黄色调，连油画的风格与色彩都与空间的大色调统一，唯有陈设中的吊灯、花艺等小物件呈现的是对比色。

图13-9   图13-10

TIPS

室内色彩统一的软装设计方案分析（源文件见"第13章/某地产销中心项目概念方案.ppt"演示文件）。

本案例为某地产公司的营销中心，如图13-11所示。本案例营销对象的市场定位主要面向有一定经济基础、足够的人生阅历及内涵的人，年龄层在40~50岁。硬装设计强调简约的同时突出格调韵律，注重细部精致实用。在室内设计和装饰风格的把握上展示低调中显示出奢华，从细节上体现品质及内涵，因为定位人群的年龄在40岁以上，这部分人群是社会的中流砥柱，所以，在色彩定位上以稳重的深色为主。

1.背景分析

老重庆风格是重庆现代城市设计之集大成者，其最大特点在于中西合璧，兼容并包，以我国传统装饰之魂统领西方装饰设计之形。色调融合现代与古典的和谐节奏。灰色为主体的装饰颜色沿袭了陪都建筑固有的内敛和低调，尽管没有采用常见的坡屋顶和深色墙砖，但却反映出现代人追求简单生活的要求，更迎合了中式追求内敛、质朴的设计风格。从平顶高窗的设计、精致的线条中我们依然可以捕捉到无处不在的老重庆旧影，外表采用有肌理的材质，在古朴之中自然流露出简洁与流畅的时尚感。

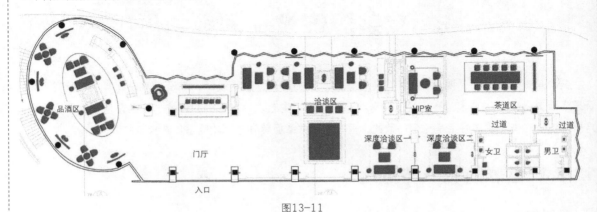

图13-11

2.方案分析

①洽谈区如图13-12所示。

功能：会谈。

硬装分析如下。

顶面：木饰面板（染色）和硅酸钙白色涂料。

墙面：玻璃幕墙、波斯灰大理石光面、木饰面板（染色）和实木花格。

踢脚线：波斯灰大理石毛面。

地面：实木木地板、波斯灰大理、白色透光人造石和实心铜条。

颜色：室内大面积使用波斯灰、镜面，局部采用木饰和实木。

软装定位：古铜金皮艺沙发点缀中式绣花靠枕，有红色点缀的地毯及带有重庆三峡风景的抽象油画；采用木制带古铜金色彩的灯具。

图13-12

②沙盘区如图13-13所示。

功能：展示。

硬装分析如下。

顶面：硅酸钙板白色涂料。

墙面：波斯灰大理石毛面、木饰面板（染色）、实木花格（染色）和墙纸。

踢脚线：波斯灰大理石毛面和拉丝不锈钢。

地面：波斯灰大理石。

颜色：室内大面积使用波斯灰、实木；局部采用不锈钢。

软装定位：古铜带红色装饰的吊灯及璧灯装饰。

图13-13

01 涂装技巧
02 室内设计基础规范
03 室内设计置前
04 平面图实训
05 立面图实训
06 顶面图实训
07 室内设计流程
08 中式风格设计
09 欧式风格设计
10 新中式风格设计
11 室内手绘方案表现
12 形色方案文案制作
13 软装设计

③酒吧休闲区如图13-14所示。

硬装分析如下。

顶面：木饰面板（染色）和硅酸钙白色涂料。

墙面：玻璃幕墙、白色有机涂料、波斯灰大理石毛面、木饰面板和实木花格。

踢脚线：拉丝不锈钢和波斯灰大理石毛面。

地面：斜拼木地板、地毯、波斯灰大理石和实心铜条。

颜色：室内大面积使用波斯灰、镜面；局部采用实木、不锈钢、白色涂料。

软装定位：古铜银装饰点缀古铜金的沙发，以及带有重庆三峡风景的抽象油画；采用木制带古铜金色彩的灯具；中间用绿色装饰植物；古铜及陶瓷装饰品。

图13-14

销控区软装配饰如图13-15所示。

门厅软装配饰如图13-16所示。

图13-15　　　　　　　　　　　　　　　图13-16

洽谈区软装配饰设计如图13-17和图13-18所示。

图13-17   图13-18

水吧区软装配饰设计如图13-19所示。

图13-19

深度洽谈区软装配饰设计如图13-20和图13-21所示。

图13-20   图13-21

沙盘区软装配饰设计如图13-22所示。

01 涂料技巧
02 室内设计 制图规范
03 量房
04 平面图 实训
05 立面图 实训
06 顶面图 实训
07 室内设计 节点
08 中式风格 设计
09 欧式风格 设计
10 地中海风 格设计
11 室内手绘 方案表现
12 彩色方案 原创设计
13 软装设计

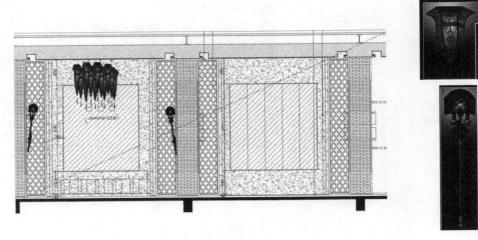

图13-22

VIP区软装配饰设计如图13-23所示。

图13-23

茶道区软装配饰设计如图13-24和图13-25所示。

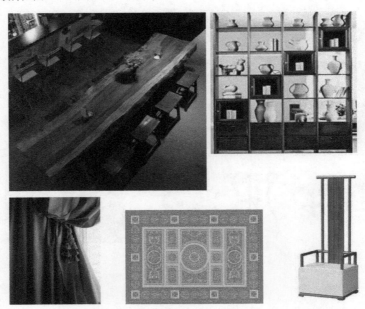

图13-24

图13-25

过厅软装配饰设计如图13-26所示。

图13-26

❷ 色彩对比

统一与对比是美学的总法则，在统一与对比的关系中，统一是大前提，对比要在统一的基础上进行，所以，无论是色彩对比、风格对比还是形态对比，都必须在统一的前提下进行。只有统一的和谐的才是美的。杂乱的无序的对比，会使处在这个空间中的人感到不舒服。

色彩对比分为明度对比、纯度对比与色相对比，这三者对比往往是同时出现的。在这三者中要以明度对比为主，因为在视觉艺术中明度对比是最强烈的，只有使用空间呈现出黑、白、灰的层次，这个空间才能使人心旷神怡。图13-28所示是将图13-27变成黑白之后的效果，我们能清楚地看到画面的黑、白、灰关系。如果将一张只有纯度对比而没有明度对比的照片同时变成黑白照片，那么没有明度对比的画面看起来就会是灰蒙蒙一片，没有层次感。图13-29和图13-30所示是同一张照片的彩色与黑白的对比效果。

图13-27

图13-28

图13-29

图13-30

图13-31中白色的墙面和顶面，以及浅色的地面奠定了整个空间是以白色为基调，但如果没有深色的物体会略显单调，所以本案中选择了深色餐椅和钢琴，而为了打破空间的沉闷，地板上的橘色单人沙发起到了恰到好处的作用。

图13-31

01 软装技巧
02 室内设计 装潢概论
03 室内设计 篇幅
04 平面图 实例图
05 立面图 实例图
06 彩色图 实例图
07 软装设计 玄篇
08 中式风格 设计
09 现代风格 设计
10 地中海风格 设计
11 室内手绘 方案表现
12 彩色方案 整体配置
13 软装设计

TIPS

主题软装设计案例分析。

通过色彩能传达不同的情感与主题。

红色：可以表达一种力量，同时也是喜庆的色彩，红色具有强烈的刺激感，容易使人冲动，能表达出愤怒、热情、活力的感觉。

橙色：浅橙色具有轻快、欢欣、热烈、温馨、时尚的感觉，深一些的橙色，能刺激人的食欲。

黄色：给人以灿烂、辉煌、温暖的感觉。

绿色：有宁静、祥和、健康、安全的感觉，和金黄、淡白搭配可以营造优雅、舒适的气氛。

蓝色：凉爽、清新的专用色彩，和白色混合，能体现柔顺、淡雅、浪漫的气氛，让人感觉平静。

紫色：淡紫色（粉色）是女性的最爱，这种颜色专用于营造浪漫的气氛。深紫色给人神秘感。

黑色：具有深沉、神秘、寂静、悲哀、压抑的感受，黑色有时让人感觉沉默、虚空，有时让人感觉庄严、肃穆。

白色：给人的感觉是洁白、明快、纯真。

灰色：具有中庸、平凡、温和、高雅的感觉。

本案主要通过白色、蓝色营造一种宁静、雅致的空间氛围，在饰品选择上不是注重某种风格的表达，而是注重空间主题营造出的氛围，如图13-32和图13-33所示。

图13-32

图13-33

把三个相同造型、不同大小的船形柜摆放在电视墙两边，增强电视墙的整体感，如图13-34所示。

图13-34

选择非常规形式的餐桌，让整个氛围更加轻松写意，质朴、自然的材质加上很"萌"的摆件是否让你回忆起美好的童年时光？如图13-35所示。

图13-35

利用3幅海洋背景画，在视觉上扩宽过道空间，缓释过道的狭长感，通过色彩纯度高的色彩将整个空间"点亮"，如图13-36~图13-38所示。

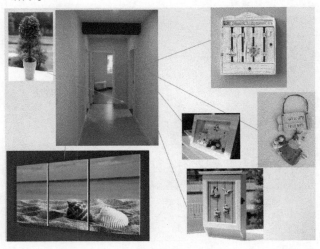

图13-36

图13-37

图13-38

海洋元素的小摆件令卫生间的水"活"了起来，如图13-39~图13-41所示。

图13-39

01 综合装饰
02 室内设计 制图规范
03 室内设计 原理
04 平面图 案例
05 立面图 案例
06 顶面图 案例
07 室内设计 流程
08 中式风格 设计
09 欧式风格 设计
10 地中海风 格设计
11 室内手绘 方案表现
12 彩色方案 效果绘制
13 软装设计

图13-40

图13-41

13.3.2 风格的统一与对比

① 风格统一

　　人类发展历史上，不同民族、不同地域、不同历史时期产生不同的风格，使现代简约、中式、欧式、美式、东南亚、日本、地中海等风格，有其相适应的陈设艺术品。虽然我们处在当今现代社会，但在进行软装配饰设计时应尽量考虑到每个风格的"性格特征"，尽可能做到在"感觉"上统一协调，如图13-42~图13-45所示。

图13-42

图13-43

图13-44

图13-45

01 设计技巧
02 室内设计和家居收纳
03 居家
04 平面图实训
05 立面图实训
06 顶面图实训
07 室内设计预算
08 中式风格设计
09 欧式风格设计
10 地中海风格设计
11 室内手绘方案表现
12 彩色方案设计
13 软装设计

TIPS

地中海软装设计案例分析。

1.风格

地中海软装风格如图13-46所示。

天空的蓝是深邃悠远的。

海水的蓝是纯净清澈的。

蓝色，让你感受到大自然的宁静与闲淡。

扫除世俗的纷扰。

让我们回到家。

享受、纯真、放松。

家，需要温暖人类归来那颗疲惫的心。

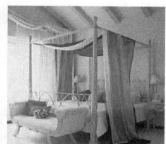

图13-46

2.色彩主调

地中海风格的色彩明亮、大胆、丰富、有民族性、有明显的特色，"海"与"天"明亮的色彩，仿佛被水冲刷过后的白墙，薰衣草、玫瑰、茉莉的香气，路旁怒放的成片花田色彩，历史悠久的古建筑色彩，土黄色与红褐色交织而成的色彩等。本案配色排列如图13-47所示。

图13-47

3.配饰方案

地中海配饰选择方案如图13-48~图13-51所示。

图13-48

图13-49

图13-50

图13-51

蓝白条纹布艺沙发和白色乳胶漆配合蓝色背景墙，突出明亮清新感，如图13-52和图13-53所示。

图13-52　　　　　　　　　　　图13-53

❷ 风格对比

通过风格对比，使空间呈现出丰富的视觉效果，现在比较流行的混搭风格就是用不同风格的饰品在同一室内空间中组合，如图13-54所示。

混搭并不是简单地把各种风格的元素简单地放在一起，而是把它们有主有次地组合在一起，混搭是否成功，关键看是否和谐，混搭风格设计必须把握以下两个基本原则。

第1个：最简单的方法是确定家具的主风格，用不同风格（次要风格）的配饰、家纺等来搭配，次要风格

01 装饰技巧
02 室内设计　装修防范
03 室内设计　量房
04 平面图　实训
05 立面图　实训
06 剖视图　实训
07 室内设计　手册
08 中式风格　设计
09 欧式风格　设计
10 地中海风　格设计
11 室内手绘　方案表现
12 配色方案
13 装潢设计

始终处于从属地位。图13-55所示的设计以现代室内设计风格为主的室内空间与欧式灯具及趋向欧式的休闲椅子搭配。

图13-54　　　　　　　　　　　　　　　　　　　图13-55

第2个：不同风格元素之间一定要找到共同点，最主要的是在表达某一种气质上其给人的感觉应该是一致的。图13-56所示是中式家具中仿秦汉时期的家具，其特点是稳重、大气，与图13-57和图13-58所示的美式风格家具在这方面具有相同的气质。

图13-56

图13-57

图13-58

13.3.3 形态材质的统一与对比

❶ 形态材质统一

　　音乐中单音只是旋律的骨架，要使整首曲子优美动听，还需要和弦形成共鸣。同样在进行软装设计时，除了注意风格、色彩的统一之外，还要注意形态统一，形态统一的图形具有共同的性格，使整个空间更容易产生共鸣。如图13-59和图13-60所示的欧式家具中，曲线在整个家具中得以体现。

图13-59

图13-60

　　软装设计中要注意不同物品之间的材质要有一个统一的趋向，华丽高贵的绸缎与出身"平民"的麻布格格不入，不要试图让他们和平共处。如果非要把两种对比很强的材质放在一起，注意一定要有一个主次，根据软装主题让能体现这种主题的材质占主要地位，让点缀对比的材质占次要地位。如图13-61所示的中式室内设计中，主题要体现一种自然，所以，整个空间中材质以木材为主体，床台柜的金属相框、柜子上的陶瓷仅作为点缀。

图13-61

❷ 形态材质对比

室内空间中无论基础装修还是软装，往往会运用不同的材质去打造，如木材、陶瓷、玻璃、不锈钢、铝材、石材、墙纸、布等，通过不同材质对比才能使材质的特性更加突出。例如，图13-62所示的石材壁炉与窗帘的对比，布艺沙发与实木茶几的对比。

图13-62

TIPS

重庆汉邦设计公司设计案例分析。

图13-63所示的设计作品通过重复运用圆角的矩形元素，在色彩上略作变化，使空间呈现出一种秩序美。

图13-63

图13-64所示的设计作品通过顶棚使用圆形跌级造型，在软装配饰选择上为了使空间呈现出形态上的统一，灯具与地面的摆件台面都用了与顶面相呼应的圆形，在造型上呈现了统一的视觉效果。

图13-64

图13-65所示的设计作品中天棚、地面、墙面的装修与家具、灯具等都采用了方形。

图13-65

13.4　室内软装配饰设计风格

每种室内设计风格都必须有相适应的软装配饰，风格是某个特定历史时期、特定地域的综合审美趋向，它不仅反映在室内设计中，而且在服装、建筑、文学、绘画等方面都有所体现，所以要做好软装设计，掌握好室内设计及软装主要的风格流派是必修课。

13.4.1　欧式古典风格

欧式古典风格历史悠久，经过罗马式、哥特式（中世纪）、文艺复兴式、巴洛克、洛可可等发展，呈现丰富的艺术形式，焕发璀璨的艺术光芒。欧式古典风格多以奢华、经典为主，在设计上多引入建筑结构元素，如壁炉、罗马柱、雕花、卷叶草纹、螺旋纹、葵花纹、弧线等欧式经典元素在家具、陈设中重复使用，重现了宫廷般的华贵绚丽，如图13-66~图13-69所示。

图13-66

图13-67

图13-68

图13-69

欧式奢华软装设计方案。

1.本案例家庭成员分析

男主人40岁，为某经贸公司经理，对家的要求是奢华而有品位，室内软装一定要符合较高的审美与品位。

女主人35岁，为文化工作者，喜欢高贵而奢华的生活。

女儿10岁，学习芭蕾和音乐。

2.本案例硬装分析

平面图为两层复式住宅，硬装为欧式设计，在进行软装设计时根据硬装的风格及主人对生活品质的要求，本案家具选择趋向于法式的，整个软装设计又以家具为核心展开。

玄关如图13-70所示。

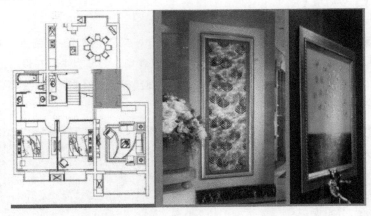

图13-70

起居室如图13-71和图13-72所示。欧式风格对线条的运用是非常考究的，要求既简洁又柔美，本案的家具以重色为主，以体现庄重与华贵。

图13-71

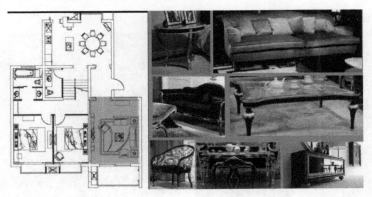

图13-72

餐厅如图13-73所示。

图13-73

书房如图13-74所示。

图13-74

主卧室如图13-75和图13-76所示。线式的水晶灯透出浪漫与高贵，床头软包与优美的曲线，将细腻与柔美展现得淋漓尽致。

图13-75

图13-76

儿童房如图13-77所示。女孩房间在色彩上选择了与其他房间不同的色调处理，用粉色的色调与床头墙面上布满的照片框，展现出女孩房间特有的梦幻与华丽。

01 设计流程
02 室内设计制图规范
03 客厅
04 平面布置实训
05 立面图实训
06 顶面图实训
07 室内设计彩图
08 中式风格设计
09 欧式风格设计
10 地中海风格设计
11 室内手绘方案表现
12 新古典案例分析
13 案例设计

图13-77

卫生间如图13-78所示。

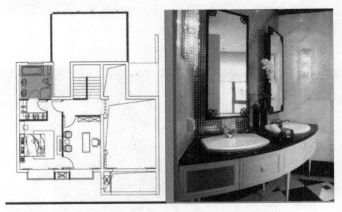

图13-78

饰品方案如图13-79~图13-82所示。

图13-79

图13-80

图13-81

01 设计技巧
02 室内设计 视觉流程
03 室内设计 鉴赏
04 平面图 实训
05 立面图 实训
06 剖面图 实训
07 室内设计 节点
08 中式风格 设计
09 欧式风格 设计
10 地中海风 格设计
11 室内手绘 方案表现
12 彩色方案 系统制
13 软装设计

图13-82

13.4.2 新古典主义风格

新古典主义风格是致力于在设计中运用传统美学法则来使现代材料与结构的建筑造型和室内造型产生规整、端庄、典雅、有高贵感的一种设计潮流，反映了世界进入后工业化时代的现代人的怀旧和传统情怀。新古典主义通常运用现代材料、技术、营造方法，以现代的视角去审视传统美学，在造型上对传统元素做适当简化，以符合现代人的审美情趣，结合软装陈设配置来进行设计，使古典传统样式的室内空间更具时代特征，如图13-83所示。

图13-83

TIPS

01 装饰技巧
02 室内设计 背景材质
03 室内设计 置景
04 平面图 实训
05 立面图 实训
06 剖视图 实训
07 室内设计 实例
08 中式风格 设计
09 欧式风格 设计
10 热带海风 格设计
11 室内手绘 方案表现
12 彩色方案 图案例

法式新装饰（古典）主义软装设计（源文件见"第13章/某别墅D户型概念方案.ppt"演示文件）。

1.方案分析

在今天，法式装饰风格已经成为国内豪华住宅设计的主流设计风格。法式新装饰主义在秉承了传统法式装饰主义的优雅与严谨的同时，注入了一些时尚的设计元素和新的装饰材料，并且将其优雅与严谨的特质适当地夸张，使其在古典的韵味中自然地流露出一抹惊艳。

本案例为某地产联排别墅D户型样板间，设计风格为法式新装饰主义风格，设计面积为218.67m²。

2.家庭成员分析

①男主人档案

年龄：41岁。

职业：私企老板。

性格：双重性格，动静皆宜，社交广泛。

喜好：喜欢喝咖啡。

中意色彩：咖啡色、白色。

②女主人档案

年龄：38岁。

职业：时尚杂志主编。

性格：优雅、时尚。

喜好：典型的城市动物，爱逛街、购物。

中意色彩：白色、黑色、红色系。

③老人档案

年龄：67岁。

职业：退休公务员。

性格：开朗。

喜好：研究国际象棋、遛狗。

中意色彩：棕色。

④儿子档案

年龄：14岁左右。

职业：学生。

性格：内敛、诚实。

爱好：喜欢小提琴。

平面布置图如图13-84和图13-85所示。

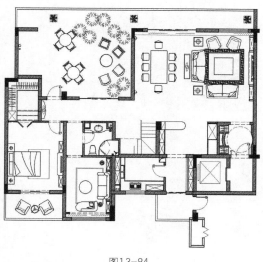

图13-84

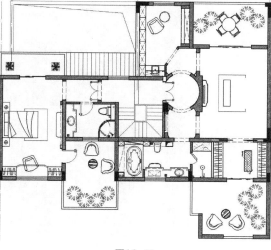

图13-85

客厅软装方案如图13-86~图13-88所示。

图13-86

图13-87

图13-88

餐厅软装方案如图13-89和图13-90所示。

图13-89

图13-90

西式厨房软装设计如图13-91和图13-92所示。

图13-91

01 家存设计

02 室内设计 制美装饰

03 室内 厨房

04 平面页 实训

05 立面图 实训

06 顶面页 实训

07 室内设计 预算

08 中式风格 设计

09 欧式风格 设计

10 地中海风 格设计

11 室内手绘 方案表现

12 彩色方案 实训实训

13 软装设计

图13-92

中式厨房软装设计如图13-93所示。

图13-93

休闲会客厅软装设计如图13-94所示。

图13-94

卫生间软装如图13-95所示。

图13-95

露台软装方案如图13-96和图13-97所示。

图13-96

图13-97

01 软装技巧
02 室内设计 制图规范
03 室内设计 量房
04 平面图 绘制
05 立面图 绘制
06 顶面图 绘制
07 室内设计 效果图
08 中式风格 设计
09 欧式风格 设计
10 地中海风 格设计
11 室内手绘 方案表现
12 彩色方案 展示绘制
13 软装案设计

主卧室软装方案如图13-98和图13-99所示。

图13-98

图13-99

衣帽间软装方案如图13-100和图13-101所示。

图13-100

图13-101

儿童房软装方案如图13-102和图13-103所示。

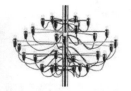

图13-102

图13-103

01 城市场历
02 室内设计 消费心历
03 室内设计 置房
04 平面图 实训
05 立面图 实训
06 顶面图 实训
07 室内设计 质案
08 中式风格 设计
09 欧式风格 设计
10 地中海风 格设计
11 室内手绘 方案表现
12 配色方案 配色知识
13 软装设计

卫浴间软装方案如图13-104所示。

图13-104

门厅、走廊软装方案如图13-105所示。

图13-105

13.4.3 中式风格

中式风格是以宫廷建筑为代表的中国古典建筑的室内装饰设计艺术风格，气势恢宏、壮丽华贵、高空间、大进深、雕梁画栋、金碧辉煌，造型讲究对称，色彩讲究对比，装饰材料以木材为主，图案多龙、凤、龟、狮等，精雕细琢、瑰丽奇巧。中国传统风格建筑及室内布局多为对称的形式，梁架、斗拱、有结构与装饰的作用，中式元素中天花与藻井、屏风、字画、中式雕刻、博古架、中式门窗、中式陈设艺术等是中式室内设计显著的特征，如图13-106所示。

图13-106

　　纯正的中式风格的装修造价较高，在家居设计中一般用新中式加入现代元素，既有中式风格的精髓，又符合现代人的审美情趣。现代中式风格更多地利用了后现代手法（注：后现代一般将传统的元素用现代的手法，利用简化、抽取、变形、错位等手法加以处理），如图13-107所示。

图13-107

　　要做好中式室内设计及软装配置必须了解中式建筑，表13-1所示是中式传统建筑风格的介绍。

表13-1 中式传统建筑风格

名称	样式参考图片	特征
庑殿		庑殿建筑是中国古建筑中的最高形式。在等级森严的封建社会，这种建筑形式常用于宫殿、坛庙一类皇家建筑，是中轴线上主要建筑最常采取的形式。庑殿有重檐和单檐两种
歇山		歇山顶，即歇山式屋顶，为中国古建筑屋顶样式之一，在规格上仅次于庑殿顶。歇山顶也被传入东亚其他地区，日本称为入母屋造
悬山		悬山是我国民居建筑中常用的两坡屋顶的一种形式，特点是屋檐两端要伸出山墙（侧面两端的墙面）
硬山		硬山同悬山一样在民居建筑常用，两者在造型上也比较相似，不同之处在于屋檐基本上不伸出山墙
攒尖		屋顶为圆形或多边形，没有正脊，可以由若干屋脊交于上端，一般亭、阁、塔常用此式屋顶。攒尖有单檐和重檐之分
单坡		为中国古建筑屋顶样式之一，单坡多为辅助性建筑，常附于建筑的侧面
檐墙		檐柱与檐柱之间的墙称为檐墙，建筑物外部的纵墙，习惯上称为檐墙。在前檐的称为前檐墙，在后檐的称为后檐墙

名称	样式参考图片	特征
山墙		山墙俗称外横墙，是指沿建筑物短轴方向布置的墙叫山墙，古代建筑一般都有山墙，它的作用主要是与邻居的住宅隔开和防火
照壁		照壁是在大门内的屏蔽物，其作用相当于室内空间的"玄关"

TIPS

中式（古典）软装设计方案分析（源文件见"第13章/某文物中心中式软装方案.ppt"演示文件）。
门头及梯步如图13-108所示。

外观梯步走廊示意图　　　　盆栽示意图1　　　　　　盆栽示意图2

图13-108

大厅形象墙用中式条案，上面摆放中式陈设，如图13-109所示。

大厅形象墙　　　　　　　　　条案玄关台

图13-109

墙面挂中国画，因为是公共空间，所以，采用装框的形式，如图13-110所示。

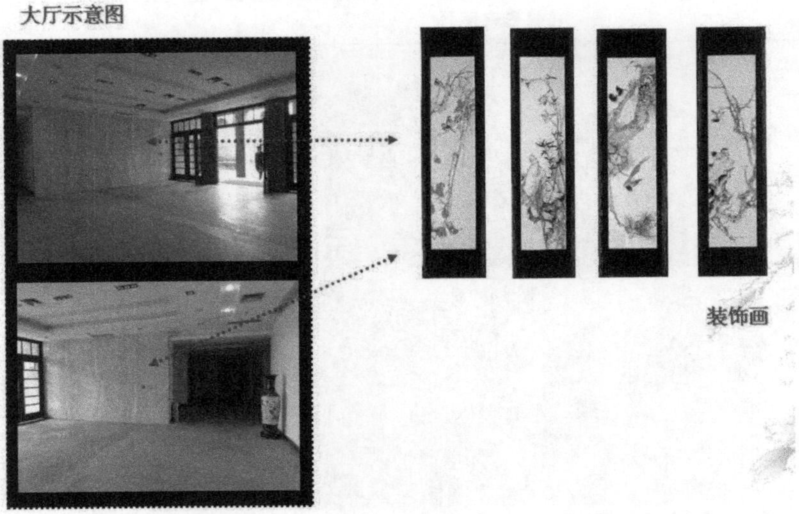

大厅示意图

装饰画

图13-110

过道以挂画和植物为主，以丰富视觉效果，如图13-111所示。

图13-111

会议室不宜摆放过多的陈设，所以，以植物与挂画为主，如图13-112~图13-115所示。

图13-112

图13-113

图13-114

图13-115

公共走廊及楼梯间如图13-116~图13-118所示。

一层过道

图13-116

01 波奇诺历
02 室内设计 基本概念
03 室内设计 图解
04 平面图 实训
05 立面图 实训
06 剖面图 实训
07 室内设计 流程
08 中式风格 设计
09 欧式风格 设计
10 地中海风 格设计
11 室内手绘 方案表现
12 彩色方案 集锦制作
13 软装设计

楼梯间

图13-117

二楼过道

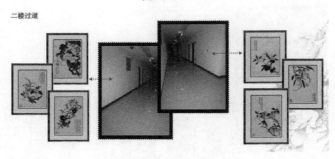

图13-118

玄关及洗手间如图13-119和图13-120所示。

走廊玄关

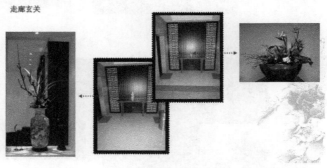

图13-119

公共洗手间

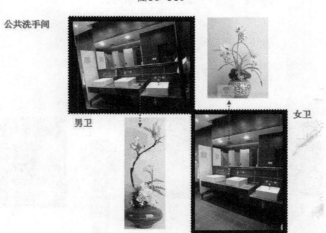

图13-120

13.4.4 地中海风格

地中海风格于9~11世纪兴起，地中海风格极具亲和力，因为其田园风情的柔美，明快的色调和组合搭配被众多地中海以外的地区接受。

地中海长海岸线、建筑风格多样化、日照强烈形成的风土人文，使地中海风格具有自由奔放、色彩多样明亮的特点，如图13-121所示。

图13-121

TIPS

地中海风格软装设计方案。

1.风格背景

地中海风格是欧洲地中海北岸一线的沿海住宅风格，因其气候冬季温和多雨，夏季炎热干燥，阳光充足，所以，整个装饰风格特征以白灰泥墙、连续的拱门、海蓝色的门窗等，将室内与室外融为一体。

2.色彩分析

整个色彩为浅冷色，宁静淡雅。

背景色：白色、黄色、蓝色。

主体色：白色、蓝色。

点缀色：黄色、紫色、绿色、白色、红色。

客厅家具（沙发及茶几）：铁艺玻璃面茶几与室内布艺沙发之间在材质上形成对比，更凸显室内空间的柔软与舒适，小面积红色的插花和抱枕与整个冷色的空间形成对比，使空间增添靓丽，如图13-122所示。电视柜用白色封闭漆（混水漆），使空间显得雅致，如图13-123所示。

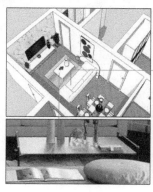

图13-122

图13-123

餐厅家具：餐桌选用白色桌腿及原木色桌面，再配以白色的餐椅，使整个餐厅自然清新，如图13-124所示。

图13-124

主卧室：选用白色封闭漆的床和床头柜，坚打纹的墙纸与地面的木地板方向一致使线条得到延展，如图13-125所示。图13-126所示是卧室梳妆台。书桌上的向日葵使空间顿感温暖，浅蓝色的坐垫与休闲区蓝色家具呼应，打造细腻的地中海情调，如图13-127和图13-128所示。

图13-125

图13-126

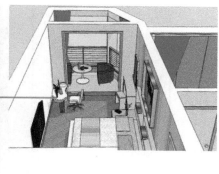

图13-127

图13-128

布艺：整个室内布艺以蓝色和白色为主，保持地中海原味的色彩搭配，如图13-129~图13-133所示。

图13-129

图13-130

01 改革技巧
02 室内设计相关规范
03 室内设计厨房
04 平面图绘制
05 立面图绘制
06 顶面图绘制
07 室内设计预算
08 中式风格设计
09 欧式风格设计
10 地中海风格家设计
11 室内手绘方案表现
12 效果图方案展现
13 效果设计

图13-131

图13-132

图13-133

灯具配饰方案：灯具以水晶灯为主，使整体空间晶莹剔透，如图13-134所示。

厨房吊灯：主光源
颜色：白色

主卧室阳台吊灯：主光源
颜色：白色

主卧室吊灯：主光源
颜色：白色

次卧室吊灯：主光源
颜色：白色

图13-134

装饰画配饰方案：作为地中海风格的配画，一定要注意画面的色彩与主题要与整体风格相协调，本案例的配画选用的是风景题材的挂画作品，色调上都有蓝色成分，如图13-135～图13-137所示。

厨房

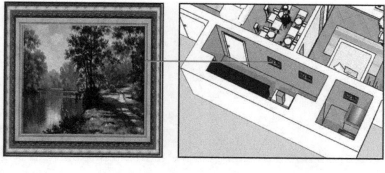

图13-135

主卧室

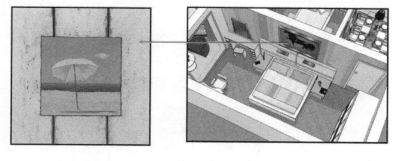

图13-136

主卧室

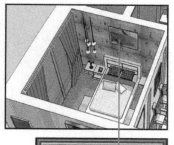

图13-137

13.4.5 东南亚风格

　　东南亚室内设计风格是一个结合东南亚民族岛屿特色的民居风格，东南亚风格广泛运用了木材和其他的天然原材料，如藤条、竹子、石材、青铜和黄铜，以及深木色的家具，为了体现其豪华的感觉，有时还会用到金属壁纸、丝绸等材质，如图13-138所示。

01 流量技巧
02 室内设计制图规范
03 量房
04 平面图实训
05 立面图实训
06 顶面图实训
07 室内设计实训
08 中式风格设计
09 欧式风格设计
10 地中海风设计
11 室内手绘方案表达起
12 家装方案实训解析
13 软装设计

东南亚风格可以奢华、可以舒适也可以实用而贴近生活，取材自然是南亚风格突出的特点，如印度尼西亚的藤、泰国的木皮等纯天然的材质都散发着浓烈的天然气息。原木材质配上布艺恰到好处，如图13-139所示。

图13-138　　　　　　　　　　　　　　　　　图13-139

东南亚风格的家具色彩斑斓，做工精巧从而显得特别高贵，同时受我国明代家具的影响，其家具简洁圆润，如图13-140和图13-141所示。

图13-140

图13-141

东南亚风格有原始自然之美、色泽鲜艳、手工编制的家具，装饰品比较多见，在造型上以木结构为主，具有浓郁的热带风情。大多以温馨淡雅的木本色彩为主，局部点缀艳丽的红色，自然温馨的同时又显得热情而华丽，可以用壁纸、实木、硅藻泥等自然材质去体现自然的热带风情，如图13-142所示。

图13-142

　　东南亚装饰品很多都是纯天然的藤、竹、柚木材质，工艺装饰品很多也会与热带雨林的植物有关，如图13-143~图13-150所示。

图13-143

图13-144

图13-145

图13-146

图13-147

图13-148

01 软件应用
02 室内设计 制图规范
03 室内设计 原则
04 立面图 实例
05 立面图 实例
06 室内布 置设计
07 室内设计 绘制
08 中式风格 设计
09 欧式风格 设计
10 地中海风 格设计
11 室内手绘 方案表现
12 彩色方案 表现实例
13 软装设计

图13-149   图13-150

13.4.6 北欧风格

北欧是指欧洲北部国家，如挪威、丹麦、瑞典、芬兰及冰岛等。北欧的冬季漫长，气温较低，夏季短促凉爽。北欧室内设计风格以浅色为主，如白色、米色、浅木色等。

北欧风格相对于其他欧式风格来说更为简洁，对线条的应用相对比较少，天、地、墙之间纹样和图案的使用比较少，通常用色块来区分，如图13-151所示。

图13-151

北欧风格在空间处理上比较强调空间的宽敞与通透，更注重动线的流畅感；墙面、地面、顶棚，以及家具陈设乃至灯具器皿等，均以简洁的造型、纯洁的质地、精细的工艺为主，色彩上更追求单纯、柔和、梦幻，常以黑、白、灰配以高档原木家具，加上精湛的饰品勾勒出一幅浑然天成的画卷，如图13-152所示。室内织物更喜欢用棉麻等天然质地材质，如图13-153所示。

图13-152　　　　　　　　　　　　　　　　　图13-153

13.4.7　英式乡村风格

　　英式风格整体上比较典雅，色彩对比柔和，而乡村田园风格显著的特点是能够在室内触摸到自然。松软的沙发、故意磨旧(做旧)的家具，家具中虫洞、钉眼、漆面粗糙、破皮等都是乡村风格的手法。材质常选用木、石、藤、麻、棉等，如图13-154和图13-155所示。

图13-154　　　　　　　　　　　　　　　　　图13-155

　　英式乡村风格的家具线条流畅、优美，很多家具是以华美的布艺及纯手工制作。碎花、条纹、苏格兰图案是英式乡村风格家具最常用的图案，材质以楸木、香樟木等为主，常用纯手工雕刻，如图13-156所示。

图13-156

　　布艺是乡村风格中最重要的元素之一，而且这种元素不断在室内各种织物之间重复出现，使用空间显得秀美、华丽、典雅，英式风格的布艺或墙纸以碎花为主，如图13-157和图13-158所示。

图13-157

图13-158

　　乡村风格的花卉是很重要的成分之一，植物多以小叶植物为主，使整个乡村风格的"碎花"元素在植物中延展，阔叶或者较为刚硬的绿植不适合乡村风格。满天星、薰衣草、迷迭香、雏菊、月季、玫瑰等有芬芳香味的盆栽植物比较适合乡村风格，它们能体现乡村气息，如图13-159和图13-160所示。

图13-159

图13-160

13.4.8 美式风格

美国崇尚自由，在室内设计上没有太多造作的修饰与约束，整个设计上比较大气、粗犷、实用舒适、简洁怀旧。色彩上常用暗棕、土黄为主的自然色彩。

美国的文化以移植文化为主导，兼有欧式的奢侈与贵气，又结合了美洲大陆的奔放自由，其设计造型的形式更简洁、大气，形成特别的贵气加大气而又不失自在与随意的美式风格，如图13-161所示。

图13-161

美式室内设计风格之所以受到欢迎，是因为美式风格既有文化感、尊贵气息，同时也有强烈的自由气息，美式风格的室内设计及软装的特点如下。

❶ 美式客厅

美式风格客厅设计一般要求简洁、明快，常使用大量的石材和木饰面装饰，陈设设置一些有历史感的东西，如厚重的仿古画框、艺术品、有历史与陈旧感的照片，如图13-162和图13-163所示。通过仿古墙地砖、石材、仿旧工艺体现美式风格的"厚重感"，如图13-164所示。

图13-162

01 装饰技巧
02 室内设计的风格
03 室内设计与置陈
04 平面图实训
05 立面图实训
06 顶面图实训
07 室内设计实例
08 中式风格设计
09 欧式风格设计
10 地中海风格设计
11 室内手绘方案实训
12 彩色方案案例赏析
13 软装设计

图13-163　　　　　　　　　　　　　　　　　　图13-164

② 美式卧室

　　美式风格的卧室布置较为温馨，在进行设计时首要考虑功能性和实用舒适。卧室多不设顶灯，尽量采用间接照明的方式，就是常说的只见光不见灯。软装布艺上色彩要统一，如图13-165所示。

图13-165

③ 美式厨房

　　美式风格的厨房一般采用开敞式设计（这主要是由烹饪习惯决定的，如果你的生活方式不是美式，肯定仍然以功能为主），很多美式餐厅会有便餐台，在装修上可以选用仿古面的墙砖、厨具用实木门扇，美式厨房的窗户也会配置窗帘，如图13-166所示。

图13-166

❹ 书房

美式风格的书房设计在硬装上力求实用、简洁，但在软装上非常考究。美式风格的书房陈设中能体现主人"足迹"的陈设品能增加书房的书卷味道，如被翻卷边的古旧书籍、颜色发黄的航海地图、地球仪、望远镜、写实的风景的油画、鹅毛笔都能体现一种美式生活态度。美式书房如图13-167和图13-168所示。

图13-167

图13-168

❺ 美式家具

美式家具常选用樱桃木、枫木、美国红橡木、松木来制作。家具表面精心涂饰和雕刻，很多用浮雕面，以体现美式特有的质感。

美式家具会延续欧式家具的一些造型特征，如用华丽的枫木滚边，枫木或胡桃木的镶嵌线，金属扣镶嵌的扶手，以及模仿动物形状的家具脚腿造型等。另外，卷草、麦束还有象征爱国主义的图案，如鹰形图案等，常用镶嵌装、浮雕的手法打造美式特有的豪华与"粗犷"。

平面图如图13-169所示。

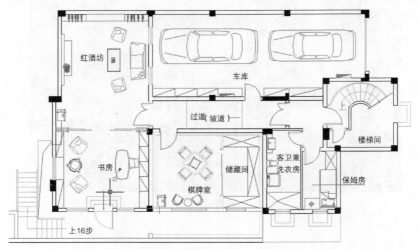

图13-169

一层平面图。本别墅一层在功能上主要有会客厅、厨房、餐厅等，根据烹饪习惯，本案的厨房采用中式厨房设计，在装饰元素上采用美式设计，所以，丝毫不影响美式风格的融合。一层平面图如图13-170所示。

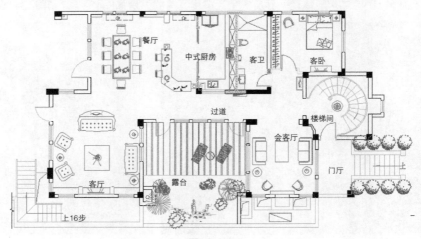

图13-170

二层平面图。别墅设计中一般将主人的生活起居空间放在顶楼，如图13-171所示。

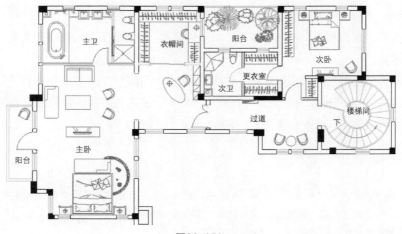

图13-171

客厅效果如图13-172所示。

图13-172

主卧室效果如图13-173和图13-174所示。

图13-173

图13-174

01 选材技巧
02 室内设计 制图规范
03 室内设计 量房
04 平面图 实训
05 立面图 实训
06 剖面图 实训
07 室内设计 预算
08 中式风格 设计
09 欧式风格 设计
10 地中海风 格设计
11 室内手绘 方案表现
12 整体方案 实绘训
13 软装设计

卫生间效果如图13-175所示。

图13-175

13.5 软装配饰元素

软装配饰元素是室内环境艺术设计的重要组成部分，对于强化室内空间的气氛、格调、品位、意境等起到了不可或缺的作用。软装设计的工作核心就是对软装元素的处理、选择、搭配，所以，了解、掌握软装元素是每个室内设计师、软装配饰设计师的必修课。

13.5.1 家具

❶ 中式家具

传统中式家具秉承中国古典宫廷建筑艺术设计风格，造型注重对称、色彩讲求对比、以木为材，图案雕花瑰丽，纹路奇巧，多以龙、凤、龟、狮等为创作元素。传统中式家具往往具有极高的工艺、艺术，文化及收藏价值，但其过于烦琐的细节修饰已不再符合现代生活理念的需求。于是，新中式家具为迎合现代人对于空间的审美与生活的追求，摒弃了传统中式家具繁杂的工艺制作，简化了其复杂图案及纹理刻画，延续了中式传统中所特有的味道和意境。

中国历史源远流长，各个时代都有极具代表性的特色家具制作工艺。下面就来了解一下中国各个历史时期中式家具的特点。

（1）秦汉时期家具。秦汉时期人们的生活习惯是席地而坐，所以，家具以典型的低矮型家具为主，根据不同的使用功能分为几、案、俎，常见的有席子、漆案、木案、铜案、陶案、漆几、俎几等，秦汉时间的建筑家具都比较简洁，沉稳中透出一种霸气，如图13-176~图13-179所示。

图13-176（秦汉翘头席面茶几）

图13-177（仿秦汉卧室系列）

图13-178（秦汉风格沙发套件）

图13-179（仿秦汉桌椅）

（2）明朝时期家具。明朝是我国家具史上的黄金时代，这一时期家具典型地体现出了中国家具所具有的造型巧妙、装饰华丽、工艺精细、材料丰富等特点，并且善于提炼，精于取舍，已达到功能与美学的完美境界，隽永耐看。明式家具轮廓极为讲究线条美，雕刻手法以浮雕最为常用，如图13-180~图13-183所示。

图13-180（黄花梨四出头官帽椅）

图13-181（黄花梨独板翘头案）

01 流程技巧
02 室内设计 阶梯提高法
03 置陈布局
04 平面图 实训课
05 立面图 实训
06 预测量 实训课
07 室内设计 步骤
08 中式风格 设计
09 欧式风格 设计
10 热带海岛 风情设计
11 室内手绘 方案实现
12 彩色方案 实训展现
13 软装设计

图13-182（榆木明式家具）　　　　　　　　　图13-183（明式圆餐桌）

（3）清朝时期家具。清朝时期由于满汉文化的融合，同时又受到西方文化的影响，逐渐形成了注重形式、崇尚华丽气派的清式家具风格，为了追求富贵奢华的装饰效果，透雕、描金、彩绘、镶嵌是清代家具最常用的装饰手段，装饰图案以吉祥图案最为常见，如图13-184~图13-189所示。

图13-184（清代木月洞门架子床）

图13-185（清代酸枝家具系列）

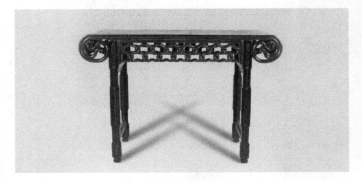

图13-186（清式琴桌）

图13-187（清式圈椅）

图13-188（交椅）

图13-189（清代老楸木梳背椅）

（4）新中式家具。由于现代人追求简单生活方式，新中式家具简化掉了古典文化中刻意追求的细节雕花，多以造型简练流畅的直线和素雅的弧线收边，并合理调整家具的尺寸，使其更适合于现代建筑中狭小多变的空间结构。在选材方面，也不再局限于传统的实木，还可选用金属、高分子聚合物、玻璃等现代科技的建材与传统中式元素合理结合，使传统艺术在现代社会中得到理性的表达，如图13-190~图13-199所示。

图13-190

图13-191

图13-192

图13-193

01 室内艺术
02 室内设计和规范
03 室内制图
04 立体构成
05 平面构成
06 色彩构成
07 室内设计表现
08 中式风格设计
09 欧式风格设计
10 混搭风格设计
11 室内手绘方案表现
12 彩色平面图绘制
13 软装设计

图13-194

图13-195

图13-196

图13-197

图13-198

图13-199

01 设计技巧
02 室内设计和室内设计规范
03 室内设计量房
04 平面图实训
05 立面图实训
06 顶面图实训
07 室内设计项目
08 中式风格设计
09 欧式风格设计
10 地中海风格设计
11 室内三维方案表现
12 彩色平面图后期处理

❷ 欧式家具

欧式家具是欧式风格装修中重要的表现元素，以意大利式、法式和西班牙式的家具为主要代表，通常欧式家具的轮廓和转折部分都由对称而富有节奏感的曲线或曲面构成，常用镀金、铜饰、仿皮等装饰手法，造型简练、线条流畅、色彩绚丽，极具艺术美感，给人以华贵优雅的感觉。

（1）意大利式家具。意大利式家具在世界家具史上占据着举足轻重的地位，不但拥有正宗的欧洲古典文化韵味，同时也是现代设计理念最具活力的迸发点，其设计闻名于全球。

从设计风格上来讲，意式家居同时具备了古典与现代两种迷人风情，简约中不乏时尚与高贵。其艺术与功能结合得十分紧密，将工业技术与设计的原创力结合起来，在满足产品功能性要求中追求审美属性，如图13-200~图13-205所示。

图13-200

图13-201

图13-202

图13-203

图13-204

图13-205

01 涂料饰5
02 室内设计 装修规范
03 室内设计 装修
04 平面图 实测
05 立面图 实测
06 剖面图 实测
07 室内设计 实测
08 中式风格 设计
09 欧式风格 设计
10 地中海风 设计
11 室内手绘 方案表现
12 绿色方案 方案表现
13 软装设计

（2）法式家具。法式风格家具充满着法式的浪漫。其家具的装饰艺术、设计风格集中体现在结构布局上突出轴线的对称，强调恢宏的气势，细节处理上精细考究，注重雕花、线条及制作工艺。

法式风格的家具主要有巴洛克、洛可可和新古典等风格。

巴洛克风格中最常见的是各种复杂的装饰雕刻，家具几乎都要覆以闪亮的金箔涂饰，椅背、扶手、椅腿均采用涡纹与雕饰优美的弯腿，椅座及椅背分别有设计坐垫，以提高使用时的舒适感，如图13-206~图13-208所示。

图13-206

331

图13-207

图13-208

　　洛可可风格充满女性特有的柔美气息，以芭蕾舞为原型的椅子腿就是其最明显的特征，秀雅高贵的气质将舞蹈的韵律美融于家具造型之中，如图13-209~图13-211所示。

图13-209

图13-210

图13-211

　　法式新古典家具延续了古典欧式家具的线条轮廓特征，摒弃了洛可可风格中繁复的装饰，追求简洁自然之美。同时，在风格和细节上，注重家具的舒适度与时代感，如图13-212~图13-216所示。

图13-212

01 软件设计

02 室内设计
家具系统库

03 室内设计
菜单

04 平面图
实训

05 立面图
实训

06 顶面图
实训

07 室内设计
绘制

08 中式风格
设计

09 欧式风格
设计

10 地中海风
格设计

11 室内主要
方案表现

12 彩色方案
实现实训

13 软装设计

图13-213

图13-214

图13-215

图13-216

（3）西班牙式家具。西班牙式家具崇尚手工、唯一和原创，取材朴实，产品纯手工化、精细化，非常有视觉感和生态性。家具的设计理念中强调家庭情感生活，注重情感交流，强调了以居住为本的需求，如图13-217~图13-219所示。

图13-217

图13-218

图13-219

❸ 美式家具

美式家具讲求舒适、实用，家具体积大、厚重、舒适，同时也表露出多元文化融合的历史痕迹，其风格多样、兼容并蓄，不仅有仿古、新古典风格的家具，还有独特的乡村风格，以及简约、生活型的家具。

美式家具的仿古韵味主要是对欧洲古典生活的回忆和眷恋，但受限于拓荒地的环境条件，造型上做了简化，更注重舒适及实用，更讲究格调与品鉴的传承。

在美式家具风格中，独特乡村风格占有重要地位，其体现出早期美国先民的开拓精神和崇尚自由、喜爱大自然的个性，主张"回归自然"，力求在室内环境中表现出悠闲、舒畅、自然的田园生活情趣，也常运用天然木、石、藤、竹等材质质朴的天然纹理，如图13-220~图13-224所示。

图13-220

图13-221

图13-222

图13-223

图13-224

13.5.2 灯具

① 中式灯具

　　中式灯具与中式家具一样，在造型样式上尽显浑然天成、返璞归真的气质，在简单中透着风雅；制作材料使用了大量中国特有的工艺和材质，如实木、竹子、陶瓷、漆器、翡翠、大理石、天然玉、绢纱、丝绸、棉麻、仿羊皮等。每当夜幕降临，繁星点点，独坐书房，在柔和温馨的灯光下追忆往昔，淡泊、宁静，这就是古典灯具的魅力所在，如图13-225~图13-228所示。

图13-225

图13-226

图13-227

图13-228

❷ 欧式灯具

　　欧式灯具源自欧洲古典风格艺术，模仿欧洲古宫廷式效果，强调奢华典雅、雍容华贵、色彩浓烈、造型精美。其中，造型古朴、典雅的烛台吊灯是其最典型的灯具款式。

　　欧式灯具在工艺制作与选材上，注重线条、造型，以及色泽上的雕饰，材料选用上也较为广泛，铁艺、纯铜、实木、不锈钢、水晶等都是欧式灯具常用的材料。值得一提的是，欧式灯具中的水晶灯与欧式风格所追求的雍容华贵、高雅别致不谋而合，所以，在欧式的公共空间，如住宅客厅、酒店大堂顶部常用瑰丽而又独具特色的水晶灯来营造气氛，如图13-229~图13-232所示。

图13-229

图13-230

图13-231

图13-232

13.5.3 墙纸

因为墙纸具有色彩多样、图案丰富、豪华气派、安全环保、施工方便、价格适宜等多种其他室内装饰材料所无法比拟的特点，所以，墙纸在室内装饰中得到相当程度的普及，墙纸常见材质如下。

（1）PVC墙纸。PVC墙纸是使用PVC这种高分子聚合物作为材料，通过印花、压花等工艺生产制造的墙纸。其优点是耐用、便宜、施工方便及连接缝隙不明显。

（2）纸浆（木浆）墙纸。纸浆（木浆）墙纸是全部用纸浆制成的墙纸，这种墙纸由于使用纯天然纸浆纤维，透气性好，并且吸水吸潮，具有亚光、环保、自然、舒适的特点，颜色生动亮丽。

（3）无纺布。无纺布主要由化学纤维，如涤纶、腈纶、尼龙、氯纶等经过加热熔融挤出喷丝，然后经过压延花纹成型，或者由棉、麻等天然植物纤维经过无纺成型，对人体和环境无害，完全符合环保安全标准。目前市场主流类型分为化纤纤维、植物纤维加少化纤两种。其色彩纯正、视觉舒适、触感柔和、吸音透气、典雅高贵，是一种高档的墙面装饰材料。

（4）发泡类墙纸。发泡类墙纸是PVC墙纸的一类，有凹凸感，手感柔软。一般较常见的是低发泡和高发泡两种。

发泡墙纸图案逼真、立体感强、装饰效果好；但不耐磨、容易刮伤、易受污。目前，发泡墙纸在逐渐退出市场。

① 现代简约风格墙纸

现代简约风格墙纸在花纹上一般以几何图案为主，墙纸材质选择上比较多样化，如图13-233所示。

图13-233

② 中式风格墙纸

中式风格墙纸带有浓郁的中式气息，中式元素在墙纸上也得以体现，如中式祥云、中式图案、花鸟、书法等，材质上也倾向于接近自然，如草编等，如图13-234所示。

图13-234

❸ 欧式风格墙纸

纤致的中世纪风格，富丽的文艺复兴风格，浪漫的巴洛克风格，娇柔的洛可可风格无一不诠释着奢华、精致，欧式古典墙纸选择要素为精致、华丽及欧式元素，如图13-235所示。

图13-235

❹ 新古典主义墙纸

新古典主义墙纸强调形似而非神似，在追求外在趋同的时候，特别是壁纸的色彩更多是以中性色调为主，多使用白色、金色、黄色、暗红等色调，少量白色糅合，使色彩看起来明亮、大方，使整个空间给人以开放、宽容的非凡气度，丝毫不显局促。同时在细节上，不再强调过去几种风格的厚重肌理及深浮雕纹理，如图13-236所示。

图13-236

01 装修技巧
02 室内设计制图规范
03 室内设计量房
04 平面图实测
05 立面图实测
06 顶面图实测
07 室内设计预算
08 中式风格设计
09 欧式风格设计
10 地中海风格设计
11 家居与软装搭配
12 彩色方案搭配
13 软装设计

13.5.4 窗帘、布艺

❶ 现代简约风格

现代简约风格颜色淡雅，样式花纹简单，图案多为条纹、格子、暗花或几何构成，有很强的时尚感和线条感，如图13-237~图13-240所示。

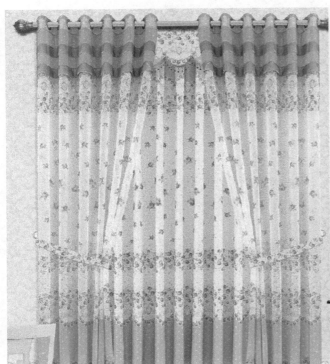

图13-237

图13-238

图13-239

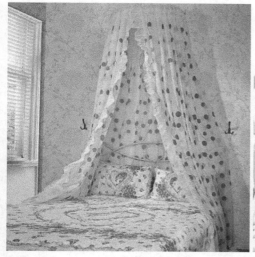

图13-240

❷ 中式风格

中式风格以古朴、典雅著称，讲究精雕细琢。窗帘面料以具有浓郁中国风的丝、绸、缎、棉、麻混纺面料为主，色彩稳重浓厚，样式花纹古朴典雅，多采用具有一定象征意义和吉祥寓意的图案作为装饰。书法、诗词也是中式风格窗帘使用的题材，如图13-241~图13-244所示。

图13-241

01 家具技巧
02 室内设计制图规范
03 室内设计基础
04 平面图实训
05 立面图实训
06 剖面图实训
07 室内设计表现
08 中式风格设计
09 欧式风格设计
10 地中海风格设计
11 室内手绘方案表现
12 彩色方案效果图
13 软装设计

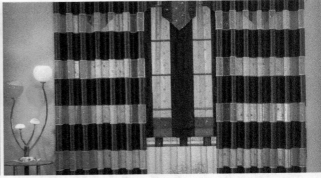

图13-242

图13-243

图13-244

③ **欧式风格**

欧式风格色彩鲜艳，样式花纹繁复奢华，图案多采用大花纹进行几何排列组合，部分高档产品还会使用描金漆、绘金线、绣真丝等高档材料和技巧来提升窗帘效果，如图13-245~图13-247所示。

图13-245

图13-246

图13-247

01 软装技巧
02 章内设计 制式风格
03 章内设计 细部
04 平面图 实例
05 立面图 实例
06 顶面图 实例
07 章内设计 装饰
08 中式风格 设计
09 欧式风格 设计
10 地中海风 格设计
11 室内手绘 方案表现
12 彩色方案 实景实创
13 软装设计

13.5.5 挂画

❶ 中国画

（1）山水画。山水画是以山川自然景观为主要描写对象的中国画，是中国情感思想中最为厚重的沉淀。山水画着力强调游山玩水的士大夫文化意识，以山为德、水为性的内在修为意识，咫尺天涯的视觉意识，集中体现了中国画的意境、格调、气韵和色调，如图13-248~图13-251所示。

图13-248《垂钓图》清末 张大千

图13-249《富春山居图》元代 黄公望

图13-250《吹箫引凤》明代 仇英

图13-251《烟浮远岫图》清代 王翚

（2）花鸟画。花鸟画是指用中国的笔墨和宣纸，以"花、鸟、虫、鱼、禽兽"等动、植物形象为主要描绘对象的绘画，是中国传统的三大画科之一。从广义上讲，花鸟画所描绘的对象，实际上不仅仅是花与鸟，而是泛指各种动植物，包括花卉、蔬果、翎毛、草虫、禽兽等类。花鸟画集中体现了中国人与自然生物的审美关系，具有较强的抒情性，通过抒发作者的思想感情，体现时代精神，间接反映社会生活情况，如图13-252~图13-255所示。

图13-252《寒雀图》宋 崔白

图13-253《瓦雀栖枝图》宋 佚名

图13-254《溪芦野鸭图》五代

图13-255《芙蓉锦鸡图》宋 赵佶

（3）工笔、泼墨画。"工笔"是中国画中的一种绘画技法，所谓"工笔画"是指先用浓、淡墨勾勒，再用深浅分层的着色画法，画法工整、严谨，如图13-256和图13-257所示。

图13-256

图13-257

　　"泼墨"也是国画的一种画法。相对于"工笔",泼墨在表达上更随性,在作画过程中可以把一碗墨和一碗水同时向纸上泼洒,随即用手涂抹或用大笔挥运,自然而有表现力地使水墨渗化融合起来,干后有"元气淋漓障犹湿"之感,如图13-258和图13-259所示。

图13-258

01 基本技巧

02 室内设计 光影规范

03 室内设计 原则

04 平面图 实例

05 立面图 实例

06 剖面图 实例

07 室内设计 流程

08 中式风格 设计

09 欧式风格 设计

10 地中海风 格设计

11 室内手绘 方案表现

12 彩色方案 实例制

13 软装设计

图13-259

❷ 油画

　　油画是西方的传统绘画，用快干性的植物油（如亚麻仁油、罂粟油、核桃油等）调和颜料，在画布、亚麻布、纸板或木板上进行制作的一个画种。油画凭借颜料的遮盖力和透明性能较充分地表现描绘对象，其色彩丰富，立体质感强。

　　（1）文艺复兴时期油画。这个时期的绘画艺术的核心特点表现为现实与人文，强调以写实传真的手法表达人的感官、信仰和世界观，要求打破封建神权，打破封建制度的思想束缚，注重色彩的协调和自然，如米开朗基罗的作品《创世纪》、波提切利的作品《维纳斯的诞生》等。图13-260和图13-261所示为文艺复兴时期大师的作品。

图13-260 达·芬奇《蒙娜丽莎》

图13-261 达·芬奇《最后的晚餐》

　　（2）古典油画。古典主义绘画比较理性，注意形式的完美，以线条的清晰和严整，以古希腊、罗马的审美原则为基础，在构图上讲究对称、均衡，在气势上体现庄严、辉煌、崇高，技法精湛，刻画深入，是学院主义的典型代表。代表人物为法国著名画家大卫和安格尔，如图13-262~图13-264所示。

图13-262 安格尔《自画像》

图13-263 大卫《跨越阿尔卑斯山圣伯纳隧道的拿破仑》

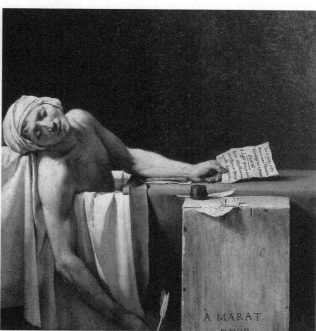

图13-264 大卫《马拉之死》

（3）印象派油画（代表人物有梵高、高更、莫奈）。印象派油画19世纪下半叶诞生于法国，强调表达出对客观事物的感觉和印象，发现了色彩是随着观察位置，受到光线照射状态的不同和环境的影响而同步变化的，给后来的现代美术以极大的影响，但极少反映人类生活的主题，如图13-265~图13-268所示。

图13-265 莫奈《日出·印象》

图13-266 鲁弗申《花园小路》

图13-267 梵高《向日葵》

图13-268 雷诺阿《红磨坊的舞会》

（4）现实主义（代表人物有库贝尔、米勒和柯罗、卢梭、罗丹）。现实主义兴起于法国浪漫主义时期之后，是赞美大自然，描写人们现实普通生活的一种艺术形式，用忠实于对象的手法描写个人眼界所观察到的事物，是透过现象反映事物的本质，具有极强的艺术兼容性和自由度。现实主义绘画代表人物有"风景画家"柯罗、"农民画家"米勒，以及以"现实主义画家"自称的库尔贝等，如图13-269~图13-272所示。

图13-269 柯罗风景油画

图13-270 米勒《拾稻穗》

图13-271 杜米埃《三等车厢》

图13-272 库贝尔《画室》

（5）表现主义。表现主义是指20世纪初期，在北欧许多国家所流行的一种强调表现艺术家的主观感情和自我感受，对客观形态进行夸张、变形乃至怪诞处理的一种艺术思潮，代表作人物之一为蒙克，如图13-273和图13-274所示。

图13-273 蒙克《呐喊》

图13-274 蒙克作品

（6）立体主义。立体主义作品中追求刻意减少描述性和表现性的成分，力求组织起一种几何化倾向的画面结构，追求将物体多个角度的不同视象结合在画中同一形象之上。立体主义的代表人物是毕加索和布拉克，如图13-275和图13-276所示。

图13-275 毕加索《亚威农少女》

图13-276 布拉克《埃斯塔克的房子》

（7）达达主义。达达主义是20世纪初出现于法国、德国和瑞士的一种无政府主义的艺术运动，试图通过废除传统的文化和美学形式，发现真正的现实。达达主义的主要特征包括追求清醒的非理性状态、拒绝约定俗成的艺术标准、幻灭感、愤世嫉俗、追求无意、偶然和随兴而做的境界等，如图13-277和图13-278所示。

图13-277 达达画派作品　　　　　　　　　　　图13-278 达达画派杜尚作品

（8）现代抽象派。现代抽象派排斥传统的绘画法则，反对传统的束缚，反对理性，重视主观感受，画面表现形式极端化，表达出一种知识分子的精神困惑，如图13-279和图13-280所示。

图13-279 蒙特里安作品　　　　　　　　　　　图13-280 蒙特里安作品

13.5.6 装框

室内空间中挂画是必不可少的软装项目，除了选择与室内装饰风格相适应的绘画作品外，选择画框也是比较讲究的，如果绘画的装框不合适，不但会影响绘画作品的效果，甚至会破坏整个室内空间的效果。

❶ 欧式油画框

欧式油画框的样式非常多，可以根据绘画作品的格调进行选择。如选择挂古典写实油画与现代抽象派的油画作品在装框上肯定要有区别，前者一般选择比较传统、边框装饰纹样比较复杂的画框，而后者一般选择边框简约一些的画框，更能与画面、室内空间协调。

同时，选择画框时还要注意根据画面的颜色，一般要与画面颜色在明度上有一定的区别，在色调上尽可能选择与画面色调类似的颜色，如图13-281~图13-284所示。

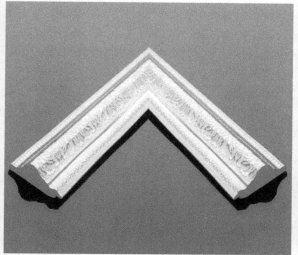

图13-281 适合于风景等

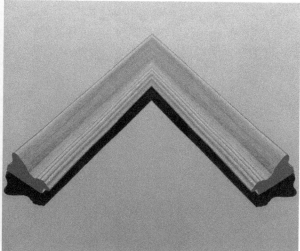

图13-282 适合于古典油画、人物、肖像等

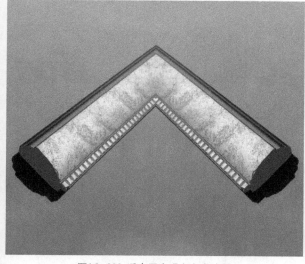

图13-283 适合于表现主义类油画

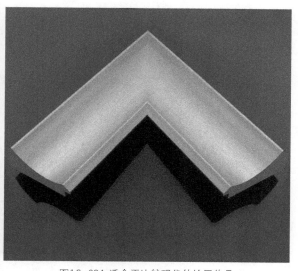

图13-284 适合于比较现代的绘画作品

❷ 直边画框

直边画框是指造型比较简单，几乎成平板线条的画框，这类画框适用于简约风格的室内空间。直边画框

可用于照片装裱、中国画装裱、现代抽象油画装裱等，如图13-285和图13-286所示。

图13-285　　　　　　　　　　　　　　　图13-286

❸ 水晶画框

　　水晶画框因为晶莹剔透、时尚而得到广泛的应用，在安静、稳重的中式室内空间放置水晶陈设，可以增加空间的灵动与活跃，而现代风格中放置水晶陈设，更能与空间协调，如图13-287和图13-288所示。

图13-287　　　　　　　　　　　　　　　图13-288

❹ 铁艺画框

　　铁艺画框能传达出一种怀旧情怀。在乡村风格等室内设计中比较适合选用铁艺画框，如图13-289和图13-290所示。

图13-289　　　　　　　　　　　　　　　图13-290

13.5.7 饰品

❶ 中式

　　中式饰品包括字画、匾幅、挂屏、盆景、瓷器、古玩、屏风和博古架等。追求一种修身养性的生活境界，在装饰细节上崇尚自然情趣，花鸟、鱼虫等精雕细琢，富于变化。另外，在饰品装饰的时候不要刻意追求装饰品的数量，而应该留意这些装饰品所表达和蕴含的意境，以中国特有的"留白"手法来体现主人对文化的理解，如图13-291~图13-295所示。

图13-291

图13-293

图13-294

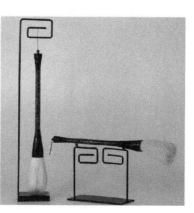

图13-292

01 室内设计
02 室内设计
03 室内设计
04 平面图绘制
05 立面图绘制
06 顶面图绘制
07 室内设计
08 中式风格设计
09 欧式风格设计
10 地中海风格设计
11 室内手绘方案表现
12 彩色方案效果图
13 效果设计

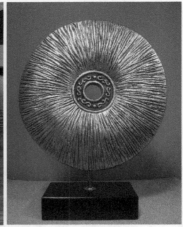

图13-295

② 欧式

欧式饰品包括油画、铜镜、挂盘、壁毯、花瓶、人物雕刻、石膏制品等，追求一种奢华优雅的生活品位。在选择饰品的时候，注重饰品本身的历史背景和文化内涵，常使用带有明显时代工艺特征的饰品。喜爱收集和展览来自其他国家地区及文化的工艺品、艺术品，并集中放置于某个专门的陈列地点，按照一定的规律进行排序（如地理位置、历史时期等）。摆放方式不受限制，重点在突出主人对艺术的认识高度和鉴赏力，如图13-296~图13-301所示。

图13-296

图13-297

图13-298

图13-299

图13-300

图13-301

01 装饰材料
02 室内设计制图规范
03 室内设计原理
04 平面图实训
05 立面图实训
06 顶面图实训
07 室内设计表现
08 中式风格设计
09 欧式风格设计
10 地中海风格设计
11 室内手绘方案表现
12 彩色方案实训
13 软装设计

❸ 美式

美式风格中对于家居陈设品的选择使用集中体现了美式生活理念中对自由、自然、舒适的狂热追求。由于受到融合文化背景的影响，美式陈设品在样式选择和摆放陈列上并没有固定的套路，习惯以方便使用的功能性为前提来选择物件放置位置，偏好以大型或大面积的花朵作为装饰纹路，尤其喜欢展示主人的战利品，并将其悬挂于显眼醒目的地方用以炫耀，如图13-302~图13-306所示。

图13-302

图13-303

图13-304 美式卧室陈设（图片来源：欧工国际网站）

图13-305 咖啡桌陈设（图片来源：欧工国际网站）

图13-306 美式风格走廊台（图片来源：欧工国际网站）

❹ 现代

　　现代饰品包括布艺制品、藤艺制品、玻璃制品、干花干枝、麻编草编制品、铁艺、十字绣等新工艺品。偏好质地纯洁、造型简约、色彩统一的艺术品。由于现代建筑中多刚硬、单调的线条结构，所以，在选择现代风格装饰品的时候建议采用造型线条柔和的装饰品来缓和空间的生硬感，使用柔和的暖色来制造温馨的室内氛围，如图13-307~图13-314所示。

图13-307

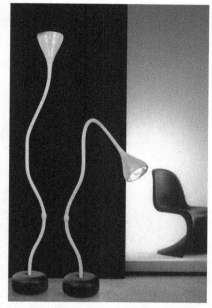

图13-308 落地灯（照片来源欧工国际网站）

图13-309

图13-310 "易文化元素"饰品

图13-311

01 装饰技巧
02 室内设计 规范规范
03 室内设计 鉴房
04 平面图 实训
05 立面图 实训
06 剖面图 实训
07 室内设计 方案
08 中式风格 设计
09 欧式风格 设计
10 地中海风 格设计
11 室内手绘 方案表现
12 彩色方案 绘制
13 软装设计

图13-312 植物（欧工国际网站）

图13-313

图13-314 玻璃饰品（欧工国际网站）

13.6 器皿

器皿既具有功能性也具有观赏性，是陈设中不可或缺的部分。在搭配过程中注意材质的统一和谐，有时通过不同材质的对比可以产生意想不到的效果，但如果搭配不合理就可能造成"画虎不成反类犬"的后果，如图13-315和图13-316所示。

图13-315

图13-316

13.6.1 书籍

书籍是书房中必不可少的，书籍能反映主人的生活情趣，好的书籍陈设能使空间显得古朴、充满书香，合理的书籍陈设能体现一种特有的文化气质，如图13-317~图13-320所示。

图13-317 图胶装书籍　　　　　　　　　　图13-318 线装书籍

01 版式设计
02 室内设计 陈设风格实战
03 室内设计 基础
04 平面图 实训
05 立面图 实训
06 顶面图 实训
07 室内设计 实战
08 中式风格 设计
09 欧式风格 设计
10 混搭风格 设计
11 室内手绘 方案实战
12 别墅方案 实战案例
13 效果图设计

图13-319

图13-320

13.6.2 生活用品

生活用品直接反映主人的生活品质与生活态度，所以，生活用品的选择也是软装一个重要的部分。在进行生活用品选择时也要注意到与室内整个风格相搭配，如果是混搭，注意不是乱搭，选择时要以某一种共同的、特定的属性作为主线。例如，进行中西方风格混搭，那么秦汉时期的中国风与美式风格都显示出一种大气、稳重，这就是混搭的"灵魂"，如图13-321~图13-326所示。

图13-321 欧式餐具

图13-322 中式餐具

图13-323 中式茶具

图13-324 欧式果盘

图13-325 中式果盘

图13-326 少数民族餐具

13.7　室内软装配饰设计市场操作

　　设计能否得到客户的认可，是检验设计"产品"是否合格的唯一因素。所以，软装设计师除了要学习软装设计的方法之外，还要了解市场操作流程。

13.7.1　生活方式

　　高端的软装饰设计师必须由高端的生活方式引导。软装设计师要更好地做好设计，除了具备美学修养外，了解生活方式也是必需的。

① 生活方式的概念

　　生活方式是指人在一定的价值观及其他客观条件的限制下，为了满足自身生活需求的全部行为。从广义来说，生活方式是指日常生活领域的活动形式与行为特征。从狭义来讲，生活方式仅指个人的兴趣、爱好及价值取向决定的生活行为。

生活方式是生活主体（人）同一定的社会条件相互作用而形成的活动形式和行为特征的复杂关系，包括生活主体、生活条件和生活形式3部分。

人是生活方式构成的主体，是生活方式的核心，因为不同的人会受教育、宗教信仰、民族等因素的影响，同时人的活动具有主观能动性，所以，生活方式是变化的，特别是现代人的生活方式更具有明显的能动性。不同的人因为其职业、收入水平、消费观念、家庭结构、人际关系、教育程度、拥有闲暇时间的多少、住宅条件等条件的差别，使同一社会不同群体及个人的生活方式形了成明显的差异性。不同阶层不同群体之间因为相互影响，使某一阶层或群体之间形成典型的、稳定的生活活动表现形式，以下是对这种典型的生活方式的探讨，但千万不能作为一种公式。

❷ 当今中产、富裕阶层生活方式探讨

（1）中产、富裕阶层生活对比如表13-2所示。

表13-2

生活内容	中产阶层	富裕阶层
衣	品位、品质、舒适、品牌	知名品牌、舒适、品质、品位、私人量身定制服装
食	以在外用餐为主	以在家用餐为主、生活规律
住	只买对的、不买贵的！口碑好的小区	以居住品质作为衡量标准，以洋房、别墅为主
行	车以代步工具为主，有两辆中级以下轿车	对车的选择更注重品牌、个人感受、爱好，有两辆以上轿车、MPV、SUV等
工作	高级职业经理、中级专业人士、拥有微型私营企业主或个体经营良好的人士	自由支配工作时间、拥有中大型私人企业
休闲娱乐	聚会、集体出游（旅行社）、自助游、艺术活动	独家方式、私人会所或俱乐部
待人接物	礼尚往来大众礼仪	特定的社交圈活动，有特定礼仪要求

（2）当前中产阶层主流家居生活空间。室内设计师及软装设计师必须熟悉室内各空间的基本功能，以便使设计作品更好地符合主人的生活方式，如表13-3所示。

表13-3

家居空间	功　能
门厅	换鞋、脱外衣、将钥匙等放在门厅处
更衣间	更换家居舒适衣服
客厅（起居室）	晚餐前和家人交流，如果没有专门的影音空间，客厅还要兼作影视空间的功能
餐厅（早餐厅）	晚餐是正餐时间，聚餐使用
卫生间	一般设两个以上卫生间，主客分开
书房	读书、写字、上网或者处理临时性工作
卧室	私密空间、充分放松状态
活动室	影音健身等休闲活动

（3）生活方式定位。各个家庭因为各方面的情况不同，在进行软装设计之前需要对每个家庭的具体生活方式进行准确的定位，这样在进行设计时才能更好地把握，如表13-4所示。

表13-4

生活内容	生活方式定位
生活习惯	需要了解各家庭主要成员的生活习惯
衣	需要了解穿衣的习惯（更衣的次数）及数量
食	需要了解习惯、次数及方式，谁主要负责做饭等
住	需要了解家庭成员的生活起居习惯
行	需要了解出行方式、是否有车库、主要入口处
工作方式	需要了解业主的工作时间、是否在家办公等
待人接物	亲友聚会周期、日常接待习惯
社会交往	所处的圈子或阶层等

TIPS

别墅的功能分析。

首先要了解家庭成员及生活习惯、生活方式，然后由此定位房间的数量及功能。

如某业主家有祖父母、父母、两个孩子（大儿子13岁、小女儿1岁），以及保姆两人。

按功能设定房间的数量、家居功能及陈设软装规划。

1.房间的数量及功能

玄关（门厅）、会客厅、起居室、早餐厅、餐厅、厨房、主卧、次卧、男孩房、婴儿房、客房、书房、卫生间若干、更衣间、洗衣房、储藏间、保姆间、工作间、配餐间、家庭活动室。

2.家居用品清单

①玄关（门厅）用品。

家具：鞋柜、镜、椅、衣架（衣柜）。

布艺：装饰布艺。

灯饰：台灯、吊灯。

画品：风景、静物主题为主。

花品：绿植。

饰品：花瓶、摆件、钥匙盒。

②客厅用品。

家具：组合沙发、主人椅、榻、茶几、角几、背几、屏风等。

布艺：窗帘、窗幔、纱帘、各种布巾、抱枕、靠垫等。

灯饰：吊灯、射灯、壁灯、台灯、落地灯。

饰品：装饰摆件、工艺品等。

挂画：沙发背后的墙面、电视柜或壁灯的墙面、柱面等。

花品：鲜插花和仿真花、绿植。

日用品：杂志/报刊架（盒）、电话架、记录本和笔、烟灰缸、纸巾盒、杯垫、果盘、垃圾桶等。

收藏品：古玩、字画、工艺品等。

③餐厅用品。

家具：餐桌、餐椅、餐边柜、备餐台（或备餐车）。

布艺：桌布、餐巾。

灯饰：吊灯、台灯、筒灯。

画品：餐边柜或者备餐台背面的墙。

花品：桌上鲜花或仿真花。

饰品：烛台、果盘。

日用品：成套中或西餐具、成套酒具、西餐刀叉、中餐筷子及架、公筷、公勺、调料架、纸巾盒。

收藏品：工艺收藏品等。

④卧室用品。

家具：床（单/双人床）、床头柜、储物柜、衣柜、梳妆台、榻、椅。

布艺：床上用品、床笠、床单、枕套、床罩、辈子、被罩、毛毯、床盖、靠枕。

灯饰：台灯、地灯、壁灯、顶灯。

饰品：摆件、相框等。

挂画：床头墙面及其他墙面等。

花品：以仿真花为主。

日用品：纸巾盒、垃圾桶等。

⑤书房用品。

家具：书柜、写字桌、写字椅、会客椅、读书主人椅等。

布艺：窗帘、靠枕等。

灯饰：台灯、地灯等。

饰品：摆件、相框等。

花品：以仿真花为主。

挂画：可以以照片或人物肖像为题材。

日用品：纸巾盒、垃圾桶等。

⑥卫浴用品。

家具：布草柜或架。

布艺：毛巾、浴巾等。

灯饰：顶灯、镜前灯等。

挂画：以装饰画为主。

花品：以仿真花为主。

饰品：情趣摆件。

日用品：洗漱用品容器、卫生纸、香薰用品、污衣蓝、垃圾桶（带盖）等。

⑦厨房用品。

家具：备餐台（早餐台）等。

布艺：围裙、袖套、发罩、手套、各种布巾等。

厨房电器：燃气灶、电磁炉、微波炉、烤箱、电饭煲、电汤煲、抽油烟机、冰箱、多士炉（面包烘烤器）、咖啡机、蒸蛋器、搅拌器、榨汁机、食品加工机、洗碗机、消毒柜、垃圾处理器、电水瓶等。

挂画：以食品类静物为主。

花品：绿植、仿真花。

饰品：实用的饰品。

日用品：厨具蒸锅、煮锅、炸锅、炒锅（勺），不锈钢或塑料盆、成套调料盒、清洁用品及架、垃圾桶等。

⑧儿童房。

家具：儿童床（婴儿床）、衣柜、写字台、椅子、婴儿更衣台（换尿布）、妈妈椅及收纳柜（架）、软体家具等。

布艺：窗帘、儿童或婴儿床上用品、各类布巾等。

灯饰：儿童装饰灯、写字台灯、夜灯。

挂画：以装饰画、儿童风格的主题为主。

日用品：更衣垫、湿纸巾、纸巾、尿布收纳袋、加盖的大号垃圾桶。

⑨洗衣用品。

日用品：洗衣机、烘干机、烫衣板、电熨斗、洗涤用品，以及洗衣粉、洗衣液、柔软剂、衣物消毒剂、洗衣机专用清洗用品、垃圾桶。

❸ 中西方生活方式对比与探讨

因地域环境、气候、信仰等不同，中西方的生活方式存在很大的差别，这里主要从饮食文化方面作一些探讨，以抛砖引玉。

（1）饮食观念的差别。中国在餐饮方面比较注重口味，西方更注重营养的搭配与均衡，中国是一个注意吃的民族，中国有"民以食为天"的说法，中国人把吃看得非常重要，从而形成了特有的中国饮食文化。中国人讲究色、香、味俱全，饮食发展到一个比较高的境界，甚至将美食与艺术、哲学结合，讲求内外兼修，西方人认为舍弃的材料到了中国人手里就会变成美味佳肴。西方人的餐桌相对就显得简单一些，各地的牛排差不多都是一种味道，无艺术可言。一盘"法式羊排"加土豆泥，或配煮青豆，加几片番茄便完成了，简单明了。

（2）吃的内容的区别。中国人的餐桌上蔬菜是比较丰富的，在中餐厅可以看到太多关于蔬菜的菜单，而在西式快餐厅，最多的就是土豆或汉堡中间夹的生菜了。据安全调查统计，中国人吃的菜蔬有600多种，几乎是西方人的6倍多。

西方有发达的食品工业，如罐头、快餐等，虽口味千篇一律，但节省时间，且营养良好。有人将西方人长得壮实归结于西方的饮食结构，东方人基本吃植物，所以长得比较弱小一些，在性格特征上将西方人归为"动物性格"，将东方人归为"植物性格"。

（3）饮食方式的区别。中国人用餐喜欢用圆桌，用餐全体人员围坐，以便于整桌人互相交流，同时体现一种团结、礼貌、共融的气氛，人们互相敬酒、让菜、劝菜，在美好的事物面前体现了人们之间相互尊重、礼让的传统美德，中式宴会注重整桌的交流。

西式用餐一般更喜欢分餐制，从卫生的角度讲这样更科学，2004年中国"非典"时期，分餐制被大力提倡，西式宴会用餐也是一种交际，更注重与相邻桌交流，用餐氛围相对比较安静。

❹ 西餐的讲究

（1）西餐摆台。正西餐摆台非常讲究，餐具和中国不同，中国一双筷子、一个碗、一个汤勺基本上包括了餐具的全部内容，西餐的餐具分工非常细。一套正式的西餐摆台包括餐巾、头盘叉、主菜叉、沙拉叉、汤杯及汤底盘、主菜盘、主菜刀、头盘刀、汤钥、面包及奶油盘、奶油刀、点心钥及点心叉、水杯、红酒杯、白酒杯等餐具。

（2）西餐美食种类。

开胃酒：开胃酒一词来源于拉丁文aperare，据说诞生于中世纪，人们认为在餐前品尝开胃酒有开启食欲或恢复食欲的功效。开胃酒的度数不高，基本上是调制酒。开胃酒有味美思、比特酒、茴香酒、金巴利酒等，开胃酒如图13-327所示。

图13-327

汤：汤有清汤、奶油汤（浓汤）、蔬菜汤、冷汤等。

头盘：头盘也叫开胃品，一般有开胃沙拉、鹅肝酱、鱼子酱、焗蜗牛等。如果没有其他的头盘，汤类也可以作为头盘进食。

主菜：主菜包括肉类（如西式烤排骨、大块烤猪肉、黑胡椒猪排、浇汁猪排、火腿蘑菇碗、培根蘑菇卷等）、禽（如培根鸡肉卷、烤鸡肉西兰花、蒜香鸡排等）、海鲜类。西餐佐餐酒也比较讲究，如肉类配红葡萄酒，海鲜类配白葡萄酒。

奶酪：奶酪分牛奶和鲜奶两种。

甜品：甜品有冰淇淋、水果、各种小甜点。

餐后酒：餐后酒一般以烈性酒为主，如白兰地、威士忌、雪梨酒、波尔图红酒等。

咖啡或茶：餐后会根据每个人需要上。

面包：从始至终都会有新鲜面包供应。

（3）西餐座位安排。西餐座位安排如图13-328~图13-330所示。

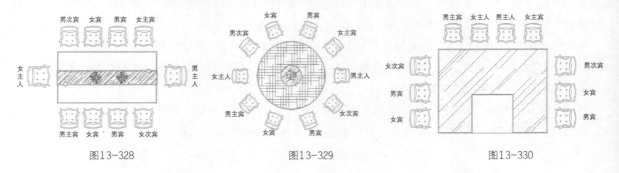

图13-328　　　　　　　　　　　图13-329　　　　　　　　　　　图13-330

❺ 西餐礼仪

（1）刀叉的使用方法。用西餐时一般以右手拿刀，左手拿叉，这样使用起来会比较方便。西餐中一般每道菜用一道餐具，用完后空盘子撤下。用餐过程中，如有事临时离席，应把刀叉摆成八字形挂放在餐盘上，但刀和叉不要交叉、也不要在使用过程中让刀叉发出响声，用餐结束后，刀叉平行地斜放在盘上一侧。

（2）喝汤的礼仪。喝清汤时大多使用椭圆形汤钥及汤杯，喝浓汤时使用圆形汤钥及宽口汤盘。喝汤时，不能发出声音，汤比较烫时不能用嘴将汤吹凉，可轻轻地摇动汤使其自然降温。勺子一般平行竖放在餐刀的右侧，汤勺放在正餐勺的外侧，另外还有甜品勺，一般平放在正餐盘的上方，主要用来吃甜品，大小要明显小于正餐勺或汤勺。

（3）吃面包的礼仪。面包一般放置在主菜的左边，食用时可用左手拿面包，再用右手把面包撕成小块，用右手涂抹黄油再送入口中。

（4）食用河鲜、海鲜礼仪。食用龙虾时可将虾子切成两段，然后用叉将虾肉拖出壳后再切食。吃鱼片以吃一片切一片为原则，可用右手持叉进食，食用带头、尾的全鱼时，宜先将头、尾切除，去除鱼骨时要用刀叉，不能用手，比较大的鱼，吃完鱼的上层一般不翻身，应用刀叉剥除龙骨再吃下层鱼肉。

（5）食用肉类的礼仪。切牛排应由外向内切，如一次未切下，可再切一次，不能像拉锯一样来回切，也不要拉扯，不要发出声响，勿将肉全部一次切小块，然后再吃，因为这样会导致肉汁流失及温度下降过快。嚼食时，两唇合拢，不要出声。

英式下午茶文化介绍。

熟悉西式生活方式不得不了解英式下午茶，英式下午茶传统源自19世纪的英国，由贝尔德公爵夫人于1840年所创。据说是因为贝尔德公爵夫人每逢下午时分都有闲时，肚子有一点点饿但离晚餐还有一段时间，于是小用一些茶点。后来她开始邀请其他知心好友同享惬意的午后时光及精致茶点，后来下午茶逐渐成为贵族社交圈风尚，并流传至今。图13-331所示是英式下午茶的餐具。下面对下午茶的讲究作一些基本的讲解。

1.英式下午茶的环境讲究

一般是4~6人位的桌椅，蕾丝桌布和餐巾、古典背景音乐，桌布效果如图13-332所示。

图13-331　　　　　　　　　　　　　　　　图13-332

2.茶和茶器

常选用大吉岭、伯爵茶、锡兰茶。

大吉岭：具有清雅的麝香葡萄酒的风味的茶，具有香槟的颜色，被世人誉为"茶中的香槟"，如图13-333所示。

伯爵茶：格雷伯爵茶（伯爵茶）是特指在红茶中加入佛手柑油的一种调味茶。

锡兰茶：锡兰的高地茶通常制为碎形茶，呈赤褐色，如图13-334所示。

图13-333　　　　　　　　　　　　　　　图13-334

精致成套的骨瓷茶具：茶壶、茶杯、杯碟、茶钥、钥缸，如图13-335所示。

图13-335

3.点心及点心容器

英式下午茶的主要点心有三明治、鸡蛋、火腿、面包、斯康饼、水果塔。

标准的点心容器为三层点心盘。

4.英式下午茶"三步曲"

第1步：享用美味点心。

英式下午茶的三层塔中最底层是如火腿、芝士等口味的三明治，第二层和第三层则摆着甜点，第二层大多数情况是放松饼Scone、饼干或巧克力，第三层的甜点也没有固定放置的内容，一般为蛋糕及水果塔。

第2步：品赏精致的茶器。

第3步：品茶。

有了丰富的甜点与精美茶具，下午茶的"茶"才是的主角。泡茶的方式是直接冲泡茶叶，将茶叶茶渣过滤掉，只将茶汤倒入茶壶，再慢慢品用。

5.传统英式下午茶礼仪

喝下午茶的时间是下午四点，在维多利亚时代，男士必须身着燕尾服，女士则着长袍。

通常是由女主人着正式服装亲自为客人服务，以表示对来宾的尊重。

食用点心一般由淡到重，由咸到甜。

品尝糕点时先将糕点放置于专用点心盘后再食用，切忌从点心盘架上直接取下食用。

在饮茶或正食用糕点时，不要讲话。

男士要绅士一些，对女士应主动礼让，需要时提供恰当的帮助。

用来调和茶杯中奶和糖的茶匙，切忌直接放入口中。

在饮用下午茶期间，如果男士前来，可不必起身恭迎，如果是女士前来，在座男士必须起身恭迎，一般只有受众人敬重的人前来，女士才起身恭迎。

13.7.2 软装设计师工作流程

软装设计师的工作流程为初步洽谈、现场测量、设计方案初稿、方案探讨、定稿/页数审阅确定、产品进场前复尺、定做等候、进场安装摆放和最终的客户验收。

❶ 初步洽谈

（1）了解客户需求。软装的初步洽谈和室内设计谈单一样，需要先了解客户的需求，让客户了解公司的情况及相关服务内容，沟通设计理念，确定大的设计风格及方向，如果条件允许，可以让客户填写客户需求表，以便更准确地把握客户需求，如表13-5～表13-7所示。

表13-5 项目基本信息表

建筑面积：	使用面积：		房型：（ ）房（ ）厅（ ）卫（ ）阳台
物业类型：（ ）多层（ ）高层(小高层)（ ）复式（ ）别墅			层数： 第（ ）层 共（ ）层
交房时间：	计划装修时间：		计划装修资金：

表13-6 家庭情况信息表

家庭成员	年龄	职业	倾向风格	爱好		偏爱颜色	备注

住宅使用目的		（ ）常年居住	（ ）度假居住	（ ）投资使用	（ ）第二居所	
生活习惯	交际	（ ）喜欢独处	（ ）交际广泛	（ ）家中偶有交际活动		
	爱好					
	作息时间	（ ）正常	（ ）睡		（ ）起	
	工作	（ ）上班	（ ）公务员	（ ）自由职业	（ ）企业主	

饮食习惯	主要烹调方式	（ ）中餐	（ ）西餐	（ ）两种兼有		
	用餐习惯：	（ ）在家用餐	（ ）在外用餐	（ ）两种兼有	（ ）经常在家请客	
洗浴习惯	方式	（ ）淋浴	（ ）浴缸	（ ）两种兼有	（ ）其他	
	使用情况	（ ）与他人共用		（ ）独自使用		
其他	客房的使用	（ ）频繁（每周至少一天）		（ ）经常（每月一天）		（ ）偶尔
	书房的使用	（ ）纯为办公	（ ）兼休闲	（ ）兼客房	（ ）休闲为主	（ ）其他
	书籍数量	（ ）很多	（ ）较多	（ ）一般	（ ）较少	（ ）很少
	衣物数量	（ ）很多	（ ）较多	（ ）一般	（ ）较少	（ ）很少

表13-7 家居用品需求表

玄关	所需物品	（ ）鞋柜	（ ）衣柜	（ ）镜子	（ ）装饰陈设
	是否介意能够直观全室	（ ）是	（ ）否		
	对玄关有无特别要求				
	是否要考虑其他设计造型	（ ）是	（ ）否		
客厅	客厅的主要功能	（ ）休息	（ ）影音娱乐	（ ）其他	
	接待客人	（ ）偶尔	（ ）经常		
	是否与餐厅合为一体	（ ）是	（ ）否		
	音像制品数量	（ ）多	（ ）少		
	有无特别的灯光设计	（ ）有	（ ）无		
	客厅的基本色调	（ ）暖色系	（ ）冷色系		
	地面的材料有无特别要求	（ ）有	（ ）无	（ ）其他	
	是否有其他使用功能要求	（ ）有	（ ）无	备注：	
餐厅	餐厅使用人数				
	餐厅使用频率	（ ）高	（ ）正常	（ ）低	
	是否需要配置	（ ）餐边柜	（ ）酒柜	（ ）陈列柜	（ ）藏酒
	是否是聚会交流主要场所	（ ）是	（ ）否		
	是否需要电视、娱乐活动（棋、牌等）	（ ）是	（ ）否		
	对餐厅无特别要求	（ ）色彩		（ ）灯光	
	家庭烹饪的特点				
书房	书房的使用	（ ）读书、写作	（ ）电脑操作、工作	（ ）会客、品茶	（ ）其他
	书房使用情况（备注说明使用人及主次）				
	存书数量、种类	（ ）藏书类	（ ）工具书	（ ）杂志类	（ ）装饰用书
主卧室	对寝具的选择	（ ）购买	（ ）制作	（ ）品牌	（ ）颜色
	床的要求	（ ）标准	（ ）加大	（ ）圆形	
	什么类型的床	（ ）木制板式	（ ）金属铁艺	（ ）布艺软床	
	对衣柜存衣数量的要求				
	女主人是否需要梳妆台	（ ）需要	（ ）不需要		
	对灯光设计有无特别要求	（ ）灯光色彩	（ ）可调光源	备注：	
	卧室整体色彩搭配	（ ）暖色系	（ ）冷色系	备注：	
	墙、地面材料有无特别要求	（ ）有	（ ）无	备注：	
	是否需要视听设备、电话	（ ）是	（ ）否	备注：	
儿童房	房间的使用功能及具体使用要求，居住人员构成情况：				
	家具的配置	制作、购买	电脑桌、写字台、衣柜、书柜		
	儿（女）房间的规划有没有考虑时间段今后变更的要求				
	儿（女）房间有无色彩要求				
	儿（女）房间对墙、地面材料有无特定的要求				
	儿（女）有何兴趣、爱好（钢琴、绘画等）				
	儿（女）、老人房间有无特别的灯光要求				
	请注明儿（女）年龄及玩具、书籍的数量				

	对顶、墙、地材料有何要求				
卫生间	洁具的颜色档次	（ ）高	（ ）中	（ ）低	（ ）品牌
	冷、热水系统如何改造				
	灯光的具体要求				
	卫生间的色彩倾向				
阳台	是否需要封阳台	（ ）是	（ ）否		
	如何使用、规划	（ ）晒衣	（ ）健身	（ ）休息	（ ）储物
		（ ）养殖花木	（ ）替他		

补充	空调的数量、要求			
	电话的数量、要求			
	电脑（多媒体）、位置			
	视听设备（是否需要单独的视听室）	（ ）是	（ ）否	
	对那些地域文件、生活感兴趣? 请列举国家或城市			
	（ ）中国传统文化、城市	（ ）亚洲其他国家	（ ）欧洲文化、国家	
	（ ）非洲文化	（ ）美洲文化、国家	（ ）其他	
	对绘画、饰品的兴趣、爱好			
	（ ）油画	（ ）国画	（ ）水彩画	
	（ ）现代装饰画	（ ）摄影作品	（ ）其他	
	个人是否有特殊物品需要展示		（ ）是	（ ）否
	对植物品种有何种要求			
	是否养宠物（如猫、狗、鱼等）		（ ）是	（ ）否
	对家具的风格、款式有无特别要求		（ ）有	（ ）无
	个人对服装着装、色彩有什么喜好、习惯			
	对家居色彩的感觉、喜好		（ ）暖色系	（ ）冷色系
	平日从事（喜好）何种体育项目、有什么运动器械			
	在设计、装修中有没有忌讳、禁忌、风水要求等		（ ）有	（ ）无
	有无宗教信仰		（ ）有	（ ）无
	在装饰后有何种使用变化，更换周期			
投资计划	您在装修计划当中的预期投资额			
	您在家具中会投资多少? 会选择什么品牌			
	您在后期装饰中的投资额为多少? 如灯具、布艺、窗帘、植物、饰品等			
	您对装修、家具、后期配饰三部分，哪一项投资比例最重			
	（ ）装修 （ ）家具 （ ）后期配饰			

（2）定金收取。如果设计意向达成一致，在此阶段可以收取设计定金，定金收多少要根据具体的情况而定，可以按投资总额度的百分比，或按5元/m²~20元/m²收取定金。

以下是某公司上门量房定金收费标准。

建筑面积150m²以下300元。

建筑面积150m²~250m² 2500元。

建筑面积250m²以上1000元。

（3）签订合同。在收取客户定金的同时需要和客户签订《装工程配饰设计合同书》，以确定权利与义务。

❷ 现场测量

软装量房和室内设计量房有一定的区别。室内设计主要是量一些房间的基础尺度；软装是在硬装完成之后，对具体装修之后的尺寸进行测量。如在测量顶棚尺寸时，室内设计要测量的是墙体之间的尺寸、结构、梁柱的位置等，而软装要测量的是安装灯具的位置；测量墙面时要注意已经装修好的装饰面大小尺寸，同时还要测量装修不同材质的接缝、接口的尺寸等，因为在挂装饰画时要注意避开装饰线条、接口等。在测量地面时除了常规的尺寸之外，还要注意地面拼花的大小等，因为软装要关注的是最终的效果，所以，在测量尺寸的过程中要拍照作为后期应用及完工对比。

❸ 设计方案初稿

在初步设计方案时主要是提供一些概念，可以提供类似房型与风格的设计方案和预算方案供参考。初步方案包括平面布置、空间构思及概念设计，可提供参考图以确定风格、材质以及色彩等，并作初步报价。表13-8所示是某样板间配饰报价清单。

表13-8

品名	使用区域	位置	名称	数量	单位	尺寸	单价	总价	备注
项目名称:某样板间配饰清单									
布艺/百叶									
	起居室	窗户	窗帘（布帘+纱帘）	1	套	现场核实	6,725.00	6,725.00	
		沙发	靠包	9	个	450×450	300.00	2,700.00	
	餐厅	窗户	窗帘（布帘+纱帘）	1	套	现场核实	5,938.00	5,938.00	
	主卧室	窗户	窗帘（布帘+纱帘）	1	套	现场核实	5,938.00	5,938.00	
		床	床品	1	套	1800×2000 床垫尺寸	3,200.00	3,200.00	
			靠包	10	个		300.00	3,000.00	
		窗台	飘窗	1	套	现场核实	1,200.00	1,200.00	
	儿童房	窗户	窗帘（布帘+纱帘）	1	套	现场核实	5,537.00	5,537.00	
		床	床品	1	套	1500×2000 床垫尺寸	3,200.00	3,200.00	
			靠包	8			300.00	2,400.00	
		窗台	飘窗	1	套	现场核实	1,200.00	1,200.00	
	书房	窗户	窗帘（布帘+纱帘）	1	套	现场核实	5,537.00	5,537.00	
		窗台	飘窗	1	套	现场核实	1,200.00	1,200.00	
	主卫生间	窗户	百叶	1	套	现场核实	750.00	750.00	
								48,525.00	
地毯									
	起居室	地面	块毯	1	块	2000×3000	4,200.00	4,200.00	
	主卧室	地面	块毯	1	块	1700×2300	3,750.00	3,750.00	
	儿童房	地面	块毯	1	块	1700×2300	3,750.00	3,750.00	
	书房	地面	块毯	1	块	1700×2300	3,750.00	3,750.00	
								15,450.00	
画/装饰镜									
	起居室	墙面	挂画	4	幅	1000×1000	1,600.00	6,400.00	
		墙面	装饰镜	1	幅	1000×1000	1,600.00	1,600.00	
	玄关	墙面	装饰画	2	幅	700×2400	3,500.00	7,000.00	
	过道	墙面	装饰镜	1	幅	1000×1200	1,500.00	1,500.00	
	餐厅	墙面	挂画	2	幅	1200×1600	1,800.00	3,600.00	
		墙面	装饰镜	1	幅	1000×1000	1,600.00	1,600.00	
	主卧室	墙面	挂画	2	幅	800×800	1,200.00	2,400.00	
	儿童房	墙面	挂画	2	幅	800×800	1,200.00	2,400.00	
		墙面	装饰镜	1	幅	1000×1200	1,500.00	1,500.00	
	书房	墙面	画	3	幅	800×800	1,500.00	4,500.00	
	主卫	墙面	挂画	2	幅	450×450	500.00	1,000.00	
	次卫	墙面	挂画	2	幅	450×450	500.00	1,000.00	

品名	使用区域	位置	名称	数量	单位	尺寸	单价	总价	备注
							小计	34,500.00	
灯具									
	起居室	天花	吊灯	1	盏	成品	7,200.00	7,200.00	
		边几	台灯	2	盏	成品	2,200.00	4,400.00	
	餐厅	天花	吊灯	1	盏	成品	4,200.00	4,200.00	
	主卧室	天花	吊灯	1	盏	成品	4,800.00	4,800.00	
		床头柜	台灯	2	盏	成品	2,200.00	4,400.00	
	儿童房	天花	吊灯	1	盏	成品	4,200.00	4,200.00	
		床头柜	台灯	2	盏	成品	2,000.00	4,000.00	
	书房	天花	吊灯	1	盏	成品	3,800.00	3,800.00	
		书桌	台灯	1	盏	成品	2,000.00	2,000.00	
							小计	39,000.00	
工艺情景饰品									
	起居室	电视柜、茶几	托盘、相框、盆景、雕塑、烛台等	1	套	成品	12,000.00	11,000.00	
	餐厅	餐桌	餐具、盆景、雕塑、烛台等	1	套	成品	6,000.00	6,000.00	
	主卧室	床头柜、衣橱	雕塑、托盘、相框、盆景、书籍、衣服等	1	套	成品	8,000.00	8,000.00	
	儿童房	床头柜	盆景、相框、摆件、靠包等情景饰品	1	套	成品	6,050.00	6,050.00	
	书房	书桌、书架	相框、摆件、小盆栽、书籍、雕塑等	1	套	成品	5,000.00	5,000.00	
	厨房	厨台	密封罐、锅具、酒杯、摆件	1	套	成品	1,500.00	1,500.00	
	主卫	洗手台	毛巾、浴巾、摆件、洗漱用品	1	套	成品	2,000.00	2,000.00	
	次卫	洗手台	毛巾、浴巾、摆件、洗漱用品	1	套	成品	1,000.00	1,000.00	
	休闲阳台	阳台	茶具、摆件	1	组	成品	2,000.00	2,000.00	
							小计	42,550.00	
							总计	180,025.00	

备注：1.以上清单内容仅供参考,以样板间实际使用数量为准,其上下浮动不超过上述总款的10%
2.以上报价含北京市运输费/安装费
3.以上报价不含税金

④ 方案探讨

这个步骤一般不能省略，虽然从前面的谈单了解了客户的需求，但前期谈单只停留在概念阶段，具体需针对初步方案与客户进行探讨，以确定深入的设计方向。

⑤ 定稿，业主审阅确定

软装设计方案完成并与客户确定后，一定要将方案打印装订并让客户在签字栏中签字。

⑥ 产品进场前复尺

为了让方案实施更顺利，在软装产品进场前必须再次到房间核实详细尺寸，同时在软装产品中很多需要定制，所以，复尺显得更为重要。

完成了以上6个步骤，接下来还有定做等候、进场安装摆放和最终的客户验收流程。

TIPS
《软装工程配饰设计合同书》主要包括项目基本情况、设计服务范围、设计服务收费、责任与义务、设计（施工）进度、违约责任等。

附录

常见小、中、大户型空间优化方案

小户型空间设计优化

本项目为小户型室内方案设计（源文件参考"小型空间.dwg"文件）。本项目的原始结构设计方案为两室两厅一卫，建筑面积为86m²，套内面积为65m²，家庭人员构成为夫妻两人、一个7岁儿子的三口之家，设计效果如图1~图3所示。

图1

图2

图3

■ 原始平面设计图分析

图4所示为本项目的原始结构图，整套房屋接近正方形，进门后有一个约2m²的门厅（标注1处），然后依次为餐厅与客厅（标注2和3处），餐厅门开在客厅、餐厅与厨房相邻的墙上，主卧室与次卧室相对，主卧室与次卧室之间是卫生间。

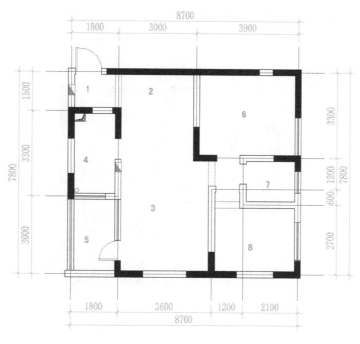

图4

门厅、厨房优化设计

为了让客厅与餐厅更整体，所以，设计师将厨房门开到入户门厅（图4中标注1的位置）的位置，这样门厅既可以作为入户通道，同时又可以由此进入厨房，改动之后让餐厅与厨房之间的流动由门厅来承担，这样将两项功能集中在一处，无形中节省了面积，使客厅和客厅显得更整体，如图5所示。

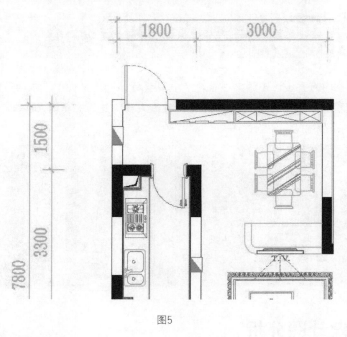

图5

客厅空间优化设计

本项目为小户型，所以，设计师尽可能最大化利用空间的使用效率。设计师在设计时将原来通过客厅进入生活阳台的通道改成由厨房进入，同时将客厅划分出一部分来为本户型增加了一个房间，当然客厅的沙发与电视机的方位会进行一定的调整，设计结果如图6所示。

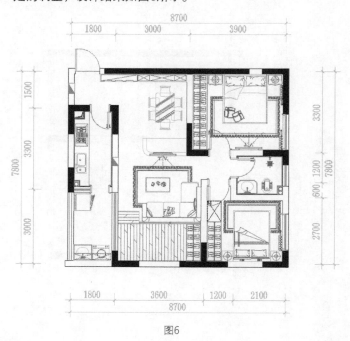

图6

中等户型空间设计优化

本项目为中等大小户型的室内方案设计（源文件参考"中等户型空间.dwg"文件）。本项目为四室两厅、双卫，建筑面积为168m²，套内面积为153m²，家庭人员构成为夫妻两人，一个14岁的儿子及65岁的老人，夫妻都是知识分子，而且经常会在家加班。

原始平面设计图分析

图7所示为本项目的原始结构图，从左面入口处进来，左边为餐厅和厨房（标注1和2处），右边为一间房间（标注3处），客厅与餐厅之间有一面墙相隔，客厅与卫生间相对（标注8和4处），标注5在本项目中为最大的一个房间，一般会被设计为主卧室。

图7

厨房、餐厅优化设计

本项目的餐厅原始结构没有良好的采光与通风，了解到主人可以接受开敞式厨房，所以，此处将餐厅与厨房之间的墙打掉，这样既解决了餐厅的采光与通风的问题，也可以让厨房空间显得更大气，如图8所示。

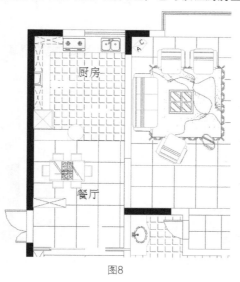

图8

客厅空间优化设计

本项目原始空间的客厅部分存在两个问题：一是客厅与餐厅、卧室等空间的联系不够紧密；二是本项目为了流线通畅，使过道显得过于狭长。为了解决这两个问题，在设计中可以将客厅与餐厅之间的墙打掉，而封闭原有的过道，将过道的一部分作为图7中标注4处卫生间的一部分，从而扩大了该空间的使用面积，如图9所示。

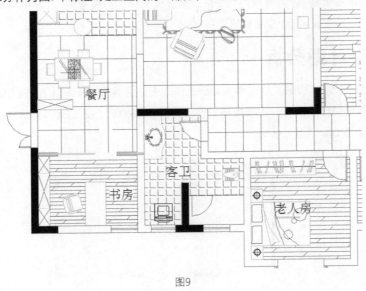

图9

书房优化设计

因为考虑到主人用书房的频率比较高，为了晚间加班尽可能不影响到家人休息，所以，在设计时没有将书房紧挨着主卧室，而是设计在图7中的标注3处，将原始结构的单开门封闭，变为图10所示的双开门，这样与开敞的厨房形成呼应。

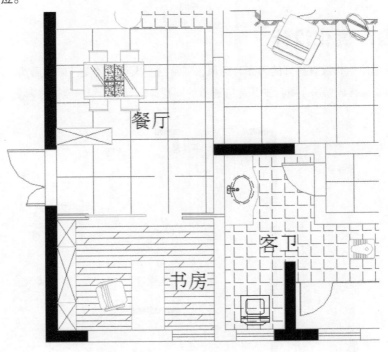

图10

卧室空间优化设计

　　本项目的卧室所带的卫生间门开在卧室进门的右手边，这样使图11所示黄色区域的衣帽间空间显得非常局促，将门移到卧室内，同时将阳台与卧室隔墙去掉，使整个卧室显得非常宽敞、舒适，如图12所示。整个空间的设计结构如图13所示。

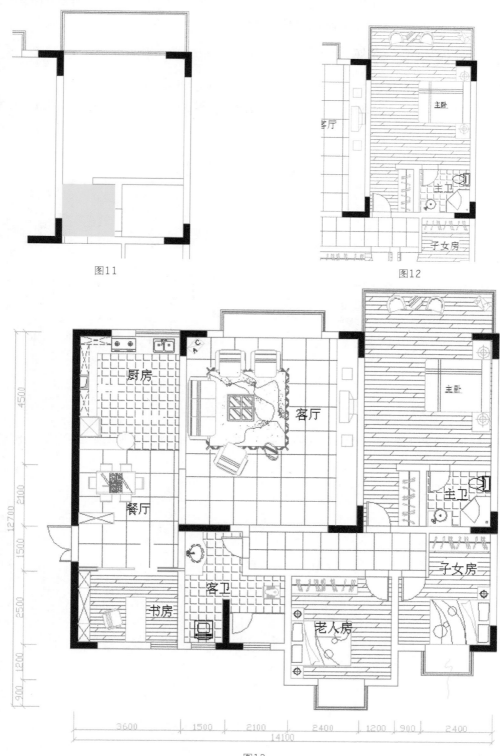

图11　　　　　　　　　　　　　　　　　图12

图13

别墅大型空间设计优化

本项目为一家企业总经理的别墅住宅（源文件参考"别墅大型空间.dwg"文件）。本项目的建筑面积为460m²，套内面积为380m²，全家有6个人居住，两个孩子，女孩16岁，男孩14岁，二老都接近70岁。设计风格为简欧，要求有品位、大气、温馨，同时老人居住要安全。

原始平面设计图分析

图14所示为本项目的一层原始结构图，包括花园、客厅、一间主卧室、厨房和洗衣房。

图15所示为二层平面图，包括两间主卧室、一间儿童房，一楼客厅对应二楼部分空间为挑高（一楼和二楼的共享空间）。

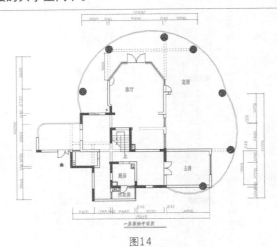
图14

图15

楼梯优化设计

楼梯设计的好与不好直接关系到别墅的整体效果，本项目的原始结构中楼梯设计显得过于"小气"，如图16所示。

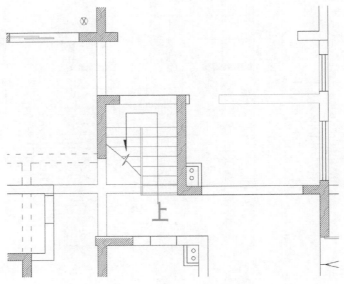
图16

原始楼梯进口太过狭窄，通过改变楼梯进口的方向，同时改变了原始的楼梯进口太过于狭窄的问题，也为二楼设计做一个铺垫（二楼将部分共享空间改造成通过空间，参见后面的图20），楼梯设计后的效果如图17所示。

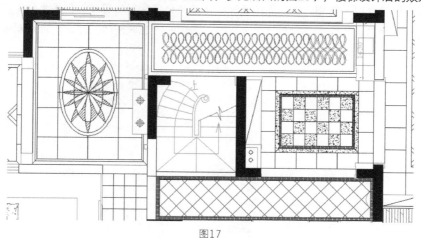

图17

书房优化设计

作为别墅，本项目的原始空间设计已能满足基本生活的需求，但如何优化空间设计，使空间变得更舒适更方便是设计师必须思考的。图18中红色圆圈标记处是外花园的一部分，因为对于花园来说此处太过于偏僻，但是此处是最为安静的场所，所以，把此处改建为室内一楼和二楼的观景书房，图19和图20所示是改造之后的平面图。

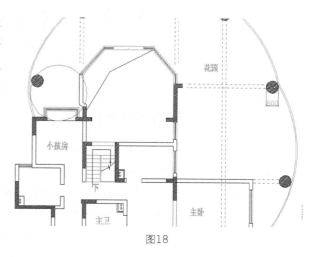

图18

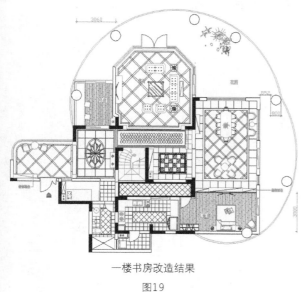

一楼书房改造结果

图19

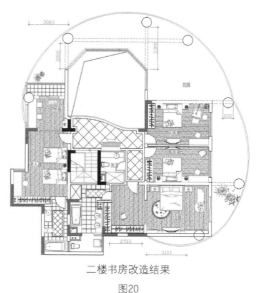

二楼书房改造结果

图20

客厅优化设计

图21中的红色圆圈处有一面墙，此墙原始设计的作用是分隔客厅与餐厅，但作为别墅设计更讲究的是空间的大气与通透性，最忌讳的就是空间划分"琐碎"，所以，拆除此墙体，以加大客厅和餐厅之间的空间和联系，设计结果可参见前面的图19。

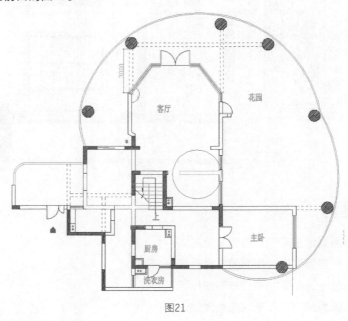

图21

餐厅、厨房优化设计

原始餐厅和厨房如图22所示，原始结构的空间设计存在以下两个问题。

第1个：没有独立的餐厅空间。如果按原始结构设计，餐厅只能设在图22中的1处和2处，如果设在1处显得很小气，不能满足全家人舒适用餐的需求；如果设在2处，则势必会牺牲客厅的空间，从而让客厅也显得零乱。

第2个：厨房显得比较小（图22中的标注4处），在整个别墅空间中有些"比例失衡"。为了解决餐厅空间的问题，经设计师提出并报物业同意后，将空间向1和2右边花园处延展，从而形成独立、宽松的就餐空间，同时将厨房扩展到3处的主卧室，主卧室的门也进行了相应的修改，改造结果如图23所示。

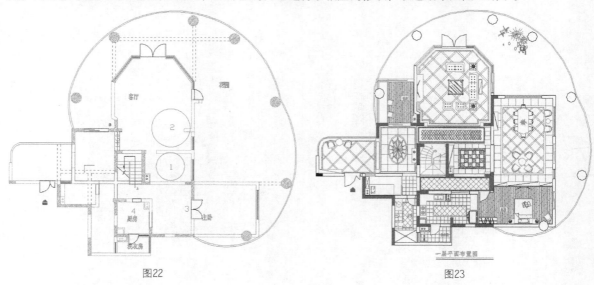

图22

图23